全国高等院校水利水电类精品规划教材

水资源利用与管理

(第3版)

左其亭　臧　超　马　龙　主编

黄河水利出版社
·郑州·

内 容 提 要

本书在介绍水资源概念、特点、存在问题及解决途径等基本知识的基础上，系统介绍了水资源数量评价、质量评价、开发利用评价等理论方法及相关知识，介绍地表水和地下水资源利用途径及工程，分别介绍生活用水、农业用水、工业用水的途径、计算方法及我国用水状况。在以上内容的基础上，以新的治水思想为指导，阐述水资源规划、水资源保护、水资源管理的主要工作内容、研究方法以及主要应用实践。本书系统地介绍了水资源利用与管理的相关知识，并贯穿新的思想、新的理论、新的应用，论述详略得当，重点突出，每章后列有课程思政教育和思考题或习题，有助于教师教学和学生自学。

本书可作为水利类、农田水利类、资源类、环境类、土木类、地学类等专业本科生、专科生教材，也可供上述专业的研究生和教师以及相关专业的科技工作者使用和参考。

图书在版编目(CIP)数据

水资源利用与管理/左其亭，臧超，马龙主编. 3版. --郑州：黄河水利出版社，2024. 8. --(全国高等院校水利水电类精品规划教材). --ISBN 978-7-5509-3915-8

Ⅰ. TV213

中国国家版本馆 CIP 数据核字第 20247LY604 号

策划编辑 王志宽 电话：0371-66024331 E-mail：278773941@qq.com

责任编辑 景泽龙 责任校对 兰文峡

封面设计 李思璇 责任监制 常红昕

出版发行 黄河水利出版社

地址：河南省郑州市顺河路 49 号 邮政编码：450003

网址：www.yrcp.com E-mail：hhslcbs@126.com

发行部电话：0371-66020550

承印单位 河南承创印务有限公司

开 本 787 mm×1 092 mm 1/16

印 张 15

字 数 350 千字

版次印次 2024 年 8 月第 3 版 2024 年 8 月第 1 次印刷

定 价 48.00 元

再版前言

水资源是人类赖以生存和发展不可缺少的一种宝贵资源。确保水资源可持续利用，是实现经济社会可持续发展的重要前提条件。然而，随着人口增长、经济社会发展，对水资源的需求量不断增加，水资源短缺和水环境污染问题日益突出，严重地困扰着人类的生存和发展。如何应对水资源问题，是水利工作者和水科学研究者共同面对的问题，也是我们编写《水资源利用与管理》教材的动力。第1版《水资源利用与管理》教材于2009年出版，第2版于2016年出版，距离第2版出版已经过去了8年多，在这8年多的时间里，我国水资源管理政策、思想以及理论研究和应用实践都发生了很大变化，特别是在习近平新时代中国特色社会主义思想进课程教材的要求提出后，非常有必要再版，及时融入课程思政教育。希望通过该书第3版的出版，在系统阐述水资源利用与管理基本知识和基本理论的同时，向读者展现一个最新的、现代的、科学的、完善的、能够全面贯彻落实党的二十大精神和现代治水新思想的水资源利用与管理理论方法体系、教学内容体系。

本书是在第2版的基础上进行大幅度删减、修编和补充而成的，主要表现在以下几个方面：①全面贯彻新的治水思想，把2016年以来我国治水新思想融入本书内容；②随着上课学时的减少，精减了教学内容，减少了本书的篇幅，由原来的16章减至11章；③重新整理了章节内容，增加课程思政教育内容，把参考文献集中到本书最后列出，并更新和提供权威且必要的文献。本书由左其亭、臧超、马龙主编，郑州大学陶洁、甘容、马军霞、纪义虎，中山大学崔国韬，中国地质大学（武汉）罗增良，华北水利水电大学刘静参与撰写或校稿，最后由左其亭统稿。

本书具有以下特点：①系统性。本书从概念、基本知识介绍开始，按照主要内容，系统地介绍了水资源利用与管理的相关知识、基本原理、理论方法和应用实例，非常系统、全面、有条理。②新颖性。本书贯穿新的思想、新的理论、新的应用，以全新的思路和体系编撰本书。③可操作性。本书在介绍大量概念、理论方法的同时，十分注重实践教学环节，在每章后面列有课程思政教育、思考题或习题，有助于教学和自学。④可读性。本书反复多次修改，特别是考虑本科教学的特点和学生学习的需要，力争用通俗的语言和简明的阐述来表达本书的内容，确保论述详略得当，重点突出，语言通顺。

本书第3版是在第1版、第2版的基础上修编而成的。参加第1版、第2版的作者有（按姓氏拼音排序）程冬玲、刁艳芳、窦明、甘容、李秀丽、刘彬、刘廷玺、马军霞、马龙、沙金霞、陶洁、王刚、王龙、王树谦、张金萍、赵春霞、左其亭等，特此向参加第1版、第2版撰写的作者表示衷心的感谢。感谢出版社同仁为本书出版付出的辛勤劳动。书中部分内容参考了有关单位或个人的研究成果,参考或引用了部分法规、标准及其他技术文件,在参考文献中未能全部列出,在此一并致谢。

由于本书涉及内容十分广泛,编写比较困难,书中错误和疏漏在所难免,欢迎广大读者不吝赐教。

作 者

2024年3月

目 录

第一章　绪　论

水是生命之源、生产之要、生态之基。水资源是人类赖以生存和发展不可缺少的一种宝贵资源，也是保障经济社会发展必不可少的一种资源。然而，自然界中的水资源是有限的，随着人口增长、经济社会发展，对水资源的需求量不断增加，水资源短缺和水环境污染问题日益突出，严重地困扰着人类的生存和发展。本章将简单阐述水资源的概念和特点、水资源的形成与转化、面临的水资源问题及解决途径、对水资源问题的科学理解，并详细说明本课程的任务及包含的主要内容，为读者学习本课程作一个铺垫。

第一节　水资源的概念和特点

一、水资源的概念

水资源(water resources)是自然资源的一种，人们对水资源都有一定的感性认识。但是，水资源一词到底起源于何时？现在很难进行考证。在国外，较早采用这一概念的是美国地质调查局(USGS)。1894年，该局设立了水资源处(WRD)，标志着"水资源"一词在官方正式出现并被广泛接纳。美国地质调查局设立的水资源处一直延续到现在，其主要业务范围是对地表水和地下水进行观测评价。

在有一定权威的《不列颠百科全书》中对水资源的定义是："自然界一切形态(液态、固态和气态)的水"，这个解释曾在很多地方被引用。在1963年英国国会通过的《水资源法》中将水资源定义为："具有足够数量的可用水源"。1988年，联合国教科文组织(UNESCO)和世界气象组织(WMO)在其共同制定的《水资源评价活动——国家评价手册》中，对水资源的定义是："可以利用或有可能被利用的水源，具有足够数量和可用的质量，并能在某一地点为满足某种用途而被利用"。

在中国，对水资源的理解也各不相同。1988年颁布的《中华人民共和国水法》将水资源界定为"地表水和地下水"。1994年《环境科学词典》将水资源定义为："特定时空下可利用的水，是可再利用资源，不论其质与量，水的可利用性是有限制条件的"。在有一定权威的《中国大百科全书》不同卷中出现了对水资源一词的不同解释。在"大气科学·海洋科学·水文科学"卷中对水资源的定义是："地球表层可供人类利用的水，包括水量(水质)、水域和水能资源，一般指每年可更新的水量资源"。在"水利"卷中对水资源的定义为："自然界各种形态(气态、液态或固态)的天然水"。在"地理"卷中将水资源定义为："地球上目前和近期人类可以直接或间接利用的水，是自然资源的一个组成部分"。

可以说，到目前为止，对水资源概念的界定也没有达成共识，最主要原因是水资源的含义十分丰富，导致了对其界定也是多种多样的。一般，对水资源的定义有广义和狭义之分。广义的水资源，是指地球上水的总体，包括大气中的降水、河湖中的地表水、浅层和深层的地下水、冰川、海水等。类似于前述的《不列颠百科全书》和《中国大百科全书·水利卷》对水资源的定义。

狭义的水资源,是指与生态系统保护和人类生存与发展密切相关的、可以利用的而又逐年能够得到恢复和更新的淡水,其补给来源为大气降水。该定义反映了水资源具有下列性质:①水资源是生态系统存在的基本要素,是人类生存与发展不可替代的自然资源;②水资源是在现有技术、经济条件下通过工程措施可以利用的水,且水质应符合人类利用的要求;③水资源是大气降水补给的地表、地下产水量;④水资源是可以通过水循环得到恢复和更新的资源。

对于某一流域或局部地区而言,水资源的含义则更为具体,广义的水资源就是大气降水,狭义的水资源就是河川径流,包括地表径流、壤中流和地下径流。因为河川径流与人类的关系最为直接、最为密切,故常将其作为研究对象。

二、水资源的特点

水资源是一种特殊的自然资源,它不仅是人类及其他一切生物赖以生存的自然资源,也是人类经济社会发展必需的生产资料,它是具有自然属性和社会属性的综合体。

(一)水资源的自然属性

1. 流动性

自然界中所有的水都是流动的,地表水、地下水、大气水之间可以互相转化,这种转化也是永无止境的,没有开始也没有结束。特别是地表水资源,在常温下是一种流体,可以在地心引力的作用下,从高处向低处流动,由此形成河川径流,最终流入海洋(或内陆湖泊)。即使是固态的积雪和冰川也存在缓慢的流动,只是流动速度很小而已。也正是由于水资源这一不断循环、不断流动的特性,才使水资源可以再生和恢复,为水资源的可持续利用奠定物质基础。

2. 可再生性

由于自然界中的水处于不断流动、不断循环的过程之中,使得水资源得以不断地更新,这就是水资源的可再生性,也称可更新性。具体来讲,水资源的可再生性是指水资源在水量上损失(如蒸发、流失、取用等)后和(或)水体被污染后,通过大气降水和水体自净(或其他途径)可以得到恢复和更新的一种自我调节能力。这是水资源可供永续开发利用的本质特性。不同水体更新一次所需要的时间不同,如大气水平均每8天可更新一次,河水平均每16天更新一次,海洋更新周期较长,大约是2 500年,而极地冰川的更新速度则更为缓慢,更替周期可长达万年。

3. 有限性

从全球情况来看,地球水圈内全部水体总储存量达到13.86亿km^3,绝大多数储存在海洋、冰川、两极、多年积雪和冻土中,现有的技术条件很难利用。便于人类利用的水只有0.106 5亿km^3,仅占地球总储存水量的0.77%。也就是说,地球上可被人类所利用的水量是极其有限的。从我国情况来看,中国国土面积960万km^2,多年平均河川径流量为27 115亿m^3。在河川径流总量上仅次于巴西、俄罗斯、加拿大、美国、印度尼西亚。再加上不重复计算的地下水资源量,我国水资源总量大约为28 124亿m^3。尽管说水资源是可再生的,但在一定区域、一定时段内可利用的水资源总量是有限的。总而言之,人类每年从自然界可获取的水资源量是有限的,这一特性对人们认识水资源极其重要。以前,人们认为"世界上的水是无限的",从而导致人类无序、无节制地开发利用水资源,并引起水资源短缺、水环境破坏的后果。事实说明,人类必须保护有限的水资源。

4. 时空分布的不均匀性

由于受气候和地理条件的影响,在地球表面不同地区水资源的数量差别很大,即使在同一地区也存在年内和年际变化较大、时空分布不均匀的现象。这一特性给水资源的开发利用带来困难。如北非和中东很多国家(埃及、沙特阿拉伯等)降水量少、蒸发量大,因此径流量很小,人均及单位面积土地的淡水占有量都极少;相反,冰岛、厄瓜多尔、印度尼西亚等国,以每公顷土地计的径流量比贫水国高出 1 000 倍以上。在我国,水资源时空分布不均匀这一特性也特别明显。由于受地形及季风气候的影响,我国水资源分布南多北少,且降水大多集中在夏秋季节的三四个月里,水资源时空分布很不均匀。

5. 多态性

自然界的水资源呈现多个相态,包括液态水、气态水和固态水。不同形态的水可以相互转化,形成水循环的过程,也使得水出现了多种存在形式,在自然界中无处不在,最终在地表形成了一个大体连续的圈层——水圈。

6. 不可替代性

水本身具有很多非常优异的特性,如无色透明、热容量大、良好的介质等,无论是对人类及其他生物的生存,还是对于人类经济社会的发展来说,水都是其他任何物质所不能够替代的一种宝贵资源。不可替代性是水资源区别于其他很多自然资源的一种显著特性。

7. 环境资源属性

自然界的水并不是化学上的纯水,而是含有很多溶解性物质和非溶解性物质的一个极其复杂的综合体,这一综合体实质上就是一个完整的生态系统,使得水不仅可以满足生物生存及人类经济社会发展的需要,同时也为很多生物提供了赖以生存的环境,是一种不可或缺的环境资源。

(二)水资源的社会属性

1. 公共性

水是自然界赋予人类的一种宝贵资源,它是属于整个社会、属于全人类的。社会的进步、经济的发展离不开水资源,同时,人类的生存更离不开水。获得水的权利是人的一项基本权利,表现出水资源具有公共性。2002 年 10 月 1 日起施行的《中华人民共和国水法》第三条明确规定,"水资源属于国家所有。水资源的所有权由国务院代表国家行使";第二十八条规定,"任何单位和个人引水、截(蓄)水、排水,不得损害公共利益和他人的合法权益"。

2. 利与害的两重性

水是极其珍贵的资源,给人类带来很多利益。但是,人类在开发利用水资源的过程中,由于各种原因,有时也会深受其害。比如水过多会带来洪灾、涝灾,水过少会出现旱灾,人类对水的污染又会破坏生态环境、危害人体健康、影响人类社会发展等。人们常说,水是一把双刃剑,比金珍贵,又凶猛于虎。这就是水的利与害的两重性。人类在开发利用水资源的过程中,一定要“用其利,避其害”。

3. 多用途性

水是一切生物不可缺少的资源,同时也是人类经济社会发展不可缺少的一种资源。比如,工业生产、农业生产、水力发电、航运、水产养殖、旅游娱乐等都需要用水。人们对水的多用途性的认识随着其对水资源依赖性增强而日益加深,特别是在缺水地区,为争水而引发的矛盾或冲突时有发生。这是人类开发利用水资源的动力,也是水被看作一种极其珍贵资源的缘由,同时也是人水矛盾产生的外在因素。因此,对水资源应进行综合开发、综合利用,水尽其用,满足人类对水资源的各种需求,同时尽可能减轻对水资源的破坏和影响。

4. 商品性

长久以来,人们一直认为水是自然界提供给人类的一种取之不尽、用之不竭的自然资源。但是随着人口的急剧膨胀,经济社会的不断发展,人们对水资源的需求日益增加,水对人类生存、经济发展的制约作用逐渐显露出来。人们需要为各种形式的用水支付一定的费用,水成了商品。水资源在一定情况下表现出了消费的竞争性和排他性(如生产用水),具有私人商品的特性。但是当水资源作为水源地、生态用水时,仍具有公共商品的特点,所以它是一种混合商品。

第二节　水资源的形成与转化

一、水循环

(一)水循环的概念

地球上的水以液态、固态和气态的形式分布于海洋、陆地、大气和生物机体中,这些水体构成了地球的水圈。水圈中的各种水体在太阳的辐射下不断地蒸发变成水汽进入大气,并随气流的运动输送到各地,在一定条件下凝结形成降水。降落的雨水,一部分被植物截留并蒸发,一部分渗入地下,另一部分形成地表径流沿江河回归大海。渗入地下的水,有的被土壤或植物根系吸收,然后通过蒸发或散发返回大气;有的渗入到更深的土层形成地下水,并以泉水或地下水的形式注入河流回归大海。水圈中的各种水体通过蒸发、水汽输送、凝结、降落、下渗、地表和地下径流的往复循环过程,称为水循环。

(二)水循环的种类

按照水循环的规模与过程,可分为大循环、小循环和内陆水循环。

1. 大循环

从海洋蒸发的水汽,被气流输送到大陆上空,冷凝后形成降水落到陆面,其中一部分以地表和地下径流的形式从河流回归海洋;另一部分重新蒸发返回大气。这种海陆间的水分交换过程,称为大循环。

2. 小循环

海洋上蒸发的水汽在海洋上空凝结后,以降水的形式落到海洋里,或陆地上的水经蒸发凝结又降落到陆地上,这种局部的水循环称为小循环。前者称为海洋小循环,后者称为内陆小循环。

3. 内陆水循环

水汽从海洋向内陆输送的过程中，在陆地上空一部分冷凝降落，形成降水并产生径流，向海洋流动，同时也有一部分再蒸发成水汽继续向更远的内陆输送。愈向内陆水汽愈少，循环逐渐减弱，直到不再能形成降水。这种局部的循环也叫作内陆水循环。内陆水循环对内陆地区降水有着重要作用。

实际上，一个大循环包含着多个小循环，多个小循环组成一个大循环。水循环过程中的蒸发、输送、降水和径流称为水循环的四个基本环节。水循环中的各种现象如图 1-1 所示。

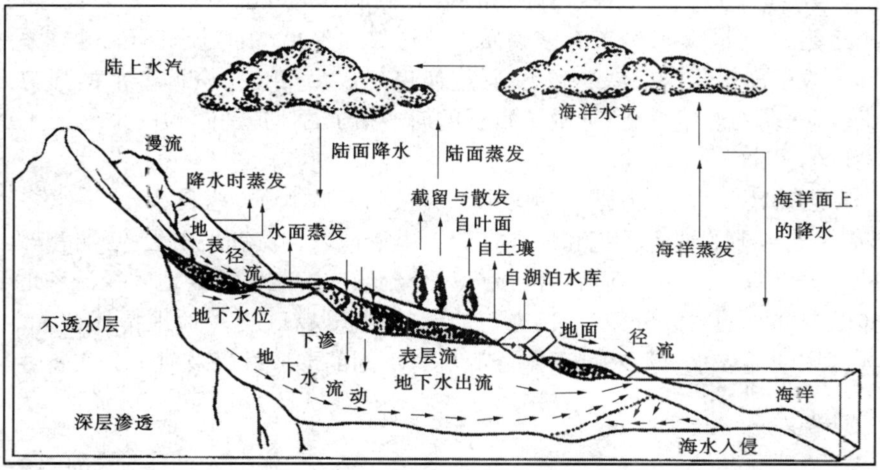

图 1-1　水循环示意图

(三) 水循环的实质

水循环是地球上最重要、最活跃的物质循环之一，它实现了地球系统水量、能量和地球生物化学物质的迁移与转换，构成了全球性的连续有序的动态大系统。水循环把海陆有机地连接起来，塑造着地表形态，制约着地球生态环境的平衡与协调，不断提供再生的淡水资源。因此，水循环对于地球表层结构的演化和人类社会可持续发展都具有重要意义。

1. 水循环深刻地影响着地球表层结构的形成、演化和发展

水循环不仅将地球上各种水体组合成连续、统一的水圈，而且在循环过程中进入大气圈、岩石圈与生物圈，将地球上的四大圈层紧密地联系起来。水循环在地质构造的基底上重新塑造了全球的地貌形态，同时影响着全球的气候变迁和生物群类。

2. 水循环是海陆间联系的纽带

水循环的大气过程实现了海陆上空的水汽交换，海洋通过蒸发源源不断地向陆地输送水汽，进而影响着陆地上一系列的物理、化学和生物过程；陆面通过径流归还海洋损失的水量，并源源不断地向海洋输送大量的泥沙、有机质和各种营养盐类，从而影响着海水的性质、海洋沉积及海洋生物等。虽然陆地有时也向海洋输送水汽，但总体上是海洋向陆地输送水汽，陆地向海洋输送径流。

3. 水循环使大气水、地表水、土壤水、地下水相互转换

水循环的过程中,大气以降水的形式补给地表;地表水以下渗的形式补给土壤或通过岩石裂隙直接补给地下水;土壤以下渗的形式补给地下水,在一定条件下,土壤水可以以壤中流的形式补给地表,地下水也可以以地下径流的形式补给地表;地表水、土壤水和地下水又以蒸发或植物散发的形式补给大气,从而形成大气水、地表水、土壤水、地下水的相互转换。

4. 水循环使得水成为可再生资源

水循环的实质就是物质与能量的传输过程,水循环改变了地表太阳辐射能的纬度地带性,在全球尺度下进行高低纬、海陆间的热量和水量再分配。水是一种良好的溶剂,同时具有搬运能力,水循环负载着众多物质不断迁移和聚集。通过水循环,地球系统中各种水体的部分或全部逐年得以恢复和更新,这使得水成为可再生资源。水循环与人类关系密切,水循环强弱的时空变化,导致水资源的时空分布不均,是制约一个地区生态平衡和可持续发展的关键。

由于在水循环过程中,海陆之间的水汽交换以及大气水、地表水、地下水之间的相互转换,形成了陆地上的地表径流和地下径流。由于地表径流和地下径流的特殊运动,塑造了陆地的一种特殊形态——河流与流域。一个流域或特定区域的地表径流和地下径流的时空分布既与降水的时空分布有关,亦与流域的形态特征、自然地理特征有关。因此,不同流域或区域的地表水资源和地下水资源具有不同的形成过程及时空分布特性。

二、地表水资源的形成

地表水资源和地下水资源量的多少及时空分布特点与其降水特性密切相关。地表水资源的形成主要涉及降水、蒸发、径流等。

(一)降水

降水是指液态或固态的水汽凝结物从云中降落到地表的现象,如雨、雪、霰、雹、露、霜等,其中以雨、雪为主。我国大部分地区,一年内降水以雨水为主,雪仅占少部分,所以这里降水主要指降雨。

降水特征常用几个基本要素来表示,如降水量、降水历时、降水强度、降水面积及暴雨中心等。降水量是指一定时段内降落在某一点或某一面积上的总水量,用深度表示,以mm计。如一场降水的降水量是指该次降水全过程的总降水量,日降水量是指一日内的降水总量。降水量一般分为6级,见表1-1。凡日降水量达到或超过50 mm的降水称为暴雨。暴雨又分为暴雨、大暴雨和特大暴雨三个等级。降水持续的时间称为降水历时,以min、h或d计。单位时间的降水量称为降水强度,以mm/min或mm/h计。降水笼罩的平面面积称为降水面积,以km^2计。暴雨集中的较小的局部地区,称为暴雨中心,暴雨中心在降水过程中也可能是移动的,一场降水可能有几个暴雨中心。

降水历时和降水强度反映了降水的时程分配,降水面积和暴雨中心反映了降水的空间分布。

表 1-1 降水量等级

24 h 雨量/mm	0.1~10	10~25	25~50	50~100	100~200	>200
12 h 雨量/mm	0.1~5	5~10	10~30	30~70	70~140	>140
等级	小雨	中雨	大雨	暴雨	大暴雨	特大暴雨

(二)蒸发

蒸发是自然界水循环的基本环节之一,它是地表或地下的水由液态或固态转化为水汽,并返回大气的物理过程,也是重要的水量平衡要素,对径流有直接影响。降水是流域水资源的补给,蒸发则是流域水资源的耗散。据估计,我国南方地区年降水量的30%~50%、北方地区年降水量的80%~95%都消耗于蒸发,余下的部分才形成径流。蒸发的大小可用蒸发量或蒸发率表示,蒸发量是指某一时段如日、月、年内总蒸发掉的水层深度,以mm计。蒸发率是指单位时间的蒸发量,也称蒸发速度,以mm/min或mm/h计。流域或区域上的蒸发包括水面蒸发、土壤蒸发和植物散发。

1. 水面蒸发

水面蒸发是指江、河、水库、湖泊和沼泽等地表水体水面上的蒸发现象。水面蒸发是最简单的蒸发方式,属饱和蒸发。影响水面蒸发的主要因素是温度、湿度、风速和气压等气象条件。

2. 土壤蒸发

土壤蒸发是指水分从土壤中以水汽形式逸出地面的现象。它比水面蒸发要复杂得多,除了受上述气象条件的影响外,还与土壤结构、土壤含水量、地下水位的高低、地势和植被等因素密切相关。

蒸发面在一定气象条件下充分供水时的最大蒸发量或蒸发率称为蒸发能力。水面蒸发自始至终处在充分供水条件下进行,所以它一直按蒸发能力蒸发。而土壤含水量可能是饱和的,也可能是非饱和的。

对于土壤含水量完全饱和并且无后继水量加入的土壤,其蒸发过程大体上可分为三个阶段。第一阶段,土壤完全饱和,供水充分,蒸发在表层土壤进行,此时的蒸发率等于或接近土壤蒸发能力,蒸发量大而稳定。第二阶段,由于水分逐渐蒸发消耗,土壤含水量转为非饱和状态,局部表土开始干化,土壤蒸发一部分仍在地表进行,另一部分发生在土壤内部。在这一阶段中,随着土壤含水量的减少,供水条件越来越差,故其蒸发率随时间也就逐渐减小。第三阶段,表层土壤干涸,且向深层扩展,土壤水分蒸发主要发生在土壤内部。蒸发形成的水汽由分子扩散作用通过表面干涸层逸入大气,其速度极为缓慢,蒸发量小而稳定,直至基本终止。可见,土壤蒸发过程,实质上是土壤失去水分或干化的过程。

3. 植物散发

土壤中的水分经植物根系吸收,输送到叶面,散发到大气中去,称为植物散发。土壤水分消耗于植物散发的部分数量很大,根据实验得知,有些植物的蒸散发量比水面蒸发量还大。由于植物本身参与了这个过程,并能利用特殊的气孔进行调节,故植物散发过程是一种生物物理过程,它比水面蒸发和土壤蒸发更为复杂。

由于植物生长在土壤中,植物散发与植物覆盖下的土壤蒸发实际上是并存的,因此研究植物散发往往和土壤蒸发合并进行,两者总称为陆面蒸发。

4. 流域总蒸发

流域总蒸发包括流域水面蒸发、土壤蒸发、植物截留蒸发和植物散发。一个流域的下垫面极其复杂,从现有技术条件看,要精确求出各项蒸发量是有困难的。通常是先对全流域进行综合研究,再用流域水量平衡法或模型计算法分析求出。

我国许多省区利用中小流域的降水量与径流量观测资料,用水量平衡公式推算出各地的流域总蒸发量,并绘制了多年平均蒸发量等值线图,可供使用。

(三)径流

径流是指由降水所形成的,沿着流域地表和地下向河川、湖泊、水库、洼地等流动的水流。其中,沿着地面流动的水流称为地面径流,或地表径流;沿土壤、岩石空隙流动的水流称为地下径流;汇集到河流后,在重力作用下沿河床流动的水流称为河川径流。径流因降水形式和补给来源的不同,可分为降雨径流和融雪径流,我国大部分河流以降雨径流为主。

径流过程是地球上水循环中的重要一环。在水循环过程中,陆地上34%的降水转化为地表径流和地下径流汇入海洋。径流过程又是一个复杂多变的过程,与人类同洪旱灾害进行斗争,以及水资源的开发利用和水环境保护等生产经济活动密切相关。

1. 径流形成过程

流域内,自降雨开始到水流汇集到流域出口断面的整个物理过程,称为径流形成过程。径流的形成是一个相当复杂的过程,为了便于分析,一般把它概括为产流过程和汇流过程两个阶段。

1)产流过程

降雨开始后,除少量降落到河流水面的降雨直接形成径流外,一部分被植物枝叶所拦截,称为植物截留,并耗于雨后蒸发。降落到地面上的雨水,当降雨强度小于下渗强度时,雨水全部下渗;当降雨强度大于下渗强度时,雨水按下渗能力下渗,超出下渗能力的雨水形成超渗雨。超渗雨会形成地面积水,先填满地面的洼坑,称为填洼;填洼的雨量最终耗于下渗和蒸发。随着降雨的持续,满足了填洼的地方开始产生地表径流。下渗到土壤中的雨水,除补充土壤含水量外,逐步向下层渗透。当土壤含水量达到田间持水量后,下渗趋于稳定。继续下渗的雨水,一部分从坡侧土壤空隙流出,注入河槽,形成表层流或壤中流;另一部分继续向深层下渗,到达地下水面后,以地下水的形式汇入河流,则成为地下径流。位于第一个不透水层之上的冲积层地下水,称为潜水或浅层地下水。在两个不透水层之间的地下水,称为深层地下水或承压水。

综上所述,降落到流域表面的雨水,产生植物截留、下渗、填洼和蒸发,满足这些损失后,其余的部分雨水形成径流,此阶段称为产流过程。形成径流的雨水称为净雨,净雨量称为产流量;不能形成径流的部分雨水称为损失量。通常把形成地表径流的雨水称为地面净雨,形成地下径流的雨水称为地下净雨。径流的形成过程如图1-2所示。

流域产流过程对降雨进行了一次再分配。在这个过程中,有水量损失,产流量(净雨量)小于降雨量。对整个径流而言,植物截留、蒸发、土壤蓄存的水量以及填洼的部分水量是损失水量;对地表径流而言,植物截留、蒸发、全部填洼量、除形成壤中流的全部地表

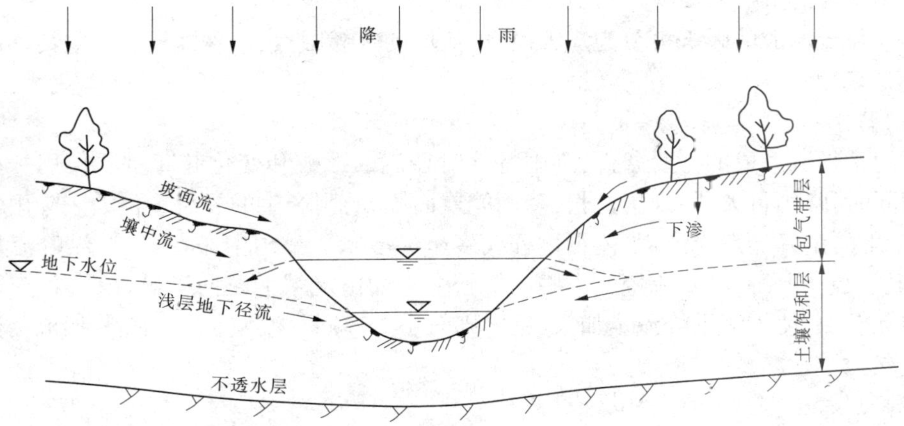

图 1-2　径流的形成过程示意图

下渗量均为损失水量。

2)汇流过程

净雨沿坡面汇入河网,然后经河网汇集到流域出口断面,这一过程称为流域汇流过程。为了便于分析,将全过程分为坡地汇流和河网汇流两个阶段。

(1)坡地汇流。

地面净雨沿坡面流到附近河网,称坡面漫流。坡面漫流是由无数股彼此时分时合的细小水流所组成的,通常无明显固定沟槽,雨强很大时形成片流。坡面漫流的流程一般不长,约为数米至数百米。地面净雨经坡面漫流注入河网,形成地表径流。大雨时地表径流形成河流洪水。表层流净雨注入河网,形成表层流径流。表层流与坡面漫流互相转化,常并入地表径流。地下净雨下渗到潜水或深层地下水体后,沿水力坡降最大方向汇入河网,称为地下汇流。深层地下水流动缓慢,降雨后地下水流可以维持很长时间,较大河流终年不断流,是河川基本径流,常称为基流。

在径流形成过程中,坡地汇流过程对净雨在时程上进行第一次再分配。降雨结束后,坡地汇流仍将持续一定的时间。在这个过程中,没有水量损失,只是净雨在时程上的再分配。

(2)河网汇流。

进入河网的水流,从支流向干流、从上游向下游汇集,最后全部流出流域出口断面,这个汇流过程称为河网汇流过程。显然,在此过程中,沿途不断有坡面漫流、表层流及地下径流汇入,使河槽水量增加,水位升高,为河流涨水阶段。在涨水阶段,由于河槽贮蓄一部分水量,所以,对处于波前的任一河段,下断面流量总是小于上断面流量。随降雨和坡面漫流量逐渐减少直至完全停止,河槽水量减少,水位降低,这就是退水阶段。这种现象称为河槽的调蓄作用。河槽调蓄是对净雨在时程上进行的第二次再分配。

一次降雨,经植物截留、填洼、入渗和蒸发等损失后,进入河网的水量自然比降雨总量小,而且经过坡面漫流及河网汇流两次再分配的作用,使出口断面的径流过程比降雨过程变化缓慢、历时增长、时间滞后。径流过程是流域降雨径流形成的最终效应,是流域上许多因素综合作用的结果,一次降雨的水量最终归结于两个方面——蒸发与径流。

2. 影响径流形成的因素

影响径流形成的因素可分为三大类,即流域的气候因素、地理因素和人类活动因素。

1)流域的气候因素

(1)降雨。

降雨是径流形成的必要条件,降雨特性对径流的形成和变化起着重要作用。在其他条件相同时,降雨量大,降雨历时长,降雨笼罩面积大,则产生的径流量也大。降雨强度愈大,所产生的洪峰流量也愈大,流量过程线多呈尖瘦状。暴雨中心在下游,洪峰流量则较大,暴雨中心在上游,洪峰流量就小些。暴雨中心如由流域上游向下游移动,各支流洪峰流量相互叠加,使干流洪峰流量加大,反之则较小。故同一流域,雨型不同,形成径流的过程也不同。

(2)蒸发。

蒸发是直接影响径流量的因素,蒸发量大,降雨的损失量就大,形成的径流量就小。对于一次暴雨形成的径流来说,虽然在径流形成过程中蒸发量的数值相对不大,甚至可忽略不计,但流域在降雨开始时的土壤含水量直接影响着本次降雨的损失量,即影响着径流。而土壤含水量与流域蒸发有密切关系。

2)流域的地理因素

(1)流域地形。

流域地形特征包括地面高程、坡面倾斜方向及流域坡度等。一方面,流域地形是通过影响气候,间接影响径流的特性,如山地迎风坡降雨量较大,背风坡是气流下沉区,降雨量小;同时,山地高程较高时,气温较低,蒸发量较小,所以降雨损失量较小。另一方面,流域地形还直接影响汇流条件,从而影响径流过程。例如:地形陡峭,河道比降大,则水流速度快,河槽汇流时间较短,洪水陡涨陡落,流量过程线多呈尖瘦形;反之则较平缓。同一雨型,不同流域形成的径流过程不同。

(2)流域的大小和形状。

流域本身具有调节水流的作用,流域面积愈大,地表与地下蓄水容积愈大,调节能力也愈强。流域面积较大的河流,河槽下切较深,得到的地下水补给就较多;而流域面积较小的河流,河槽下切往往较浅,因此地下水补给也较少。

流域长度决定了流域上的径流到达出口断面所需要的汇流时间。汇流时间愈长,流量过程线愈平缓。流域形状与河系排列有密切关系。扇形排列的河系,各支流洪水较集中地汇入干流,流量过程线往往较陡峻;羽形排列的河系,各支流洪水可顺序而下,遭遇的机会少,流量过程线较矮平;平行状排列的河系,其影响与扇形排列的河系类似。

(3)河道特性。

如河道短、坡度大、糙率小,则水流流速大,河道输送水流能力大,径流容易排泄,流量过程线尖瘦;反之则较坦平。

(4)土壤、岩石性质和地质构造。

流域土壤、岩石性质和地质构造,与下渗量的大小有直接关系,从而影响产流量和径流过程特性,同时也影响地表径流和地下径流的产流比例关系。

(5)植被。

植被能阻滞地表水流,增加下渗。森林地区表层土壤容易透水,有利于雨水渗入地下,从而增大地下径流,减少地表径流,使径流趋于均匀。对于融雪补给的河流,由于森林内温度较低,能延长融雪时间,使春汛径流历时增长。

(6)湖泊和沼泽。

湖泊和沼泽对洪水能起到一定的调节作用,在涨水期,它能拦蓄部分洪水;到退水期再逐渐放出。因此,它对削减洪峰起很大作用,使径流过程变得平缓。一般情况下,水面蒸发较陆面蒸发大,湖泊、沼泽将使径流有所减少。

3)人类活动因素

影响径流的人类活动,主要指人们为开发利用和保护水资源,以及为战胜水旱灾害所采取的工程措施及农林措施等。通过这些措施改变了流域的自然面貌,从而也就改变了径流的形成和变化条件,并改变了蒸发与径流的比例,地表径流和地下径流的比例,以及径流在时间和空间上的分布等。例如:水库和引水工程能明显地改变径流的时空分布;植树造林、兴修梯田、水土保持等措施能增加下渗水量,既改变了地表水与地下水的比例及径流的时程分配,还可影响蒸发;水库和灌区的建成,增加了蒸发,减少了径流。

综上所述,降雨径流的形成和变化过程是极其复杂的,很难单独分出某种影响因素的作用,因为它是气候、自然地理各因素和人类改造自然活动综合作用的结果。

(四)地表水资源

流域或特定区域的地表水资源指的是流域出口断面的河川径流,上述降雨径流的形成过程基本反映了地表水资源的形成过程,地表径流的时程分配和空间分布体现了地表水资源的时空变化规律。应该注意的是,流域出口断面的河川径流既有地表径流,也包括壤中流以及部分地下径流。不同的流域几何形态及自然地理特征、不同的河槽形态及下切深度,使流域出口断面所汇集的地下径流在组成上和数量上均不相同。也就是说,一个流域或特定区域的地表水资源既包括被称之为雨洪的地表径流和部分浅层地下径流,也包括被称之为基流的浅层和深层地下径流。地表水资源的形成过程既有地表径流的形成特征,也有地下径流的形成特征;影响径流形成的诸多因素同样是地表水资源形成的影响因素,地表水资源的形成和时空变化过程也是极其复杂的,是流域上许多因素及人类活动综合作用的结果。我国地表水资源的时程分配和空间分布特点与降水量的时程分配和空间分布特点基本一致。

三、地下水资源的形成

(一)基本概念

广义上的地下水指埋藏在地表以下各种状态的水。按埋藏条件,地下水可划分为包气带水(土壤水)、上层滞水、潜水和承压水4个基本类型。

在地下水面以上,土壤含水量未达饱和,是土壤颗粒、水分和空气同时存在的三相系统,称为包气带。在地下水面以下,土壤处于饱和含水状态,是土壤颗粒和水分组成的二相系统,称为饱和带或饱水带。

饱水带岩层按其透过和给出水的能力,可分为含水层和隔水层。含水层是指能够透过并给出相当数量水的岩层。隔水层则是不能或基本不能透过、给出水的岩层。划分含水层与隔水层的关键在于岩层所含水的性质,空隙细小的岩层(如致密黏土、裂隙闭合的页岩),含的几乎全是不能移动的结合水,实际上起着阻隔水透过的作用,所以是隔水层。而空隙较大的岩层(如砂砾石、发育溶穴的可溶岩),主要含有重力水,在重力作用下,能透过和给出水,就构成了含水层。

土壤水是指吸附于土壤颗粒和存在于土壤空隙中的水。上层滞水是指包气带中局部隔水层或弱透水层上积聚的具有自由水面的重力水。潜水是指饱水带中第一个具有自由表面的含水层中的水。承压水是指充满于两个隔水层之间的含水层中的水。

组成地壳的岩石,无论是松散的沉积物还是坚硬的基岩,都存在数量及大小不等、形状各异的空隙。岩石的空隙为地下水的赋存提供了必要的空间条件,空隙的多少、大小、形状、连通情况与分布规律,对地下水的分布、运动及赋存规律有重要影响。

按照空隙特征可将其分为松散岩石中的孔隙、坚硬岩石中的裂隙和可溶岩中的溶隙三大类。松散岩石由大小不等、形状各异的颗粒组成,颗粒或颗粒集合体之间的空隙称为孔隙。固结的坚硬岩石,包括沉积岩、岩浆岩和变质岩,受地壳运动及其他内外地质应力作用,破裂变形产生的空隙称为裂隙。可溶岩石中的各种裂隙被水流溶蚀扩大成为各种形态的溶隙,甚至形成巨大溶洞,这是岩溶地下水的赋存空间。

(二)地下水的循环过程

地下水循环是自然界水循环的一个重要组成部分,地下水自身又有独立的补给、径流、排泄小循环。

地下水经常不断地参与自然界的循环。含水层或含水系统通过补给,从外界获得水量,径流过程中水由补给处输送到排泄处,然后向外界排出。在水的交换运移过程中,往往伴随着盐分的交换与运移。补给、径流与排泄决定着含水层或含水系统的水量与水质在空间和时间上的变化,同时,这种补给、径流与排泄无限往复进行,构成了地下水的循环。

1. 地下水的补给

含水层自外界获得水量的过程称为补给。地下水的补给来源主要有大气降水和地表水的渗入补给、大气中水汽和土壤中水汽的凝结补给、含水层之间的补给、人工补给。

1)大气降水入渗补给

当大气降水降落到地表后,一部分变为地表径流,一部分蒸发重新回到大气,剩余一部分渗入地下形成地下水。在很多情况下,大气降水是地下水的主要补给方式。大气降水补给地下水的数量受到很多因素的影响。与降水强度、形式、植被、包气带岩性、地下水的埋深等有关。一般当降水量大、降水过程长、地形平坦、植被茂盛、上部岩层透水性好、地下水埋藏深度不大时,大气降水才能大量下渗补给地下水。

2)地表水入渗补给

地表水对地下水的补给强度主要受岩层透水性的影响,同时也取决于地表水水位与地下水水位的高差、洪水的延续时间、河水流量、河水的含泥量、地表水体与地下水联系范围的大小等因素。

3)凝结水入渗补给

凝结水的补给是指大气中过饱和水分凝结成液态水渗入地下补给地下水。在干旱区,凝结水的补给备受关注,由于干旱区大气降水较少,大气降水和地表水补给量均较少,因此凝结水是其重要补给来源。

4)含水层之间的补给

当两个含水层之间存在水头差且有水力联系时,则水头较高的含水层将水补给水头较低的含水层。其补给途径可以通过含水层之间的“天窗”发生水力联系,也可以通过含水层之间的越流方式补给。

5)人工补给

地下水的人工补给就是借助某些工程设施,人为地将地表水自流或用玉力引入含水层,以增加地下水的渗入量。人工补给地下水具有占地少、造价低、易管理、蒸发少等优点,不仅可以增加地下水资源,而且可以改善地下水的水质,调节地下水的温度,阻拦海水入侵,减小地面沉降。

2. 地下水的径流

地下水在岩石空隙中的流动过程称为径流。地下水的径流过程是整个地球水循环的一部分。大气降水或地表水通过包气带向下渗漏,补给含水层成为地下水,地下水又在重力作用下,由水位高处向水位低处流动,最后在地形低洼处以泉的形式排出地表或直接排入地表水体,如此循环过程就是地下水的径流过程。影响地下水径流的主要因素有含水层的空隙特性、地下水的埋藏条件、补给量、地形状况、地下水化学成分、人类活动因素等。

3. 地下水的排泄

含水层失去水量的作用过程称为地下水的排泄。在排泄过程中,地下水的水量、水质及水位都会随之发生变化。

地下水通过泉(点状排泄)、向河流泄流(线状排泄)及蒸发(面状排泄)等形式向外界排泄。此外,一个含水层中的水可向另一个含水层排泄,也可以由人工进行排泄,如用井开发地下水,或用钻孔、渠道排泄地下水都属于地下水的人工排泄。

在地下水的排泄方式中,蒸发排泄仅耗失水量,盐分仍留在地下水中。其他种类的排泄都属于径流排泄,盐分随同水分同时排走。

4. 地下水运动的特点

地下水储存并运动于岩石颗粒间像串珠管状的孔隙和岩石内纵横交错的裂隙之中。由于这些空隙的形状、大小和连通程度等的变化,导致地下水运动的复杂性和特殊性,具体如下:

(1)地下水运动比较迟缓,一般流速较小。在实际计算中,常忽略地下水的流速水头,认为地下水的水头就等于测压管水头。

(2)由于地下水是在曲折的通道中进行缓慢渗流,故地下水流大多数都呈层流运动。只有当地下水流通过漂石、卵石的特大孔隙或岩石的大裂隙及可溶岩的大溶洞时,才会出现紊流状态。

(3)地下水在自然界的绝大多数情况下呈非稳定流运动。但当地下水的运动要素在某一时间内变化不大,或地下水的补给、排泄条件随时间变化不大时,人们常常把地下水的运动近似看成是稳定流,这给地下水运动规律研究带来很大方便。

(4)人们在研究地下水运动规律时,并不是去研究每个实际通道中复杂的水流运动特征,而是研究岩层内平均直线水流通道中的水流特征,假想水流充满含水层。

(三) 地下水资源

地下水资源是指埋藏于地表以下的、能够被人类生产或生活直接利用的、逐年可以得以恢复和更新的地下水体。上述的上层滞水、潜水(或称浅层地下水)、补给条件良好的承压水均为地下水资源;而埋藏数百米甚至上千米的深层地下水,因开采后恢复和更新速度缓慢,目前不列入地下水资源。

地下水资源的补给来源是天然降水、地表水体及人工补给等,由于水文地质条件不同,经包气带(土壤)入渗后,形成不同的地下水体——上层滞水、潜水、承压水。各种水体有着各自的运动规律,并可在一定条件下相互转化。

第三节 面临的水问题及解决途径

一、面临的水问题

由于水资源本身固有的属性再加上人类活动的影响,带来一些水问题,比较公认的有三大水问题,即水资源短缺、洪涝灾害、水环境污染,概括起来主要是"水少""水多""水脏"这三个问题。

(一) 水资源短缺

水资源短缺是当今和未来面临的主要水问题之一。一方面,由于自然因素的制约,如降水时空分布不均和自然条件差异等,导致某些地区降雨稀少、水资源紧缺,如南非、中东地区以及我国的西北干旱地区等;另一方面,随着人口增长和经济发展,对水资源的需求也在不断增加,从而出现"水资源需大于供"的现象,导致水量上不足,出现水资源短缺。此外,由于人类活动污染水源,使原本可以利用的水源不能再被利用,从而造成可利用水资源量减少,最终使得水资源短缺,这是"水质型缺水"。

在我国,主要表现为农业缺水、城市缺水和生态缺水。首先是农业缺水,由于我国水资源空间分布不均匀,南多北少,而耕地资源的分布却是南少北多,导致北方大面积耕地缺乏灌溉水源。水资源短缺已经成为我国农业稳定发展和粮食安全供给的主要制约因素。其次是城市缺水。全国 600 多个城市中,有 400 多个城市不同程度缺水,其中严重缺水的有 100 多个。随着工农业生产和城市化扩张、生活用水增加,预计到 21 世纪中叶,我国大部分地区将面临水资源更加紧张、缺水甚至严重缺水的局面。此外,生态缺水现象也十分严重,缺水造成了一些自然生态系统的退化、演变甚至消亡,给生态带来一些不良影响。干旱也可能造成草原退化、沙漠面积增大,也会使河流、湖泊面积缩小。

(二) 洪涝灾害

洪涝灾害是某些地区的又一大水问题。由于水资源的时空分布不均匀,在世界上许多地区或某一地区的某一时期干旱缺水的同时,在世界上的另一些地区或某一地区的其他时期,又会出现因突发性的降水过多而形成的洪涝灾害。由于全球气候变化加上人类活动对环境的影响加剧,致使世界上洪涝灾害频繁发生,强度也在增加,洪水类型也多种多样。河流洪水是一种基本形式,每年都有暴雨引发洪涝灾害的报道。突发洪水也是一种常见的洪涝灾害形式。另外,随着城市化的迅速发展,城市洪涝灾害问题将成为某些地区经济社会发展的潜在威胁。

在我国,洪涝灾害频发,对经济发展和社会稳定的威胁较大,目前存在的突出问题是防洪标准偏低。主要江河防洪标准只有20~50年一遇,中小河流的防洪标准更低,只有5~10年一遇。70%左右的城市没有达到国家规定的防洪标准,甚至还有部分城市基本没有设防。随着人口的增加,经济快速发展,以及河道、湖泊淤积等,防洪问题会越来越突出。这对我国人民群众生命财产安全和经济社会可持续发展构成严重威胁。

(三)水环境污染

水环境污染也是一个非常严峻的水问题。随着经济社会的发展、城市化进程的加快,排放到环境中的污水、废水量日益增多。大量含有污染物质的废水进入天然水体,造成水环境质量的急剧恶化,一方面,会对人们的身体健康和工农业利用带来不利影响;另一方面,由于水资源被污染,原本可以利用的水资源失去了利用价值,使得可利用水资源量越来越少,造成"水质型缺水",加剧水资源短缺。

在我国,由于人口增加、经济发展,工农业生产和城市生活对水资源需求量不断增加,同时废水的排放量也相应增加。但随着我国水环境治理力度的加大,水环境状况明显得到改善。据2005年对全国14.05万km评价河长的水质监测资料,符合《地表水环境质量标准》(GB 3838—2002)Ⅰ类水的河长占5.1%,Ⅱ类水河长占28.7%,Ⅲ类水河长占27.1%,Ⅳ类水河长占11.8%,Ⅴ类水河长占6.0%,劣Ⅴ类水河长占21.3%。黄河片、松花江片、辽河片、淮河片水质较差,符合和优于Ⅲ类的河长分别占40.0%、38.6%、36.0%、31.0%。据2013年对全国20.8万km评价河长的水质监测资料,Ⅰ类水河长占4.8%,Ⅱ类水河长占42.5%,Ⅲ类水河长占21.3%,Ⅳ类水河长占10.8%,Ⅴ类水河长占5.7%,劣Ⅴ类水河长占14.9%。黄河片、松花江片、辽河片、淮河片水质较差,符合和优于Ⅲ类水的河长分别占58.1%、55.7%、45.5%、59.6%。据2018年对全国26.2万km评价河长的水质监测资料,Ⅰ类水河长占8.7%,Ⅱ类水河长占51.0%,Ⅲ类水河长占21.9%,Ⅳ类水河长占8.7%,Ⅴ类水河长占4.2%,劣Ⅴ类水河长占5.5%。黄河片、松花江片、辽河片、淮河片水质较差,符合和优于Ⅲ类水的河长分别占73.8%、74.1%、59.7%、60.8%。对比2018年和2013年的监测结果,可以看出,我国水环境状况得到明显改善。当然,水环境污染问题的治理任务仍然很艰巨。此外,还存在水土流失、河流干枯断流、湖泊萎缩、草原退化、土地沙化、湿地干涸、灌区次生盐渍化、部分地区地下水超量开采等问题,造成局部地区水环境恶化。

随着人口的增加和经济社会的发展,水问题将更加突出,成为制约经济社会可持续发展的关键性因素。水问题不仅是中国的问题,也是世界经济社会发展亟待解决的重要问题之一。这一问题的出现有自然原因,但更多的是人类不合理地开发、利用和管理水资源的活动所导致的。要解决这些问题,需要人类共同努力,加强对水资源的开发、利用、治理、配置、节约和保护等工作,以实现水资源的可持续利用。

二、解决途径

三大水问题危害严重,影响深远,形成机制复杂,涉及面广,治理难度大,历来都是我国政府和相关部门的工作重点。尽管我国已花费了巨大的人力、物力,取得了卓越的成就,但是仍然面临着十分严峻的局面,需要继续努力,破解水问题,寻找解决途径。

(1)要科学认知水问题,从而制定综合治理、系统治理的科学方案。

要有效应对水资源短缺、洪涝灾害、水环境污染等问题,关键在于科学理解这些问题的成因和影响,包括对当前状况的分析,以及对未来趋势的预测和对可能解决方案的评估,并基于此制定出综合、系统的治理方案。通过对不同水问题的成因分析,结合当地的客观自然条件、经济基础以及科学技术等要素制定出既系统科学又切合实际的治理方案。技术层面可以从提高水利用效率、推广节水技术、实施雨水收集和利用、增加水资源再生和回用等措施,综合解决水资源短缺问题;实施包括水库调度、河道整治、城市排水改善和洪水预警系统建设,加强河流生态系统和湿地生态系统的保护与恢复来提高自然环境的水文调节能力和减灾缓冲能力,综合解决洪涝灾害问题;推广清洁生产技术,减少化肥和农药的使用,采用先进的水处理技术,提高污水处理效率,综合解决水环境污染问题。管理制度层面可以从出台跨部门、多层级的水资源管理框架,进行政府、企业、民间组织和公众的参与,建立有效的水资源分配和调度机制,加强水资源管理的监测和评估系统;提高社区和个人对洪涝灾害的适应能力,包括建立社区级防灾减灾机制、提供防灾教育和培训、加强灾后恢复和支援服务;实施严格的环境监管政策,减少污染物的排放,增强公众对水环境保护的意识,鼓励公众参与到水环境保护活动中来,通过教育和动员形成全民保护水环境的良好风尚。

(2)要科学规划建设一系列工程,提高水问题防御和治理硬件能力。

解决水问题的另一个关键是规划建设一系列工程,以提高水问题防御和治理硬件能力。例如,通过建设和升级蓄水库、水坝和引水渠道,可以增加水资源的储备量,改善供水稳定性。采用现代化的灌溉系统和智能水网技术,可以显著提高农业用水和城市用水的效率。推广再生水和雨水收集系统,不仅能够缓解自然水资源的压力,还有助于增加城市绿化和改善城市微气候。面对洪涝灾害问题,应重视提高城市和农村地区的防洪能力。这包括建设防洪堤、水闸和排水系统,以及采用"海绵城市"设计理念,通过增加城市透水面积和构建雨水花园、渗透井等设施,有效地减轻暴雨带来的洪水威胁。对于沿海地区,建设海堤和风暴潮防护系统也至关重要,以防御海平面上升和极端天气事件引发的水灾。为解决水环境污染问题,重点应放在减少污染物的排放和提升污水处理能力上。建设高效的污水处理厂和采用先进的污水处理技术,能够有效去除水中的有害物质,保障水质安全。实施河流、湖泊和海岸线的生态修复工程,如建设人工湿地和生态护岸,既能改善水质,又能恢复水生生态系统的健康和多样性。

(3)要大力支持水问题解决的科学技术研究,提高解决水平和效率。

在应对水资源短缺、洪涝灾害以及水环境污染等问题的过程中,大力支持水问题解决的科学技术研究显得尤为关键。通过科学技术的力量,不仅可以提高问题解决的水平和效率,还能够为可持续水资源管理开辟新的路径。首先,需要加大对水科学基础研究的投入,深入探究水循环、水污染成因、水资源再生等基础科学问题。同时,鼓励和支持跨学科技术研发,如新型节水灌溉技术、高效水处理和回用技术、智能水资源管理系统等,以科技创新驱动水问题解决方案的更新迭代。其次,科技成果的转化和应用是提高解决水平和效率的关键。这要求建立从科研到实际应用的快速响应机制,通过政策激励、资金支持和市场引导,促进先进水处理技术、农业节水技术和灾害预警技术等的广泛应用。加强国际合作,引进和吸收国外先进技术和管理经验,也是提高技术应用效率的重要途径。建立科技成果评估机制,及时总结技术推广的效果和经验,对存在的问题进行反馈调整。最后,加强科学普及和教育,提高公众对水资源保护意识和科技进步的认知,为科技研究创造良好的社会环境。

(4)要制定一系列规章制度,用制度来保障应对和解决各种水问题。

要有效应对和解决各种水问题,制定一系列科学合理的规章制度至关重要。为应对水资源短缺问题,应实施严格的水资源管理制度、水资源刚性约束制度,建立和完善水资源的调配和优化利用机制,确保水资源的高效利用,制定水权交易和水市场机制,鼓励节水和水资源的合理配置;推广节水技术和产品的使用,通过立法推动工业、农业和生活用水领域采用节水技术和产品,如滴灌、循环冷却水系统、节水器具等,提高水利用效率;建立健全节水奖励和惩罚机制,以此激励节水行为。在应对洪涝灾害问题方面,应完善水灾害风险评估和预警系统,及时发布水灾害预警信息,提升公众的灾害防范意识和能力;建立水灾害应急管理和救援体系,制定应对水灾害的应急预案,明确各级政府及相关部门的职责和行动指南,建立快速反应和救援机制;实施安全监管制度,对水库、堤坝等水利工程实施定期安全检查和维护,确保工程安全运行,减少灾害风险。在应对水环境污染问题方面,应制定严格的水污染物排放标准,针对不同行业和领域设定明确的排放标准和限值,强化水污染源头控制;实施污水处理和回用制度,要求所有产生污水的单位必须进行污水处理,达标后方可排放,鼓励和支持污水的再处理和回用,减少对新鲜水资源的依赖;加强水环境监测和法律责任追究制度,建立全面的水环境质量监测网络,对违反水环境保护法规的行为进行严格的法律追责。通过制定和实施这些规章制度,可以形成一个全面、系统的法律法规体系,保护水环境,减少水灾害损失,为经济社会的可持续发展提供坚实的制度保障。

第四节 对水问题的科学理解

随着科学技术的进步和社会生产力的发展,人类创造了前所未有的物质财富,并加速推进人类文明发展的进程。与此同时,也出现了人口过快增长、资源过度消耗、生态环境质量严重下降等问题,使自然界生命支撑系统承受越来越大的压力。在这种严峻形势下,人类不得不重新反思自己对水问题的科学理解,重新审视自己的行为。人们终于认识到高消耗、高污染、先污染后治理的传统发展模式已不再适应当今和未来发展的需要,必须寻找一条社会、经济、资源、环境相协调的可持续发展道路。认识到对水问题的科学理解,不仅需要关注其自然科学维度,还需要考虑其经济社会和政策管理层面,以实现水资源可持续利用和区域水安全。

一、水问题客观存在

水问题的客观存在性是一个复杂且持久的现象,它的核心在于自然环境和人类活动之间不断变化的动态平衡。即便技术进步和管理创新在缓解当前的水资源压力方面取得了一定成效,但由于多方面因素的作用,水问题仍然存在并不断演变。

(一)水资源的时空分布不均

全球大部分淡水资源集中在极少数国家,而许多国家和地区如中东、北非等干旱地区,淡水资源极其匮乏。这种不均衡分布导致某些地区水资源过剩,而其他地区则面临严重短缺。此外,季节性降水变化和河流流动性也造成了水资源在一年中的不均匀分布,如印度次大陆的季风季节和非洲撒哈拉以南地区的雨季带来了丰沛的水资源等。

(二)水循环的更新能力有限

虽然地球上的水资源是通过水循环不断更新的,但这一过程的速度有限,且受多种因素影响。气候变化、土地利用变化(如森林砍伐、湿地排干)和水库建设等都会对水循环产生影响,导致可用淡水资源的减少。例如,过度开采地下水导致一些地区地下水位下降,影响水循环的正常进行。

(三)气候变化对水资源产生深远影响

全球变暖导致极地和高山地区冰川融化,进而影响了依赖冰川融水的河流流量。同时,极端天气事件的增加(如干旱、洪涝)使得水资源的可预测性和稳定性下降。如澳大利亚、加利福尼亚州和地中海地区近年来频繁遭遇的严重干旱。

(四)经济社会发展给水资源带来更大压力

随着人口增长和城市化加速,对水资源的需求急剧增加。工业和农业发展也需要大量水资源,特别是在缺水地区,这导致水资源的过度开发。如印度和中国的快速工业化与城市化导致对水资源的巨大需求,加剧了水资源短缺问题。

总体而言,水资源的时空不均衡分布、水循环更新能力有限、气候的不断变化以及经济社会的不断发展等多方面因素导致水问题客观存在。尽管技术进步和管理创新在一定程度上缓解甚至消除了当前水资源的某些压力,但是随着时间的推进又会发生类似的“老问题”或者意想不到的“新问题”。长期来看,水问题依然是一个复杂、多变且持久的挑战。

二、在应对水问题方面已取得巨大成就

人类在水问题面前不是束手无策的,而是采取了积极的应对措施,从古至今都是如此,已涌现出许多可歌可泣的治水人物和治水事迹。

(一)在抗旱方面取得的成就

在抗旱方面,我国在历史上的努力和成就十分显著,体现了人类对自然的顽强抗争和智慧的运用。早在新民主主义革命时期,中国共产党和苏维埃政府就十分重视抗旱减灾工作。1931 年,中华苏维埃共和国临时中央政府在中央土地人民委员部专门设立山林水利局,先后颁布《中华苏维埃共和国土地法》《山林保护条例》《怎样分配水利》等法律和条例,合理分配山林水利资源,毛泽东首次提出著名的“水利是农业的命脉”的科学论断,苏区干部身体力行,带动广大军民开渠筑坝、打井抗旱。在“三线”建设期间,治水规模扩大、投入增加,甘肃刘家峡水利枢纽、湖北丹江口水库建成投产,葛洲坝水电站开工建设,全国范围大规模的农田水利建设广泛开展,为抗旱储备了大量水资源,增强了对极端干旱事件的应对能力,高产稳产农田建设取得很大成绩,保障了粮食安全。南水北调工程的建

设，解决了北方地区特别是北京、天津等城市的供水问题，极大地缓解了这些地区的干旱风险。以跨流域调水工程、区域水资源配置工程和重点水源工程为框架的"四横三纵、南北调配、东西互济"的水资源配置格局初步形成，全国水利工程供水能力超过 8 700 亿 m^3，城乡供水保障能力显著提升，全国农村集中供水率达到 88%。在农田水利方面，全国农田有效灌溉面积增加到 10.3 亿亩❶，有力地保障了国家粮食安全，干旱灾害年均损失率降低到 0.05%，干旱灾害防御能力明显增强。

（二）在防洪方面取得的成就

在防洪方面，我国同样取得了显著的成就，这些成就不仅体现了对洪水灾害的有效防控，也展现了我国人民的智慧和技术的进步。从历史上看，洪水防治一直是人类共同面对的挑战，而我国在这一领域的努力和成就尤为突出。1949 年 9 月，中国人民政治协商会议第一届全体会议把兴修水利、防洪抗旱、疏浚河流等写入《中国人民政治协商会议共同纲领》。1949 年和 1950 年，淮河接连发生流域性洪水，中央人民政府发布《关于治理淮河的决定》，明确"蓄泄兼筹"治淮方针，这是新中国成立后中央政府就大江大河治理作出的第一个决定。1950 年，我国在黄河下游实施大堤加培工程，每年投入劳力 20 万～25 万人，宽河固堤，废除民埝，扩大河道排洪能力。1951 年，毛泽东发出"一定要把淮河修好"的号召，把大规模治淮推向高潮。1952 年，毛泽东视察黄河时指出"要把黄河的事情办好"，由此掀起大规模治理黄河的高潮。"万里长江，险在荆江"。1952 年，中央人民政府作出《关于荆江分洪工程的决定》，开启了荆江治理的大幕，毛泽东指出，要"为广大人民的利益，争取荆江分洪工程的胜利"。1953 年，荆江分洪工程全面建成，并于 1954 年首次运用，为有效抵御长江出现的流域性特大洪水发挥了重要作用。为根治汉江下游洪水泛滥成灾的隐患，1956 年，我国建成杜家台分洪工程，大大提升了汉水下游的防洪能力。1957 年，党中央、国务院对水利建设提出"必须切实贯彻执行小型为主，中型为辅，必要和可能的条件下兴修大型工程"方针。这一时期，水利工作的重点是防洪排涝、整治河道、恢复灌区。

步入改革开放新时期，我国进入全面建设小康社会、加快推进社会主义现代化建设的关键时期，水利发展进入传统水利向现代水利加快转变的重要时期。1998 年，党的十五届三中全会提出"水利建设要实行兴利除害结合，开源节流并重，防洪抗旱并举"的水利工作方针。2007 年，我国著名的三峡水利枢纽工程，在历经 14 年持续建设后首次发挥防洪功能，并为长江中下游拦蓄洪水。在中国特色社会主义新时代，全新的治水思路引领水利改革发展步入快车道，三峡工程持续发挥巨大综合效益，全国进一步完善了江河流域防洪体系，优化了水资源配置格局。2020 年，国务院部署推进 150 项重大水利工程建设，水利投资为经济高质量发展注入强劲动能，水利工程促就业、稳增长、保民生作用凸显。这一时期，我国洪涝灾害防御能力持续提升，科学抗御长江、淮河、太湖流域多次大洪水、特大洪水。基本建成以堤防为基础、江河控制性工程为骨干、蓄滞洪区为主要手段、工程措施与非工程措施相结合的防洪减灾体系，洪涝灾害年均损失率降低到 0.28%。

（三）在污染治理方面取得的成就

20 世纪 90 年代，随着我国向市场经济体制转型，水资源的经济资源属性日益凸显，

---

❶ 1 亩 $=1/15\ hm^2 \approx 666.67\ m^2$。

水环境污染问题越来越明显。这一时期,大江大河治理明显加快,治淮、治太、洞庭湖治理工程等取得重大进展。依法治水加快推进,《中华人民共和国水污染防治法》历经多次修正和修订,《中华人民共和国水土保持法》《淮河流域水污染防治暂行条例》相继颁布施行。步入中国特色社会主义新时代,提出“长江经济带”重大国家战略,推动长江沿线省市共抓大保护、不搞大开发;提出“黄河流域生态保护和高质量发展”重大国家战略,强调“让黄河成为造福人民的幸福河”,另外实施了安徽淮河治理、吉林查干湖南湖生态保护、昆明滇池保护治理等工程,这充分说明国家各层面对污染治理工作的重视。同期,国家大力投资建设污水处理厂和污染治理设施,众多城市建立了完善的污水处理系统,有效地减少了对水体的污染,显著提高了城市污水处理率。河长制、湖长制全面建立,上百万名党政领导干部参加到江河治理中,河湖面貌焕然一新。此外,公众参与和社会监督也被赋予了重要角色。通过提升公众的环保意识,鼓励公众参与到水污染治理和水环境保护中,增强了社会监督力度,促进了政府和企业的责任落实。通过这些综合措施的实施,我国的水环境质量得到了显著提高,许多曾经受到严重污染的河流和湖泊的水质有了大幅度改善,生态环境得到了有效恢复。

三、应对水问题仍需继续努力

水问题是客观存在的,现在和未来都会一直伴随着人类的发展而演变,人类要学会与水问题和谐共处,预防和减少水灾害的影响。

(一)科学认识水问题

水问题是由自然条件和人类活动共同作用的结果,要科学认识水问题,就必须从水循环的整体机制、水资源的地理分布、人类经济社会活动对水资源的影响等多个维度进行分析和研究。首先,科学认识水资源的不平衡分布。如中东、北非面临严重的水资源短缺,而东南亚、亚马孙盆地等水资源丰富,这种不均衡直接影响到各地区的经济社会发展和水管理策略。水资源季节性的分布差异也带来了如干旱缺水、洪水泛滥等显著的水问题。其次,要科学理解人类活动对水资源的影响。随着人口增长和工农业发展,水资源的需求急剧增加,导致许多地区地表水干涸、地下水位下降、水土流失严重和湿地退化等。同时,工业排放、农业面源污染等造成的水质问题严重威胁了人类的饮水安全和生态系统的健康。此外,要做好充分的思想准备应对气候变化。全球气候变暖导致极端天气事件频率和强度增加,干旱和洪水事件增多,增加了水资源管理的不确定性和风险。综上所述,科学认识水问题需要综合考虑自然条件、人类活动和气候变化等多重因素,运用先进的监测和仿真技术认识水问题。

(二)学会与水问题和谐共处

水资源是有限的、宝贵的,并且是所有生命不可分割的一部分,伴随着与水打交道程度的加深,人类不可避免地要面对一系列衍生出来的水问题,学会与水问题和谐共处是人类社会可持续发展的关键步骤之一,这要求人们需在实践中积极探索与水问题和谐共生的途径。传统的对待水问题的方式具有局限性,如修建大坝、水库,进行大规模的水利工程建设以调节水资源分配、防洪或发电。虽然这些措施在短期内取得了一定的成效,但长期来看,它们往往会破坏自然水循环,导致河流生态系统退化、水生物种多样性丧失、地下水位下降和河流断流等一系列生态环境问题，从而产生了新的水问题。因此，实现人与水问题的和谐共处，需要从思想上根本转变，从尝试控制水向适应水的方向转变。这种思想的转变可以让我们内视自身的发展，发现其中的不足，进而改进人们的水资源管理模式、改建绿色基础设施、提升节水工艺和循环利用，减少污水的排放，开发和实施适应气候变化的水资源管理策略。综上所述，学会与水问题和谐共处要求人们在理念上尊重自然、顺应自然，在实践中采取综合、多元和可持续的水资源开发利用以及管理模式，在实践中寻找到与水问题和谐共生的最佳路径。

（三）与时俱进应对水问题

要与时俱进应对水问题，必须不断提升科技水平，加强教育和培养创新能力，从而开发新的解决方案以应对不断变化的水问题。这一过程要求整个社会共同努力，确保人类能够有效管理和保护水资源，实现水的可持续利用。首先，科技创新是解决水问题的关键。近年来，随着信息技术、生物技术和材料科学的快速发展，许多新技术被应用于水资源管理和保护中。但是当前仍然面临着新的挑战和尚未攻克的“顽疾”，这需要持续的科技创新来打破。其次，教育和人才培养对于应对水问题同样至关重要。在社会层面，通过教育可以提高公众对水资源保护的意识，培养具有环境责任感的公民；在教育在校学生层面，水资源专业、环境科学专业、地理科学专业等的设立和学科发展，为水问题的研究和解决培养了大量优秀人才。在学科交叉层面，跨学科和跨领域的创新同等重要。水问题的解决不仅需要水利工程的知识，还需要环境科学、气候变化、经济社会等多领域的知识和技术支持，通过不同领域之间的交流与合作，可以促进创新思维的碰撞，产生更多有效的解决方案。综上所述，与时俱进应对水问题要求人们不断提升科技水平，加强教育和创新能力的培养，促进跨学科交流等多方面的努力。

（四）采用系统治理、综合治理的思路应对水问题

需要清醒地认识到水问题不仅仅是技术问题，也是政治、社会、经济和文化等多方面问题，需要综合考虑环境的可持续性、社会的公平性和经济的效益性等。因此，应通过多元化的手段和多领域的合作，形成对水资源利用和管理的全面策略，采用系统治理、综合治理的思路应对水问题。在具体的治理实践中，可以从流域统筹治理、城市水系统治理、农业水问题治理、跨部门协作以及社会监督等几个方面入手。已有的成功案例包括：中国的长江和黄河流域管理策略，同时兼顾了水资源的利用、生态保护、污染防治、灾害预防等多个方面，既保障了经济社会公平、安全地发展，又促进了生态系统的健康和稳定；实施海绵城市建设，通过增加城市地表的透水性和蓄水能力，有效减少了城市洪涝灾害，同时提高了雨水的收集和利用率，减轻了城市对周边水资源的压力；农业方面如以色列的农业节水技术享誉全球，其通过系统性的推广、综合性的措施大幅提高了农业用水效率，减少了农药、化肥的使用，增加了作物的品种多样性，成为全球农业用水治理的典范。此外，还可以通过建立跨部门协调机制，确保工作的一致性和互补性。加强宣传力度，提升公众对水资源保护的意识，培养节水型社会，利用社会监督机制来确保管理政策的有效实施。综上所述，采用系统治理、综合治理水问题，不仅能够有效应对当前的水资源挑战，也能够为未来的水资源安全奠定基础。

第五节　本课程的任务及主要内容

本书可以作为水利水电工程、水文与水资源工程、农业水土工程、地质工程、环境工程、给排水工程等相关专业的专业课或专业基础课教材。它的主要任务是:让学生在了解水资源基本概念和知识的基础上,学习水资源利用与管理的基本理论、基本知识,初步掌握水资源评价、水资源开发利用、水资源规划、水资源保护、水资源管理等方面的分析方法、计算方法以及实际工作方法,使学生毕业后,经过一段生产实践的锻炼能胜任这方面的工作。对于从事水利工程、环境工程、给排水工程的设计、施工和管理的工程技术人员来说,掌握一定的水资源利用与管理知识也是十分必要的。

本课程的主要内容是:根据国民经济发展对水资源开发利用所提出的实际要求以及水资源本身的特点和客观情况,并根据《中华人民共和国水法》的规定,研究如何科学合理地开发利用水资源、保护水资源,进行有效的水资源管理,制定适应现代水资源管理要求的政策、法规、经济和技术措施。

《水资源利用和管理》这本教材主要围绕水资源利用与管理这一主题展开,系统地介绍水资源评价、水资源利用途径及工程、水资源规划、水资源保护、水资源管理等内容。各章关系如图1-3所示。

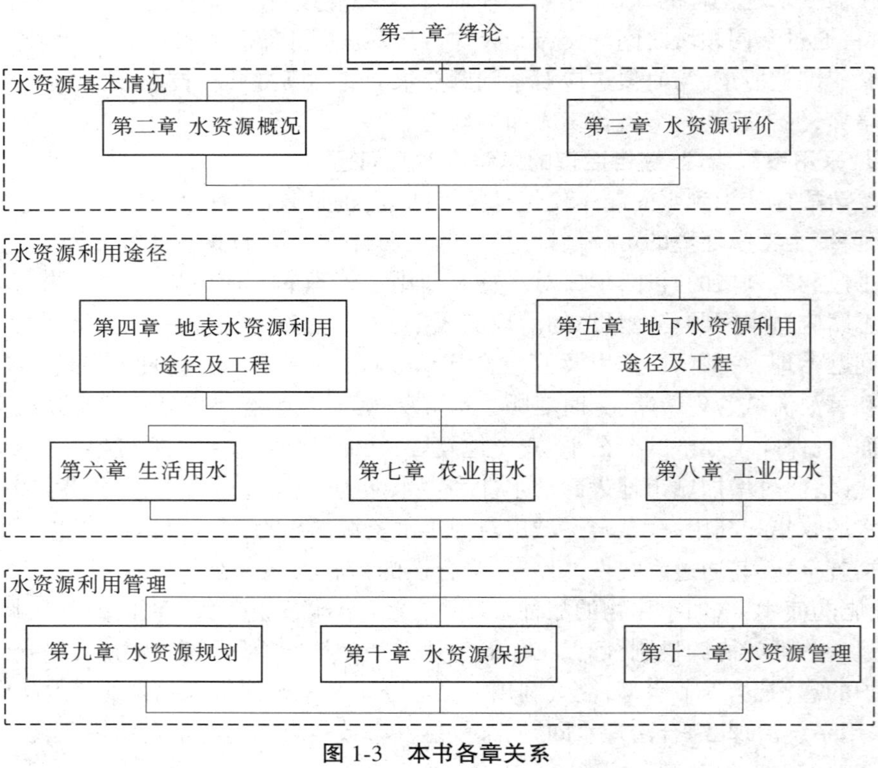

图1-3　本书各章关系

课程思政教育

(1)通过学习,使学生了解我国水资源的特征、存在的问题以及面临水问题的解决途径,引导学生在研究问题时要善于抓住主要矛盾,培养学生的文化自信,让学生对水利专业充满自豪和信心。

(2)通过介绍对水问题的科学理解,培养学生善于思考的能力,为学生埋下科学研究的种子,激发学生的探索欲和求知欲。

思考题或习题

[1]论述水循环的实质及其对水资源时空分布的影响。

[2]阐述水资源的形成过程及其可能的影响因素。

[3]分析地表水与地下水的相互转换关系。

[4]水资源是一种可再生资源,但是为什么又说水资源是有限的?

[5]从水资源的特点来分析,为什么要保护水资源?

[6]列举实例,分析如何协调水资源多种用途之间的矛盾。

[7]分析目前面临的主要水问题,剖析其形成的主要原因,并阐述如何避免这些问题带来的危害。

第二章　水资源概况

本章主要介绍世界水资源量及分布状况、中国水资源量及分布状况、世界水资源的开发利用状况、中国水资源的开发利用状况,让读者对中国乃至世界水资源概况有一个初步的了解。

第一节　世界水资源量及分布状况

一、地球系统中水的储量

地球是一个由岩石圈、水圈、大气圈和生物圈构成的巨大系统。水在这个系统中起着重要作用,有了水,地球各圈层之间相互关系就变得十分密切。

存在于地球各圈层中的水可分为地表水、地下水、大气水和生物水等四部分。地表水主要指储存于海洋、湖泊(水库)、河流、冰川、沼泽等水体中的水。地下水指储存于土壤和岩石孔隙、裂隙、洞穴、溶穴中的水,这里包括土壤水。大气水主要指悬浮于大气中的水汽,也包括以液态和固态形式悬浮于大气中的水。生物水指含在生物体内的水分。

地球上的水数量巨大,据水文地理学家的估算,地球上的总水量约为 13.86 亿 km^3(见表 2-1),但地球为人类提供的“大水缸”里,能直接被人们生产和生活利用的却少得可怜。地球有 70.8%的面积为水所覆盖,但其中 96.5%的水是海水。海水又咸又苦,不能饮用,不能浇地,也难以用于工业。而淡水资源仅占地球总水量的 2.5%,在这极少的淡水资源中,又有 69.56%被冻结在南极和北极的冰盖以及高山冰川、永冻积雪中,难以利用。同时,深层地下水补充缓慢,开采后难以恢复,通常不作为可利用水资源。人类真正能够直接利用的淡水资源是江河湖泊水(约占淡水总量的 0.27%)和地下水中的一部分。

表 2-1　地球水圈水储量

水体	总水量		咸水		淡水	
	10^3 km^3	%	10^3 km^3	%	10^3 km^3	%
海洋水	1 338 000	96.537 87	1 338 000	99.04		
冰川与永久积雪	24 064	1.736 24			24 064	68.697
地下水	23 400	1.688 33	12 870	0.95	10 530	30.061
永冻层中冰	300.0	0.021 65			300.0	0.856
湖泊水	176.4	0.012 73	85.4	0.006	91.0	0.260
土壤水	16.5	0.001 19			16.5	0.047

续表 2-1

水体	总水量		咸水		淡水	
	$10^3 km^3$	%	$10^3 km^3$	%	$10^3 km^3$	%
大气水	12.9	0.000 93			12.9	0.037
沼泽水	11.5	0.000 83			11.5	0.033
河流水	2.12	0.000 15			2.12	0.006
生物水	1.12	0.000 08			1.12	0.003
总计	1 385 984.54	100	1 350 955.4	100	35 029.2	100

注:资料来源于《世界水发展报告》(联合国教科文组织,2003),略有改动。

尽管地球上淡水资源有限,但是全球的江河湖泊水每年可以全部或部分得到更新。据联合国世界观察研究所(World Watch Institute)估计,太阳的能量使地球表面上每年有 577×10^3 km^3 的水升入天空。同一数量的水,化为雨雪又降回地球,降到陆面的水为 119×10^3 km^3,其中 72×10^3 km^3 的水被蒸发掉,而降在陆面的降水又只有 39%成为河川径流,成为可被利用的水资源。全球水量循环每年将 47×10^3 km^3 经过蒸发的水,由海洋运至陆地,水作为"径流"又重新流回海洋.如此每年循环往复不止。所以说,淡水是一种可再生资源,在地球目前气候条件下,每年这一淡水资源的数量大致相等。

二、世界水资源分布状况

鉴于对水资源量概念的不同解释,水资源量的计算在全球范围内不尽相同。当前多数国家以多年平均河川径流量作为年水资源量的代表。我国除计算年河川径流量以外,还考虑了部分浅层地下水的资源量。这样我国的计算结果要偏大于其他国家的计算结果。

世界各大洲的自然条件不同,降水和径流的差异也较大。以年降水和年径流的厚度计,大洋洲各岛(除澳大利亚外)水量最丰,多年平均年降水深达 2 170 mm,年径流深达 1 500 mm 以上。但大洋洲的澳大利亚大陆却是降水量较少的地区,其年降水深只有 460 mm,年径流深只有 40 mm,有 2/3 的面积为荒漠和半荒漠。南美洲水量也较丰富,降水深和径流深均为全球陆面平均值的 2 倍。欧洲、亚洲和北美洲的降水和径流都接近全球陆面的平均值,而非洲大陆则有大面积的沙漠,气候炎热,虽年降水深接近陆面平均值,但年径流深却不及陆面平均值的一半。南极洲降水深虽然不多,只有全球陆面平均降水深的 20%,但全部降水以冰川的形态储存,总储存量相当于全球淡水总量的 62%。总体而言,全球淡水资源分布极不平衡,约 65%的水资源集中在不到 10 个国家。世界上年径流总量超过 1 万亿 m^3 的国家有:巴西 6.95 万亿 m^3,俄罗斯 4.27 万亿 m^3,加拿大 3.12 万亿 m^3,美国 3.06 万亿 m^3,印度尼西亚 2.81 万亿 m^3,中国 2.81 万亿 m^3,印度 2.09 万亿 m^3 等。而约占世界人口总数 40%的 80 多个国家和地区却严重缺水,其中有近 30 个国家为严重缺水国,非洲占 19 个,如卡塔尔人均占有水资源量仅有 91 m^3,科威特为 95 m^3,利比亚为 111 m^3,马耳他为 82 m^3,是世界上四大缺水国。世界各大洲年降水及年径流分布状况如表 2-2 所示。

表2-2　世界各大洲年降水及年径流分布

洲名	面积/万 km^2	年降水		年径流		径流系数
		mm	10^3 km^3	mm	10^3 km^3	
亚洲	4 347.5	741	32.2	332	14.41	0.45
非洲	3 012.0	740	22.3	151	4.57	0.20
北美洲	2 420.0	756	18.3	339	8.20	0.45
南美洲	1 780.0	1 596	28.4	661	11.76	0.41
南极洲	1 398.0	165	2.31	165	2.31	1.00
欧洲	1 050.0	790	8.29	306	3.21	0.39
澳大利亚	761.5	456	3.47	39	0.30	0.09
大洋洲(各岛)	133.5	2 704	3.61	1 566	2.09	0.58
全球内陆	14 902.5	798	118.88	314	46.85	0.39

注:资料来源于《中国大百科全书·水利卷》(1992年)。

第二节　中国水资源量及分布状况

一、我国水资源总量

我国水资源总量虽然较多,但人均水资源量并不多。水资源的特点是地区分布不均,水土资源组合不平衡;年内分配集中,年际变化大;连丰连枯年份比较突出。这些特点造成了我国容易发生水旱灾害,产生水的供需矛盾,这也决定了我国对水资源的开发利用、江河整治的任务十分艰巨。

我国平均年水资源总量28 124亿 m^3,其中河川平均年径流量27 115亿 m^3,地下水8 840亿 m^3,重复计算量7 831亿 m^3。我国还有年平均融水量近500亿 m^3 的冰川以及近500万 km^3 的近海海水。我国河川平均年径流量相当于全球陆面径流总量的5.7%,居世界第6位,低于巴西、俄罗斯、加拿大、美国和印度尼西亚。但由于我国幅员辽阔、人口众多,耕地面积也较多,平均径流深(284 mm)低于全球平均径流深(314 mm),人均、亩均占有水量都相当低。我国人均占有河川径流量约为2 000 m^3,仅为世界人均占有量的1/4,是美国的1/5,印度尼西亚的1/6,加拿大的1/50。日本河川径流量仅有我国的1/5,但人均占有量却为我国的2倍。我国亩均占有河川径流量为1 800 m^3,是世界亩均占有量的76%,远低于印度尼西亚、巴西、日本和加拿大,我国被联合国列为13个贫水国家之一。从我国人均、亩均占有水资源量来看,我国水资源并不丰富。因此,有效保护和节约使用水资源,是我国长期坚持的方针。

二、我国水资源分布状况

雨热同期是我国水资源最突出的优点,较高的气温、充足的雨水是许多作物生长需要同时具备的自然条件。我国6月、7月、8月高温期，一般也是全年降水最多的时期，这就具备了作物生长的良好条件，因此在有限的土地上，经过辛勤耕耘，就能生产出作物。我国国土面积占世界陆地面积的6%多，却养育着占世界22%的人口。

(一)我国水资源地区分布不均，有余有缺

我国水资源的地区分布很不均匀，南多北少，相差悬殊。长江流域及其以南的珠江流域、东南诸河和西南诸河等南方四片，平均年径流深都在500 mm以上，其中东南诸河片平均年径流深超过1 000 mm。北方六片中，淮河流域片平均年径流深225 mm，略低于全国均值，黄河、海河、辽河、松花江四片平均年径流深仅有100 mm左右，西北内陆河流域平均年径流深仅有32 mm。中国分区水资源总量如表2-3所示。

表2-3　中国分区水资源总量

单位：亿 m^3

编号	分区	2015年	2016年	2017年	2018年	2019年	2020年	2021年	2022年	平均值
A	松花江	1 480.2	1 484.0	1 267.5	1 688.6	2 223.2	2 253.1	2 322.0	1 307.6	1 815.8
B	辽河	303.5	489.8	293.1	387.1	407.6	565.0	697.1	798.4	492.7
C	海河	260.3	387.9	272.2	338.4	221.4	283.1	734.8	383.5	360.2
D	黄河	541.0	601.8	659.3	869.1	797.5	917.4	1 000.9	700.7	761.0
E	淮河	854.2	1 009.5	958.6	1 028.7	507.2	1 303.6	1 353.7	831.8	980.9
F	长江	10 329.7	11 947.1	10 614.7	9 373.7	10 549.7	12 862.9	11 186.2	8 590.5	10 681.8
G	东南诸河	2 548.2	3 113.4	1 808.5	1 517.7	2 488.5	1 677.3	1 997.2	1 953.0	2 138.0
H	珠江	5 337.0	5 928.9	5 265.5	4 777.5	5 080.0	4 669.0	3 643.0	5 423.0	5 015.5
I	西南诸河	5 014.3	5 884.3	6 025.9	5 986.5	5 312.0	5 751.1	5 351.8	5 166.0	5 561.5
J	西北诸河	1 294.0	1 619.8	1 596.0	1 495.3	1 454.0	1 322.8	1 351.6	1 433.6	1 445.9
	全国合计	27 962.5	32 466.5	28 761.3	27 462.6	29 041.1	31 605.3	29 638.3	27 088.1	29 253.2

注：资料来源于《中国水资源公报》(2015—2022年)。

我国水资源的地区分布与人口和耕地的分布不相匹配。南方四片面积占全国面积的36.5%，耕地面积占全国的36.0%，人口占全国的54.4%，但水资源总量却占81%，人均占有水量为4 180 m^3，约为全国均值的2倍，亩均占有水量为4 130 m^3，为全国均值的2.3倍。其中西南诸河片水资源丰富，但多高山峻岭，人烟稀少，耕地也很少，人均占有水量达38 400 m^3，约为全国均值的15倍，亩均占有水量达21 800 m^3，约为全国均值的12倍。辽河、海河、黄河、淮河四个流域片，总面积占全国的18.7%，相当于南方四片的一半，但水资源总量仅有2 702亿 m^3，仅相当于南方四片水资源总量的12%。而且这四片多为大平原，耕地很多，占全国的45.2%，人口密度也较高，人口占全国的38.4%。其中，以海河流域最为突出，人均占有水量仅有430 m^3，为全国均值的16%，亩均占有水量仅有251 m^3，为全国均值的14%。

水资源的分布对国民经济的布局影响很大,但又不能完全决定国民经济布局。海河、辽河、淮河流域和黄河中下游地区,在土地、矿产量(特别是煤炭)等天然资源以及经济社会基础等方面都具有进一步发展经济的潜力,这些流域缺水的矛盾将更加突出。广大内陆河地区,水资源贫乏,在经济有较大发展后,水资源也会成为突出矛盾。解决缺水地区的水资源问题,将是保证我国国民经济长期稳定发展的基本措施。

(二)我国水资源量的年际和季节变化大,水旱灾害频繁

我国大部分地区受季风影响明显,降水量的年际和季节变化都很大,而且贫水地区的变化一般大于丰水地区。我国南部地区最大年降水量一般是最小年降水量的2~4倍,北部地区一般是3~6倍。南部地区最大年径流量一般是最小年径流量的2~4倍,北部地区一般为3~8倍,有的站高达十多倍。我国历年汛期最大降水量都为同年最小月降水量的10倍以上,有的站高达100倍。我国多数地区雨季为4个月左右,南方有的地区可长达6~7个月,北方干旱地区仅有2~3个月。全国大部分地区连续最大4个月降水量占全年降水量的70%左右。南方大部分地区连续最大4个月径流量占全年径流量的60%左右,华北平原和辽宁沿海可达80%以上。

据统计,1950—2020年我国平均每年受旱面积达3亿多亩,其中成灾面积约1.2亿亩,每年因干旱减产平均达100亿~150亿kg,每年由于缺水造成的经济损失达2 000亿元,平均约每3.4年发生一次受旱面积超过4亿亩的严重旱灾。全国各地几乎都有可能发生旱灾,旱灾出现次数较多、灾情比较严重的有5个地区,自北向南是松辽平原、黄淮海平原、黄土高原、四川盆地东部和北部以及云贵高原至广东省湛江一带;全国约有70%以上的受旱面积是在这些地区,其中以黄淮海地区旱灾最严重,受旱面积占全国受旱面积的一半以上。北方各地多春旱,其次为夏旱,长江中下游及珠江流域以伏旱为主,其次为秋旱。

新中国成立后,我国尽管在抗旱、防洪涝斗争中取得了卓越的成绩,但降水量年内、年际变化剧烈这一自然特性决定了水旱灾害将是长期威胁国民经济稳定发展的主要自然灾害。兴修水利,治理江河,抗干旱、防洪涝将始终是我国人民的一项艰巨任务。

第三节　世界水资源的开发利用状况

20世纪50年代以后,全球人口急剧增长,工业发展迅速。一方面,人类对水资源的需求以惊人的速度扩大;另一方面,日益严重的水污染蚕食了大量可供消费的水资源。世界上许多国家正面临水资源危机。每年有400万~500万人死于与水有关的疾病。水资源危机带来的生态系统恶化和生物多样性破坏,也将严重威胁人类生存。水资源危机既阻碍世界可持续发展,也威胁着世界和平。过去50年中,由水引发的冲突达500多起,其中20多起演变为军事冲突。因此,有专家警告说,水的争夺战随着水资源日益紧缺将愈演愈烈。

对180个国家和地区的水资源利用状况进行排序,可以看出许多国家已处在水资源的危机状态之中。按年用水量统计,用水量最多的前六个国家是:中国(599.8×10^9 m^3)、美国(467.34×10^9 m^3)、印度(280×10^9 m^3)、巴基斯坦(153.4×10^9 m^3)、俄罗斯(117×10^9

m^3)。人均用水量排序倒数后五位的国家(地区)是:科威特、加沙地带、阿拉伯联合酋长国、巴哈马和卡塔尔,我国排在第121位左右。

对122个国家水质指标排序,最差的五国是:比利时、摩洛哥、印度、约旦和苏丹,主要是因为工业污染、污水处理能力不够等。最好的五国是:芬兰、加拿大、新西兰、英国和日本,我国排在第84位。亚洲的河流是世界上污染最严重的,这些河流中的铅污染是工业化国家的20倍。目前,每天有大约200万t的废物倾倒于河流、湖泊和溪流中,每升废水会污染8倍的淡水。总体来说,世界水的质量在不断恶化。

统计数据表明,人类的现有水资源与对它的使用之间存在严重的不协调,主要表现在以下方面:

(1)在健康方面,每年有超过220万人因为使用污染和不卫生的饮用水而死亡。

(2)在农业方面,每天有大约2.5万人因饥饿而死亡;有8.15亿人受到营养不良的折磨,其中发展中国家有7.77亿人,转型国家有2 700万人,工业化国家有1 100万人。

(3)在生态学方面,靠内陆水生存的24%的哺乳动物和12%的鸟类的生命受到威胁。19世纪末,已有24~80个鱼种灭绝。世界上内陆水的鱼种仅占所有鱼种的10%,但其中1/3的种类正处于危险之中。

(4)在工业方面,世界工业用水占用水总量的22%,其中高收入国家占59%,低收入国家占8%。每年因工业用水,有3亿~5亿t的重金属、溶剂、有毒淤泥和其他废物沉积到水体中。其中80%的有害物质产生于美国和其他工业国家。

(5)在自然灾害方面,过去10年中66.5万人死于自然灾害,其中90%死于洪水和干旱,35%的灾难发生在亚洲,29%发生在非洲,20%发生在美洲,13%发生在欧洲和大洋洲等其他地方。

(6)在能源方面,在再生能源中,水力发电是最重要和得到最广泛使用的能源,占总发电量的20%左右。在工业化国家水力发电占总电力的70%,在发展中国家仅占15%。加拿大、美国和巴西是最大的水力发电国。仍未充分开发的但具有丰富水能资源的地区和国家有拉丁美洲、印度和中国。

第四节　中国水资源的开发利用状况

新中国成立以来,在水资源开发利用、江河整治及防治水害等方面都做了大量的工作,取得了巨大成就。2022年全国总供水量5 998.2亿m^3,占当年水资源总量的22.2%。其中,地表水源供水量占83.3%,地下水源供水量占13.8%,其他水源供水量占2.9%。在地表水源供水量中,蓄水工程占32.1%,引水工程占29.1%,提水工程占33.8%,水资源一级区间调水占5.0%。在地下水供水量中,浅层地下水占97.6%,深层承压水占2.4%。南方各省级行政区以地表水源供水为主,北方各省级行政区地下水源供水占有较大比例。

2022年,全国总用水量5 998.2亿m^3,其中生活用水占15.1%,工业用水占16.2%,农业用水占63.0%,人工生态环境补水量占5.7%。生活用水比重东部高、中部及西部低,工业用水比重东部及中部高、西部低,农业用水比重东部及中部低、西部高,人工生态环境补水比重基本一致。

2022年,全国用水消耗总量3 310.2亿 m^3,全国综合耗水率(消耗量占用水量的百分比)为55.2%,干旱地区耗水率普遍大于湿润地区。各类用户耗水率差别较大,农业为66.6%,工业为22.2%,生活为39.6%,人工生态环境补水为64.2%。

2022年,全国人均用水量约为425 m^3,万元国内生产总值(当年价)用水量为49.6 m^3,人均生活用水量为每日176 L,农田实灌面积亩均用水量为364 m^3。

据有关文献统计,从公元前206年至1949年的2 155年间,共发生较大洪水1 062次,平均两年就有一次。黄河在2 000多年中,平均三年两决口,百年一改道,仅1887年的一场大水就死亡93万人,全国在1931年的大洪水中丧生370万人。新中国成立以后,洪涝灾害仍不断发生,造成了很大的损失。因此,兴修水利、整治江河、防治水害实为国家的一项治国安邦的大计,也是十分重要的战略任务。

此外,为了满足人类不断增加的生产和生活用水需水,必将加大水资源开发力度。水资源过度开发,可能导致一系列的生态环境问题。水污染严重,既是水资源过度开发的结果,也是进一步加大水资源开发力度的原因,两者相互影响,形成恶性循环。通常认为,当径流量利用率超过20%时就会对水环境产生很大影响,超过50%时则会产生严重影响。目前,我国部分流域的水资源开发利用率已超过40%,个别流域和地区则更高。此外,过度开采地下水会引起地面沉降、海水入侵等环境问题。因此,集中力量解决供水需求增长及抓节水措施,是我国当前和今后一定时期内水资源工作最迫切的任务之一。

课程思政教育

(1)通过介绍世界水资源量及分布状况,使学生具备开阔的国际视野和专业知识储备,能够从更加宏观的视角研究和分析问题。

(2)通过将中国水资源量及分布状况与世界进行对比分析,培养学生对比的思考模式,明确中国水资源的重要地位和珍稀程度,培养学生节约水资源的优良品德。

(3)通过介绍水资源的开发利用状况和典型人物、历史事件和现代大型水利工程建设实例,培养学生"牢记国之大者,涵养家国情怀"。

思考题或习题

[1]简述世界水资源开发利用中面临哪些严峻问题。

[2]分析我国水资源开发利用面临的问题及挑战,并提出应对这些挑战的建议。

[3]检索中国水资源公报的数据,分析近50年我国水资源利用量变化趋势。

[4]结合自己熟悉的地区,阐述其所在水资源分区的水资源情况,说明主要水资源特点及可能存在的主要水问题。

第三章　水资源评价

尽管水是循环的、可恢复的自然资源，但就某一地区而言，在一定时间内可供人们使用的水资源量总是有一定限度的。为了摸清水资源状况，需要对水资源进行科学评价。本章专门介绍水资源评价相关内容，其目的是“摸清家底”，为水资源合理开发利用提供基础数据。

第一节　水资源评价概述

1988年，在由联合国教科文组织和世界气象组织共同提出的文件中，对水资源评价定义为：“水资源评价是指对于水资源的源头、数量范围及其可依赖程度、水的质量等方面的确定，并在其基础上评估水资源利用和控制的可能性。”

目前，人们比较认同的水资源评价的概念可以表达为：水资源评价一般是针对某一特定区域而言，在水资源调查的基础上，研究特定区域内的降水、蒸发、径流诸要素的变化规律和转化关系，阐明地表水、地下水资源数量、质量及其时空分布特点，开展水资源开发利用评价，计算水资源可利用量，为水资源可持续利用、区域经济可持续发展提供技术支撑。

一、水资源评价的意义

（1）水资源评价是水资源合理开发利用的前提。一个国家或地区，要合理地开发利用水资源，首先必须对本国或本地区水资源的状况有全面了解，包括水源、水资源量、开采利用量、水质和水环境状况等。所以，科学评价水资源状况，是水资源合理开发利用的前提。

（2）水资源评价是科学规划水资源的基础。为了充分发挥水资源的兴利作用，最大可能地减少水害，需要在详细调查的基础上，科学规划水资源的分配、利用等。其中非常重要的基础条件是摸清水资源状况，用到水资源评价的成果。

（3）水资源评价是保护和管理水资源的依据。水是人类不可缺少而又有限的自然资源，因此必须保护好、管理好，才能兴利除害，持久受益。水资源保护和管理的政策、法规、措施、具体实施方案的制定等，其根本依据就是水资源评价成果。

二、水资源评价的原则

水资源评价工作要求客观、科学、系统、实用，并遵循以下技术原则：①地表水与地下水统一评价；②水量、水质并重；③水资源可持续利用与经济社会发展和生态环境保护相协调；④全面评价与重点区域评价相结合。

三、水资源评价的一般要求

(1)水资源评价应以调查、收集、整理、分析利用已有资料为主,辅以必要的观测和试验工作。分析评价中应注意水资源数量评价、水资源质量评价及水资源开发利用评价之间资料的衔接。

(2)水资源评价使用的各项基础资料应具有可靠性、一致性和代表性。

(3)水资源评价应分区进行。各单项评价工作在统一分区的基础上,可根据该项评价的特点与具体要求,再划分计算区域评价单元。

(4)水资源评价成果应能够充分反映各评价水体的时程分配和空间分布规律。

(5)全国及区域水资源评价应采用日历年,专项工作中的水资源评价可根据需要采用水文年。计算时段应根据评价目的和要求选取。

(6)应根据经济社会发展需要及环境变化情况,每间隔一定时期对前次水资源评价成果进行一次全面补充修订或再评价,一般应5年或10年开展一次水资源评价。

四、水资源分区

为了反映水资源量地区间的差异,分析各地区水资源的数量、质量及其年际、年内的变化规律,提高水资源量的计算精度,在水资源评价中应对所研究的区域,依据一定的原则和计算要求进行分区,即划分出计算和汇总的基本单元。

(一)水资源分区的原则

水资源分区的原则有以下三方面:

(1)水文气象特征和自然地理条件相近,基本上能反映水资源的地区差别。

(2)尽可能保持河流水系的完整性。为便于水资源量的计算及应用,大江大河进行分段,自然地理条件相近的小河可适当合并。

(3)结合流域规划、水资源合理利用和供需平衡分析及总水资源量的估算要求,兼顾水资源开发利用方向,保持供排水系统的连贯性。

(二)水资源分区方法

水资源分区方法有按流域水系分区和按行政分区两种方法。采用哪种方法分区,应根据水资源评价成果汇总要求和水资源量分析计算条件及要求而定。一般应在水资源规划和计算工作之前,根据实际情况和工作需要,在认真分析和论证的基础上进行选择。

1.流域水系分区

为了便于计算总水资源量,满足水资源规划和开发利用的基本要求,评价成果要求按流域水系汇总,即水资源分区按流域水系划分。划分的基本单元的大小,视所研究总区域范围酌情而定。

2.行政分区

为了评价计算各省(区、市)的水资源量,评价成果要求按行政分区汇总,即按行政分区划分水资源汇总基本单元。全国按现行行政区划,划分到省(区、市)一级;各省(区、市)和流域片,可根据实际需要,划分次一级行政区。一般情况下,省级水资源评价成果汇总分区划分到地市,地市级水资源评价成果汇总分区划分到县,县级水资源评价成果汇总分区划分到乡。

第二节　降水量评价

一、分析内容

对分区内年降水量特征值、地区分布、降水量的年内分配和多年变化进行分析研究，寻找区域降水的时空分布规律，为区域地表水资源、地下水资源评价奠定基础。一般要求编制下列图表：①雨量站分布图；②选用雨量站观测年限，站网密度表；③选用站降水量统计表；④多年平均年降水量等值线图；⑤多年降水量变差系数 C_v 等值线图；⑥多年降水量偏差系数 C_s 与变差系数 C_v 比值分区图；⑦同步期降水量等值线图；⑧多年平均连续最大4个月降水量占全年降水量百分率图；⑨主要测站典型年降水量月分配表；⑩主要测站年降水量频率曲线图。

二、资料的收集和审查

（一）资料的收集

（1）根据资料可靠、系列较长、面上分布均匀、能反映地形和气候变化等原则，在所研究区域内选用适当数目的测站资料［包括水文站、雨量站、气象台（站）的降水资料］，以此作为分析的依据。注意各站资料的同步性。

（2）为了正确绘制边界地区的等值线，为地区间计算结果协调创造条件，需要收集部分系列较长的区域外围站资料，以供分析。

（3）对选用资料应认真校对，资料来源和质量应加以注明，如站址迁移、合并和审查意见等。

（4）选用适当比例尺的地形图，作为工作底图，并要求底图清晰、准确，以便考虑地形对降水的影响，从而较易勾绘等值线图。

（5）收集以往有关分析研究成果，如水文手册、图集、水文气象研究文献等，作为统计、分析、编制和审查等值线图时的重要参考资料。

（二）资料的审查

（1）降水量特征值的精度取决于降水资料的可靠程度。为保证质量，对选用资料应进行真实性和一致性审查，将特大、特小值及新中国成立前的资料作为审查的重点。

（2）审查方法通常可以通过本站历年和各站同年资料对照分析，视其有无规律可循，对特大、特小值要注意分析原因，是否在合理范围内；对突出的数值，要深入对照其汛期、月、日的有关数据，方能定论。此外，对测站位置和地形影响也要进行审查、分析。

对资料的审查和合理性检查，应贯穿整个工作的各个环节，如资料抄录、插补延长、分析计算和等值线绘制等环节。

三、单站统计分析

单站统计分析的主要内容是对已被选用各站的降水资料分别进行插补延长、系列代表性分析和统计参数分析。

(一)资料的插补延长

为了减少样本的抽样误差,提高统计参数的精度,对缺测年份的资料应当插补,对较短的资料系列应适当延长,但展延资料的年数不宜过长,最多不超过实测年数,相关线无实测点据控制的外延部分的使用应特别慎重,一般不宜超过实测点数变幅的50%。资料插补延长的主要途径如下。

1. 直接移用

两站距离很近,并具有小气候、地形的一致性时,可以合并进行统计或将缺测的月、年资料直接移用。

2. 相关分析

相关分析是资料插补延长方法中适用范围较广、效果较好的一种方法,这种方法的关键是选择适当的参证站或参证变量。在实际工作中,通常利用年降水量和汛期雨量作为参证变量来插补展延设计站变量。

3. 汛期雨量与年降水量相关关系移置法

当设计站年降水量资料很少(年数 $n<10$)或没有年降水量资料,只有长期汛期降水量资料(如汛期雨量站)时,不能直接采用上述两种方法。为了充分利用现有雨量资料,更合理、更准确地推求汛期雨量站的年降水量,可采用汛期雨量与年降水量相关关系移置法。

4. 等值线图内插

利用设计站附近雨量站降水资料,绘制局部次、月、汛期、非汛期和年降水量等值线图,用来插补制图范围内设计站点的降水量。

5. 取邻站均值

在地形、气候条件一致的地区,移用同期邻近几个站的算术平均值代替缺测站点的资料。此法一般用在非汛期,因为非汛期降水在面上变化较小。

6. 同月多年平均

对缺测个别非汛期月份的站,因非汛期各月降水量不大,占年降水量比重又很小,且年际变化不大,亦可采用同月降水量的多年平均值进行插补。

7. 水文比拟法

在地理相似区,可将插补站与参证站同步观测降水量均值的比值,作为缺测期间两站降水量的比值,以插补缺测的年(或月)降水量。

(二)资料的代表性分析

1. 资料的代表性分析目的

资料的代表性,指样本资料的统计特性(如参数)能否很好地反映总体的统计特性,若样本的代表性好,则抽样误差就小,年降水成果精度就高。如果实测年降水样本系列是总体中的一个平均样本,那么这个实测样本系列对总体而言有较好的代表性,据此计算的统计参数接近总体实际情况;如果实测样本系列处于总体的偏丰或偏枯时期,则实测样本系列对总体就缺乏代表性,用这样的样本进行计算会产生较大的误差。

因降水系列总体的分布是未知的,若仅有几年样本系列,是无法由样本自身来评定其代表性的。但据统计数学的原理可知,样本容量愈大,抽样误差愈小,但也不排除短期样本的代表性高于长期样本的可能性,只不过这种可能性较小而已。因此,样本资料的代表性好坏,通常通过其他长系列的参证资料来分析推断。那么,对特定区域而言,年降水样本系列究竟取多长年限才能代表总体?样本和总体统计参数的差别如何?这些就是系列代表性分析所要解决的问题。

2. 系列代表性分析方法

分析方法有:①长短系列统计参数对比;②年降水量模比系数累积平均过程线分析;③年降水量模比系数差积曲线分析。

(三)统计参数的分析确定

降水量一般按日历年统计,在计算分区内各站的降水统计参数时,通常分两种情况,一是分析计算各站同步期系列的统计参数,二是计算各站多年系列的统计参数。需确定的统计参数是降水系列的均值 X、变差系数 C_v、偏差(偏态)系数 C_s。目前,我国普遍采用适线法分析确定统计参数(可参阅《工程水文学》等相关教材)。

四、降水量的地区分布

分区内各站降水资料,经过资料审查、插补展延、代表性分析和统计参数分析,获得各站点以及各站点所代表附近区域的降水这一水文要素的变化规律,利用各站降水特征分析研究分区整体范围的降水特性,称为降水量地区分布。其表征方法主要包括:①多年平均年降水量等值线图;②多年降水量变差系数 C_v 等值线图;③多年降水量偏差系数 C_s 与变差系数 C_v 比值分区图;④同步期平均年降水量等值线图。

此项内容根据水资源评价要求而定,可以增加或重新选择,如评价估算起止期年平均降水量等值线图以及相应的 C_v 等值线图、多年平均汛期降水量等值线图、多年平均各月降水量等值线图等。

五、降水量年内分配和多年变化

降水量的年内分配,包括:①多年平均连续最大 4 个月降水量占全年降水量百分率及其出现月份分区图,以反映降水量集中程度和相应出现的季节;②代表站不同保证率年降水量月分配过程,列出“主要测站不同保证率年降水量逐月分配表”和“代表站分时段平均降水量统计表”,以示年内分配及其在地区上的变化。

降水量的多年变化,包括:①统计各代表站年降水量变差系数 C_v 值或绘制 C_v 等值线图,反映年降水量的年际变化;②年降水量丰枯分级统计,分析旱涝周期变化,连涝连旱出现时间及变化规律,结合频率分析计算,可将年降水量划分为 5 级:丰水年($P<12.5\%$),偏丰水年($P=12.5\%\sim<37.5\%$),平水年($P=37.5\%\sim<62.5\%$),偏枯水年($P=62.5\%\sim<87.5\%$),枯水年($P\geq87.5\%$),由此对年降水量进行统计,以分析多年丰枯变化规律。

第三节　地表水资源量评价

一、径流分析计算

天然水资源是指在径流形成过程中,基本上未受到人类活动,特别是水利设施影响的地表径流量,它近似地保持径流的天然状态。

由于人类活动的影响,使流域自然地理条件发生变化,影响地表水的产流、汇流过程,从而影响径流在空间和时间上的变化,使水文测站实测水文资料不能真实地反映地表径流的固有规律。因此,为全面、准确地估算各河系、地区的河川径流量,需对流域内各选用测站实测水文资料分别进行还原计算,得出天然径流量,然后进行评价。

(一)分析内容

要求对年径流特征值、地区分布、年内分配和多年变化进行研究。需编制下列图表:①水文站分布图;②多年平均径流深、变差系数 C_v 等值线图;③年径流量偏差系数 C_s 与变差系数 C_v 比值分区图;④同步期年径流深和 C_v 等值线图;⑤多年平均最大4个月径流量占全年径流量的百分率图;⑥选用测站天然年径流量特征值统计表;⑦主要测站年径流量年内分配表。

(二)资料的收集和审查

1. 资料的收集

(1)摘录研究区域及其外围有关水文站历年流量资料,尽量选用正式刊印的水文年鉴资料;其次是专门站、临时站的资料。

(2)收集流域自然地理资料,如地质、土壤、植被和气象资料等。

(3)收集流域水利工程,包括水库工程指标、水库蓄水变量、蒸发和渗漏资料,以及工农业用水资料。

(4)审查水文资料,包括测站沿革、断面控制条件和测验方法、精度以及集水面积等。

(5)选择适当比例尺地形图,以此作为工作底图(与降水量部分相同)。

2. 资料审查

径流资料的审查原则和方法与上节介绍的降水资料审查相同。

(三)径流资料的还原计算

1. 还原计算的目的及要求

为使河川径流计算成果基本上反映天然状态,并使资料系列具有一致性,对水文测站以上受水利工程等影响而减少或增加的水量应进行还原计算。

还原计算应采用调查和分析计算相结合的方法,并尽量收集历年逐月用水资料,如确有困难,可按用水的不同发展阶段,选择丰、平、枯典型年份,调查其年用水量和年内变化情势。

2. 还原计算内容

测站以上大、中型水库蓄变量,大、中型灌区耗水量,大、中城市工业及生活用水量,跨流域引水量,河道分洪水量等,应直接采用实测或调查资料,并尽量按年逐月还原计算。

小型灌区耗水量可按典型调查分析估算。

3. 还原计算方法

(1)分项调查法。就是把需要还原的项目逐一计算出来,然后再叠加上去。但要注意计算结果的重复性问题。还原项目包括工农业用水(地表水部分)、水库蓄水变量、水库蒸发损失、水库渗漏、跨流域引水及河道(决口)分洪等。

(2)分析切割法。在同一图纸上对照绘制降雨、径流逐日过程线,选取降雨径流相应的洪水过程,将非降雨形成的径流部分,如灌溉退水、城市排污水等从洪水过程中切掉,使之成为与降雨相应的洪水过程,将全年几次降雨形成的径流量累加,即为全年的天然径流量。由于平原区在非汛期一般不产流,所以一般只需绘制汛期降雨、径流过程线。

(3)降雨径流相关法。就是绘制降雨径流相关图,将此降雨径流关系用于大量开采地下水和大量外域引水的年份,由降水量推求径流量,对受人类活动影响的径流资料进行修正,保证系列的一致性。

(4)模型计算法。利用流域模型生成径流系列。假定人类活动只影响径流,其他水文气象因子不受影响,就可以先根据实际资料研制出合适的流域模型。然后,假定没有受人类活动的影响,将水文气象因子资料输入模型,从而计算得到的径流系列就认为是天然径流系列。

本章只简要介绍这几种方法,具体可参阅《工程水文学》等相关教材。

4. 还原计算水量的合理性检查

(1)对于工农业、城市用水定额和实耗水量的计算,要结合工农业特点、发展情况、气候、土壤、灌溉方式等因素,进行部门之间、地区之间和年际之间的比较,以检查其合理性。

(2)还原计算后的年径流量应进行上下游、干支游、地区之间的综合平衡,以分析其合理性。

(3)对还原计算前后的降雨径流关系进行对比分析。

(四)年径流量系列代表性分析

分析方法有:①长短系列统计参数对比;②年径流量模比系数累积平均过程线分析;③年径流量模比系数差积曲线分析。

在区域水资源评价中,为便于进行水文三要素(指降水、蒸发、径流)的平衡分析和较大范围内水资源量的计算,一般要求所采用的系列同步,因为区域径流主要由降水形成,所以在同期系列中,年径流量的变化趋势与年降水量的变化趋势应基本一致。

(五)年径流量统计参数的分析计算

1. 统计参数分析计算

年径流量资料的统计方法有两种:①按日历年统计系列;②按水文年统计系列。采用何种统计系列可按评价要求而定。

年径流量系列的统计参数包括均值、C_v 值、C_s 值,一般要求分别分析计算同步期系列和多年系列两套统计参数。统计参数的确定方法类同于年降水量。

2. 径流量的年内分配

表示方法有:①绘制多年平均最大 4 个月占全年径流量的百分率图;②统计代表站各种典型年径流量月分配过程。

3. 径流量的年际变化

(1)统计各代表站年径流量变差系数 C_v 值和偏差系数 C_s 与变差系数 C_v 的比值(C_s/C_v),并绘制 C_v 等值线图和 C_s/C_v 分区图。

(2)统计丰、平、枯水年年径流量的特征值。

年径流量的多年变化通常包括变化幅度和变化过程。区域内年径流的多年变化应呈现与降雨相类似的地带性差异,不同的是径流同时受下垫面因素的影响,比降水变化幅度应更大,地区之间的差异也应更悬殊。

4. 年径流的地区分布

降水在地区分布的不均匀性,决定了径流在地区分布的不均匀性。对于较大研究范围,假如根据总径流量判断,全区域是平水年,但各河或各分区不一定都是平水年,而一般是丰、平、枯各类都有;全区域是丰水年,往往是由部分河系或分区特大洪水造成的,其他区域有可能是平水年或枯水年;全区域同时发生大水的机遇是存在的,但机遇较小;全区域同时发生干旱的年份对某些地区则可能较常见。年径流的地区分布研究,就是力图全面、准确地反映年径流的上述特性。

年径流地区分布的表示方法有:①多年平均年径流深等值线图;②同步期平均年径流深等值线图;③多年平均和同步期平均年径流量 C_s/C_v 分区图;④选用测站天然年径流量特征值统计表。

等值线图的绘制方法及原则与年降水量的基本相同。应特别注意的是,对泉水补给较丰富的测站,要按扣除泉水以后计算的统计参数值勾绘等值线图,同时在图上标注泉水出露点及其流量;当汇水范围内有漏水区时,也应在图上圈出漏水区,以反映年径流的实际情况。

二、区域地表水资源量计算

区域地表水资源量是指设计区域内降水形成的地表水体的动态水量,用天然河川径流量表示。区域地表水资源量不包括过境水量。以上所述的单站径流量分析计算成果,代表了径流站以上汇水区域的地表水资源量,而设计区域往往与一个径流站的汇水区域不一定完全吻合,即设计区域是非完整流域,一般是包含一个或几个不完整水系的特定行政区。所以,区域地表水资源量的计算方法与单站径流量的分析计算有所不同,但前者以后者为基础。

(一)区域地表水资源量的计算内容

区域地表水资源量的计算即为区域内河川径流量的计算,主要内容包括:①区域多年平均年径流量;②不同设计保证率的区域年径流量;③不同设计典型年区域年径流量的年内分配;④区域年径流量的空间分布。

为了避开局部与整体频率组合的困难,当区域内有多个计算单元时,在分析计算中可先估算各计算单元的逐年年径流量,再计算区域的逐年年径流量,然后利用区域年径流量系列进行频率分析,推求区域地表水资源的年内、年际变化规律和空间分布规律。

(二)区域地表水资源量的计算方法

根据区域的气候及下垫面条件,综合考虑气象、水文站点的分布、实测资料年限及质量等情况，选择合适的方法。常用的方法有代表站法、等值线图法、年降水径流关系法和水文比拟法。具体计算方法可参阅《水资源评价》等相关教材。

（三）区域地表水资源量的计算成果

（1）年径流的年际变化特征描述，主要内容包括：①区域年径流系列的统计参数有均值、C_v 值和 C_s/C_v 值；②相应于不同保证率的设计年径流量。

（2）年径流的年内分配特征描述，主要内容包括：①多年平均最大4个月径流量占全年径流量的百分率；②各种典型年（多年平均、不同保证率）径流量月分配过程统计表；③年径流的空间分布。

当设计区域范围较大时，应绘制多年平均径流深 R、变差系数 C_v 等值线图和 C_s/C_v 分区图。亦可制作各分区年径流特征值表。

第四节　地下水资源量评价

地下水资源量是指地下水体中参与水循环且可以逐年更新的动态水量。要求对浅层地下水资源量及其时空分布特征进行全面评价。地下水资源量评价内容包括补给量、排泄量、可开采量的计算和时空分布特征分析，以及人类活动对地下水资源的影响分析。

一、地下水资源量评价的内容

（一）资料的收集

在地下水资源量评价之前，应获取评价区以下资料：

（1）地形地貌、区域地质、地质构造及水文地质条件。

（2）降水量、蒸发量、河川径流量。

（3）灌溉引水量、灌溉定额、灌溉面积、开采井数、单井出水量、地下水实际开采量、地下水动态、地下水水质。

（4）包气带及含水层的岩性、层位、厚度及水文地质参数，对岩溶地下水分布区还应搞清楚岩溶分布范围、岩溶发育程度。

（二）地下水资源量评价的主要内容

（1）根据水文气象条件、地下水埋深、含水层和隔水层的岩性、灌溉定额等资料的综合分析，正确确定地下水资源量评价中所必需的水文地质参数，主要包括给水度、降水入渗补给系数、潜水蒸发系数、河道渗漏补给系数、渠系渗漏补给系数、渠灌入渗补给系数、井灌回归系数、渗透系数、导水系数、越流补给系数。

（2）地下水资源量评价的计算系列尽可能与地表水资源量评价的计算系列同步，应进行多年平均地下水资源量评价。

（3）地下水的补给、径流、排泄情势受地形地貌、地质构造及水文地质条件制约，要求按地形地貌及水文地质条件划分为3级类型区：①Ⅰ级类型区，将评价区划分为平原区和山丘区2个Ⅰ级类型区；②Ⅱ级类型区，将平原区划分为一般、内陆盆地、山间平原区和沙漠区4个Ⅱ级类型区，将山丘区划分为一般和岩溶山丘区2个Ⅱ级类型区（各地可根据实际需要将一般山丘区进一步划分为一般山区和一般丘陵区）；③Ⅲ级类型区，根据水文地质条件,将各Ⅱ级类型区分别划分为若干均衡计算区,称Ⅲ级类型区。

(4)根据水文气象、地下水动态、包气带及含水层与隔水层岩性和厚度、灌溉定额以及抽水试验等资料,考虑降水、地表水与地下水间的转化关系,采用多种方法进行综合分析,确定相应的水文地质参数选用值。

(5)要求评价反映近期(10~20年)下垫面条件下的地下水资源量,并要求计算长系列(40~50年)与水资源总量有关项目的系列成果。平原区地下水资源量采用补给量法计算,同时计算各项排泄量,地下水补给量包括降水入渗补给量、河道渗漏补给量、水库(湖泊、塘坝)渗漏补给量、渠系渗漏补给量、侧向补给量、渠灌入渗补给量、越流补给量、人工回灌补给量及井灌回归量,沙漠区还应包括凝结水补给量。各项补给量之和为总补给量,总补给量扣除井灌回归补给量为地下水资源量。地下水排泄量包括潜水蒸发量、河道排泄量、侧向流出量、越流排泄量、地下水实际开采量,各项排泄量之和为总排泄量。山丘区地下水资源量采用排泄量法计算;山丘区地下水排泄量包括河川基流量、山前泉水出流量、山前侧向流出量、河床潜流量、潜水蒸发量和地下水实际开采净消耗量,各项排泄量之和为总排泄量,即为地下水资源量。

(6)根据地下水矿化度(M)分区成果,对平原区 $M\leqslant 1$ g/L、1 g/L<$M\leqslant 2$ g/L、2 g/L<$M\leqslant 3$ g/L(称"微咸水")、3 g/L<$M\leqslant 5$ g/L 和 $M>5$ g/L 等矿化度的地下水资源量分别进行评价和统计。其中,$M\leqslant 1$ g/L、1 g/L<$M\leqslant 2$ g/L 两个矿化度范围,要求计算地下水蓄变量和进行水均衡分析,评价的地下水资源量参与水资源总量评价;$M>2$ g/L 的各矿化度范围,可根据近期10~20年期间接近平水年年份的有关资料,计算平均地下水资源量,但不参与水资源总量评价。

(7)根据水资源分区中平原区多年平均地下水资源量与山丘区的地下水资源量年均值相加,再扣除两者之间的重复计算量(重复计算量为平原区中多年平均山前侧向补给量与由河川基流量形成的地表水体补给量之和),即为该水资源分区多年平均地下水资源量。

(8)南方四区(长江、东南诸河、珠江及西南诸河)中尚未开发利用浅层地下水的地区,地下水资源量评价可适当简化。

(9)要求对大型、特大型地下水水源地逐一进行多年平均地下水资源量核算,并调查统计各大型、特大型地下水水源地近期10~20年期间年均地下水实际开采量,核定超采区面积、超采量以及引发的主要生态环境灾害状况。

(10)平原区中深层承压水开发利用程度较高的地区,要求进行多年平均深层承压水资源量计算,评价成果单列。

二、地下水资源量评价的内容

(一)平原区地下水补给量的计算

平原区地下水总补给量包括降雨入渗,山前侧渗,河道、渠系渗漏,田间回归和越流补给等项。

(1)降雨入渗补给量:是地下水最主要的补给来源。降雨初期,土壤干燥,雨量几乎全部由包气带土层吸收,当包气带土层含水量达到一定限度后,入渗的雨水在重力作用下,由土层上部逐渐渗到土层下部,直至地下水面。入渗补给量可采用降雨入渗系数法计算。

(2)山前侧渗补给量:是指山丘区的产水,通过地下水径流补给平原地下水的水量。计算时,首先要有沿补给边界的切割剖面,为了避免补给量之间的重复,剖面要尽量靠近山前位置,然后按达西公式分段选取参数进行计算。

(3)河道渗漏补给量:当河水位高于两岸地下水位时,河水渗漏补给地下水。首先分析计算区内主干河流的水文特征和地下水位变化的关系,以确定河水补给地下水的地段,然后根据资料情况,选择计算方法。常用的计算方法有水文分析法、非稳定流理论计算法。

(4)渠系渗漏补给量:指灌溉渠道进入田间以前,各级渠道对地下水的渗漏补给量。在一般输水情况下,则采用入渗补给系数法来计算。

(5)田间回归补给量:此项是指地表水和地下水进入田间以后,灌溉过程补给地下水的量,有渠灌和井灌回归补给两类。常用回归系数法计算。

(6)越流补给量:当上下含水层有足够的水头差,且隔水层是弱透水时,则水头高的含水层地下水可以通过弱透水层补给水头较低的含水层。其补给量通常可采用越流系数法计算。

这些项补给量加起来,即为平原地区地下水总补给量,也就是地下水在计算时段内的总收入量。

(二)平原区地下水排泄量的计算

平原区地下水排泄量包括泉水出露、侧向流出、河道排泄、人工开采和潜水蒸发等。在大量开采情况下,泉水出露很少,可通过实测求得。向区外的侧向流出量可用达西公式计算。

(三)山丘区地下水补给量的计算

山丘区地下水主要靠降雨入渗补给,由于山丘区水文地质条件复杂、观测孔少和观测资料有限,很难较正确地估算补给量。通常根据均衡原理计算总排泄量来代替总补给量。

山丘区地下水总排泄量包括山前侧向流出量、河床潜流量、河川基流量、山前泉水出露量和人工开采量。

(1)山前侧向流出量:实际上就是平原区的山前侧向补给量。

(2)河床潜流量:是指出山口的河流,通过松散沉积物的径流量,当河床沉积物较厚时,用达西公式计算;当沉积物厚度较薄时,潜流量可以忽略不计。

(3)河川基流量:是山丘区地下水的主要排泄量,可以通过分割流量过程线的方法求得。

(4)山前泉水出露量:主要通过调查统计和实测而获得。

(5)人工开采量:同样包括工业用水、农业用水和生活用水三个方面,通常用实测和调查统计获得。

(四)地下水重复计算量

地下水重复计算量包括地下水内部、地下水与地表水之间两部分,在评价计算时,要扣除重复计算量。

(1)地下水内部重复计算量包括井灌回归补给量和山前侧向补给量。井灌回归实际上是重复利用水量。山前侧向补给量是重复计算二次的量。山丘区水量平衡计算时,它被作为排泄项计入山丘区总排泄量;平原区水量平衡计算时,则以收入项计入平原总补给量之中。所以,当需要评价山丘区和平原区的水资源总量时,此项水量必须从山丘区或平原区中扣掉一次。

(2)地下水与地表水之间的重复计算量包括山丘区河川基流、河道渗漏、渠系渗漏和渠灌田间回归4项。河川基流量属山丘区和平原区重复计算量,在山丘区计算时作为山丘区排泄量计入其中,在平原区计算时又作为平原径流量计入地表水之中,因此在计算地表、地下水资源总量时应扣掉一次。后三项属平原区地表水、地下水之间的重复量,在计算地表、地下水资源总量时,也应从中扣掉一次。

(五)地下水资源量

地下水补给、排泄资料往往不完整、不系统,难以取得较完整的、长系列的逐年地下水补给量或排泄量,这种情况下,可只推求多年平均的地下水补给量或排泄量,作为多年平均地下水资源量。但在资料充分时,应分别计算逐年地下水补给量或排泄量,然后采用统计分析方法推求多年平均地下水资源量以及不同保证率的地下水资源量。

当研究区域范围较大,按地形地貌及水文地质条件可划分为多个Ⅲ级类型区时,应分区计算、统计地下水资源量,以充分反映地下水资源的空间分布,并结合后述水质评价,进行水质功能区的划分。

第五节　水资源总量评价

一、天然状态下的水资源总量

在一个区域内,如果把地表水、土壤水、地下水作为一个整体看待,则天然状态下的水资源总量可广义地定义为大气降水量。大气降水是水资源的总补给源。地表水包括河流、水库、湖泊等水体中的水,它的补给源除大气降水外,还有地下水、冰雪融水;土壤水为包气带的含水量,它主要由大气降水补给,亦有特殊区域的河流水入渗补给;地下水包括河川基流、地下水潜流和地下水储蓄,它主要由降水和地表水体通过包气带下渗补给。

水资源的总排泄量可分为河川径流量、总蒸散发量和地下潜流量。但水资源中三种水体的排泄方式各不相同。地表水由河川径流、水面蒸发和土壤入渗三种途径进行排泄;土壤水消耗于土壤蒸发、植物散发和下渗补给地下水或以壤中流形式流入河道;地下水的排泄方式有河川基流、地下潜流(包括周边流出量)与潜水蒸发三种。土壤水既可供植物吸用,又有连通地表水和地下水的作用。由此可见,降水、地表水、土壤水、地下水之间存在着一定的转化关系,尤其是地表水和地下水间的相互补排更是水循环的重要部分。

三种水体中的地表径流、壤中流及河川基流构成河川径流,是水资源中的动态水量;植物截留、填洼、包气带含水量和地下蓄存的一部分转化为有效蒸发,是农作物需水量的天然来源,另一部分蒸腾回到大气中成为无效蒸发,是目前未被利用的潜在水资源。上述关系可以用区域循环概念模型表示,见图3-1。

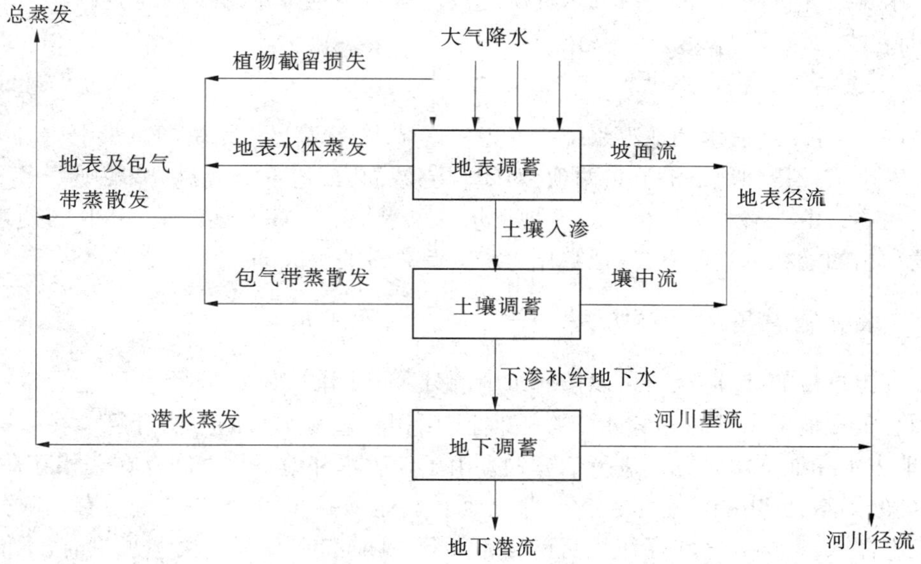

图 3-1　区域水循环概念模型

在天然状态下，一个闭合区域的总补给量与总排泄量之差等于区域地表、土壤、地下水的蓄水变化量。以年为时段，水量平衡方程式可表示为：

$$P = R + E + U_g \pm \Delta V \tag{3-1}$$

式中　P——降水量；

R——河川径流量，可划分为地表径流量 R_S（包括地表径流和壤中流）和河川基流量 R_g；

E——总蒸发量，可划分为地表蒸散发量 E_S（包括植物截留损失、地表水体蒸发和包气带蒸散发）和潜水蒸发 E_g；

U_g——地下潜流量（包括周边流出量）；

ΔV——蓄水变量，可划分为地表水蓄水变量 ΔS_R、包气带蓄水变量 ΔS_S 和地下水蓄水变量 ΔS_g（增加为+，减少为-）。

即 R、E、ΔV 分别为：

$$R = R_S + R_g$$

$$E = E_S + E_g$$

$$\Delta V = \Delta S_R + \Delta S_S + \Delta S_g$$

于是，式(3-1)可改为：

$$P = R_S + R_g + E_S + E_g + U_g \pm \Delta S_R \pm \Delta S_S \pm \Delta S_g \tag{3-2}$$

在多年平均情况下，地表、土壤、地下水蓄水变量可忽略不计，多年平均补给量与多年平均排泄量相等。式(3-2)可改为：

$$\overline{P} = \overline{R_S} + \overline{R_g} + \overline{E_S} + \overline{E_g} + \overline{U_g} \tag{3-3}$$

式中符号上面的横线表示多年平均之意。

在水资源评价中，通常将区域水资源总量定义为当地降水形成的地表和地下的产水量，则有：

$$\overline{W} = \overline{R} + \overline{E_g} + \overline{U_g} \tag{3-4}$$

式(3-4)是将地表水和地下水统一考虑的区域水资源总量，水资源总量中比河川径流量多了潜水蒸发量和地下潜流量两项，对闭合流域而言，地下潜流量为零，则只多了潜水蒸发量一项。由于潜水蒸发量可随着地下水开采水平的提高而逐渐被“夺取”，使之成为可开发利用的潜在水资源量，故把它作为水资源总量的组成部分。

二、水资源总量的计算方法

水资源总量的计算方法，可以按照水资源分区，利用式(3-4)进行计算，也可以在地表水资源总量和地下水资源总量计算的基础上，用扣除重复水量的方法计算。在水资源评价中，地表水和地下水是分别进行估算的。由于地表水和地下水之间存在着相互补排、转化、循环的因素，河川径流量中包含一部分地下水排泄量，地下水补给量中有一部分来源于地表水体入渗，两者之间存在相互重复的部分。因此，在计算水资源总量时，不能直接将地表水资源量和地下水资源量相加作为水资源总量，必须扣除相互转化的重复水量。

$$W = W_r + U - D \tag{3-5}$$

式中　W——多年平均水资源总量；

W_r——多年平均河川径流量，即地表水资源量；

U——多年平均地下水补给量，即地下水资源量；

D——多年平均河川径流量与多年平均地下水补给量之间的重复量。

在分析计算降水量、河川径流量和地下水资源量之后，实际工作中普遍采用扣除重复水量法计算水资源总量。此法的关键是正确估算地表水、地下水互相转化的重复量。不同类型区，其转化关系各有差异，因此应划分水资源类型区，并在各类型区内按照评价的具体要求，分别计算各项水资源总量。

在大多数情况下，水资源总量的评价内容包括各类型区和总评价区的下列计算项目：①多年平均水资源总量；②不同频率(或保证率)的水资源总量；③地下水开采条件下的水资源总量；④水资源总量的典型年内分配。

(一)单一山丘区多年平均水资源总量的计算

在单一山丘区，地表水资源量为当地河川径流量，地下水资源量按总排泄量计算，相当于当地降水入渗补给量，这两种水量之间的重复计算水量是河川基流量。水资源总量计算公式为：

$$W_h = W_{hr} + U_h - D_h \tag{3-6}$$

式中　W_h——一般山丘区多年平均水资源总量；

W_{hr}——一般山丘区多年平均河川径流量；

U_h——一般山丘区多年平均地下水补给量；

D_h——一般山丘区多年平均重复水量。

一般山丘区地下水补给量难以直接计算，目前主要以地下水的排泄量近似作为补给量进行计算。

（二）单一平原区多年平均水资源总量的计算

平原区地表水资源量为当地河川径流量。地下水资源量为当地降水入渗补给量与地表水体渗漏（包括流域外引水和区域周边侧向渗漏补给）补给量之和，再减去井灌回归补给量与平原区河川基流的引、提水灌溉后对地下水的补给量。

平原区地下水补给量可按下式计算：

$$U_p = U_{pp} + U_{ris} + U_f + U_{cs} + U_{res} + U_{cir} + U_o + U_a \tag{3-7}$$

式中　U_p——平原区多年平均地下水补给量；

U_{pp}——平原区多年平均降水入渗补给量；

U_{ris}——多年平均河道渗漏补给量；

U_f——多年平均山前侧向流入补给量；

U_{cs}——多年平均渠系渗漏补给量；

U_{res}——多年平均水库（湖泊、闸坝）蓄水渗漏补给量；

U_{cir}——多年平均渠灌田间入渗补给量（包括井灌）；

U_o——多年平均越流补给量；

U_a——多年平均人工回灌补给量。

（三）多种地貌类型混合区的多年平均水资源总量的计算

对既有山丘区又有平原区两种地貌单元的区域，如果分别计算山丘区和平原区的河川径流量与地下水补给量，再根据式（3-5）计算全区域（山丘区加上平原区）的水资源总量时，须扣除山丘区水资源量与平原区水资源量之间、山丘区水资源量本身及平原区水资源量本身的重复计算量。重复水量包括以下几项：

（1）山丘区河川径流量与地下水补给量之间的重复量，即山丘区河川基流量 W_{hd}。

（2）平原区河川径流量与地下水补给量之间的重复量，即平原区河川基流量 W_{hd}，有时还包括来自平原区河川径流量的 U_{ris}、U_{cs}、U_{res}、U_{cir} 和 U_a。

（3）山丘区河川径流量与平原区地下水补给量之间的重复量，即山丘区河川径流流经平原时对地下水的补给量，包括 U_{ris}、U_{cs}、U_{res}、U_{cir} 和 U_a。

（4）山前侧向补给量 U_f，是山丘区流入平原区的地下径流，属于山丘区、平原区地下水本身的重复量。

（5）河床潜流量 U_u，亦属于山丘区、平原区地下水本身的重复量。

包括山丘区和平原区两大地貌类型的计算区域，式（3-5）可改写为：

$$W = (W_{pr} + W_{hr}) + (U_p + U_h) - W_{cf} \tag{3-8}$$

重复水量 W_{cf} 等于 W_{hd}、W_{pd}、U_{ris}、U_{cs}、U_{res}、U_{cir}、U_a 与 U_f 各项之和，将其代入式（3-8）并整理得：

$$W = W_{pr} + W_{hr} + U_L + U_f + U_s + E_{hu} + q_m + U_{pp} + U_o - W_{pd} \tag{3-9}$$

在山丘区、平原区多年平均河川径流量及地下水补给量各项分量算得的基础上，即可根据式（3-9）推求全区域多年平均水资源总量。

（四）不同保证率水资源总量的计算

在地表水资源量、地下水资源量的计算过程中，已推求出组成地表、地下水资源的各分项水量,在不同年份或多年平均水资源总量分析计算中,也确定了组成特定流域(或区域)水资源总量的分项水量。利用上述分项水量推求设计流域(或区域)不同保证率水资源总量时,不能采用相应同一保证率的各分项水量相加的方法(此法简称同频率相加法)。同频率相加法推求的水资源总量与相应频率的实际水资源总量相比往往不相等,当频率 $P<50\%$时,一般偏大;当 $P>50\%$时,一般偏小。因为在整个区域内,水资源的各分量不可能同时出现同一频率的偏丰、偏枯状况。这里存在着整体概率与部分概率的组合问题。

设计流域(或区域)不同保证率水资源总量计算的正确途径是按地貌类型区,采用相应的水资源总量计算公式,依据区域内逐年的各分项水量,先求出逐年的水资源总量,然后对水资源总量系列进行频率分析,推求多年平均和不同保证率的水资源总量。

我国大多数地区,均具有较充分(长期)的河川径流资料和降水资料,即使只有短期的径流、降水资料,也便于插补延长。而地下水资料往往不充分,且难以插补延长。采用上述方法推求不同频率水资源总量时受到资料限制,组成区域水资源总量的部分分量不能逐年求出。这种情况下,可利用逐年河川径流量和逐年降水量近似估算逐年水资源总量。方法如下。

1. 山丘区逐年水资源总量估算

(1)计算设计区的逐年河川径流量 $W_{\mathrm{hr},i}$ 和多年平均河川径流量 $\overline{W_{\mathrm{hr}}}$。

(2)计算设计区的多年平均水资源总量 $\overline{W_{\mathrm{h}}}$。其方法可参照本节相关内容。

(3)计算设计区的逐年水资源总量 $W_{\mathrm{h}i}$。

$$W_{\mathrm{h}i}=\overline{W_{\mathrm{h}}}/\overline{W_{\mathrm{hr}}}\cdot W_{\mathrm{hr},i} \tag{3-10}$$

2. 平原区逐年水资源总量计算

(1)计算设计区的逐年河川径流量 $W_{\mathrm{pr},i}$。

(2)计算设计区的逐年降水入渗补给量 $U_{\mathrm{pp},i}$。

(3)将设计区逐年的河川径流量与降水入渗补给量相加,$W_{\mathrm{pr},i}+U_{\mathrm{pp},i}$,记为 $W'_{\mathrm{p},i}$,并计算多年平均值 W'_{p}。

(4)计算设计区多年平均水资源总量 $\overline{W_{\mathrm{p}}}$。

(5)计算设计区的逐年水资源总量 $W_{\mathrm{p},i}$。

$$W_{\mathrm{p},i}=\overline{W_{\mathrm{p}}}/W'_{\mathrm{p}}\cdot W'_{\mathrm{p},i} \tag{3-11}$$

3. 多种地貌类型区逐年水资源总量计算

如果设计区域包含山丘和平原两种地貌类型区,按上述方法,先分别计算山丘区和平原区的逐年水资源总量系列,然后将两系列对应年份的数值相加,扣除重复计算部分,求得全区域逐年水资源总量系列。

推求出设计区域的逐年水资源总量系列之后,即可对其进行频率分析计算,进而求得多年平均和不同保证率的水资源总量。

三、入境、出境水量计算

入境和出境水量,是针对特定区域边界而言的。入境水量是指天然河流经区域边界流入区内的河川径流量,出境水量则是指天然河流经区域边界流出区外的河川径流量。

在实测河川径流资料进行还原计算之后,可用于推求入境与出境水量。入境与出境水量的计算内容包括:①多年平均年入境、出境水量及年内分配;②不同保证率年入境、出境水量及年内分配;③入境、出境水量的空间分布。

(一)多年平均及不同保证率年入境、出境水量的计算

不同区域过境河流的分布往往是千差万别的,有时只有一条河流过境,有时则有几条河流同时过境,过境河流的水文测站又可能位于区域不同位置上。因此,计算区域多年平均及不同保证率年入境、出境水量时,应当根据过境河流的特点和水文测站分布情况采用不同的计算方法。

1. 代表站法

(1)代表站在入境(或出境)处。

①当区域内只有一条河流过境时,若其入境(或出境)处恰有径流资料年限较长且具有足够精度的代表站,该站多年平均及不同保证率的年径流量,即为计算区域相应的入境(或出境)水量。

②若入境(或出境)处的代表站径流资料年限较短,或代表性不好,应采用相关分析的方法插补展延其年径流系列,使其具有足够代表性,然后依据展延后的年径流系列计算该站多年平均及不同频率的年径流,亦可采用其他方法展延。

(2)代表站不在入境(或出境)处。

在多数情况下,代表站并不恰好处于区域边界上,代表站位置有以下两种情况:

①入境代表站位于区域内,其集水区域面积与本区面积有一部分重复。这种情况下,应首先计算重复面积上的逐年产水量,然后从代表站相应年份的水量中予以扣除,组成入境逐年水量系列,利用该系列进行频率分析计算便可求得多年平均及不同频率的年入境水量。

②入境代表站位于区域的上游,代表站的集水区域小于实际入境边界处的集水区域。此时,应先求出代表站至实际入境边界的区间面积上的逐年产水量,将该区间的年水量加在代表站相应年水量上,组成入境逐年水量系列,然后按同样方法推求多年平均及不同频率的年入境水量。

当出境代表站位于区域之内或区域边界下游时,可按同样方法求出相应重复面积或区间面积的逐年产水量,并从代表站对应年水量中加上或扣除相应水量,组成出境年水量系列,然后进行频率分析计算,求得多年平均及不同频率的出境水量。

重复面积和区间面积产水量计算,应根据不同产流条件、水文资料情况和面积大小采用不同方法,如水量面积比法、降水径流关系法、水文比拟法、径流深等值线图法等。

(3)区域内有几条河流入境,一条以上河流出境。

对于较大区域,可能有几条河流过境,形成多处入境水量和出境水量;也可能是几条河流入境,在区域内汇成一条河流出境,形成多处入境水量,一处出境水量。这种情况下,需在各入(出)境河流上选择代表站,按上述(1)或(2)的方法分别计算各河流逐年入(出)境水量,然后将各河流逐年入(出)境水量相加,组成区域逐年总入(出)境水量系列,经频率分析计算后求得多年平均及不同频率的入(出)境水量。

2. 水量平衡法

根据水量平衡原理,列出河流上、下断面的年径流水量平衡方程式,据此计算入境和出境水量。

(二)入境和出境水量的时空分布

入境水量是特定区域可利用地表水资源的组成部分,出境水量是下游区域可利用地表水资源的组成部分,是区域水资源开发利用和供需平衡分析中需要考虑的重要水量。因此,对这些水量的时空分布的研究需要满足水资源评估、开发利用和供需平衡的要求。当推求得到入境、出境设计年径流量之后,还需分析其年内分配、年际变化及空间变化规律。分析方法基本类同地表水资源时空分布研究方法。主要评价成果如下。

1. 年内变化

主要有下列几种表征方法:①多年平均及不同保证率年径流量的月分配过程;②连续最大 4 个月、枯水期水量占年总水量的百分率;③典型年份不同时段的最大入(出)境水量。

2. 年际变化

主要表征形式有:①丰、平、枯水年的设计径流总量;②连续丰水、连续枯水的年份及径流总量;③年径流量的多年平均值、变差系数 C_v 和偏差系数 C_s。

3. 空间分布

设计区域范围较大时,将整个区域划分为几个分区,分别统计各分区的径流特征值。

第六节　水资源质量评价

水的质量简称水质,是指水体中所含物理成分、化学成分、生物成分的总和。天然的水质是自然界水循环过程中各种自然因素综合作用的结果,人类活动对现代水质有着重要的影响。水的质量决定着水的用途和水的利用价值,可根据不同的供水目的,为人们提供满足生活饮用、工业和农业生产等水质要求且具有一定水量保证的水源。

水资源质量评价(又称水质评价、水质量评价)是根据水体的用途,按照一定的评价指标、质量标准和评价方法,对水域的水质或水体质量进行定性或定量评定的过程。

一、水质评价的目的、分类及程序

(一)水质评价的目的

水质评价的目的是查明特定区域的污染源、主要污染物及其污染过程,了解水体污染程度及其时空变化规律,预测水质污染变化的趋势,为水资源开发利用、水资源保护和水污染防治提供科学依据。

(二)水质评价的分类

水质评价有以下类型:

(1)按评价阶段分,有回顾评价、现状评价和预断评价 3 种类型。回顾评价是根据历年积累的资料进行评价,揭示区域水质污染的发展变化过程。现状评价是根据近期水质监测资料,对区域水体现状进行评价。预断评价则是根据特定区域的发展规划或工程开发计划,预测该地区未来的水质状况。本章主要介绍现状评价内容。

(2)按评价水体分,有江河水质评价、湖泊(水库)水质评价、潮汐河口水质评价和地下水水质评价等。

(3)按评价水体用途分,有饮用水评价、渔业用水评价、游览用水评价、工业用水评价、农业(灌溉)用水评价等。

(4)按评价指标分,有单项评价和综合评价(或多项评价)。

(5)按评价指标性质分,有物理性评价、化学性评价和生物性评价。

(三)水质评价的一般程序

水质评价的一般程序如下:

(1)收集、整理、分析水质监测的数据及有关调查资料,包括污染源调查的资料和数据。

(2)根据评价目标,确定水质评价的要素,选择足以表征水体质量的评价指标和确定指标取值方法。

(3)选择评价方法,建立水质评价模型。

(4)确定评价准则,并根据有关方面发布的水质标准,设计出适合本评价的水质判别标准。

(5)作出水质评价,绘制水质图,列出水质评价成果表。

(6)提出评价结论。

二、水质评价标准

水质评价中,首先要解决评价指标的选择和评价标准的确定问题,并在此基础上选定相应的评价方法。

水质评价指标通常可分为感官性因素,包括色、味、嗅、透明度、浑浊度、悬浮物、总固体等;氧平衡因子类,包括溶解氧、化学需氧量、生化需氧量等;营养盐因子类,如硝酸盐、氨盐和硫酸盐等;毒物因子类,包括挥发酸、氰化物、汞、铬、砷、镉、铅、有机氯等,以及微生物因子类,如大肠杆菌等。在评价中,应依据评价的目的、水体类型及具体水域的水质监测现状、环境特点及水质特征,选用不同指标来评价水资源质量。

根据目的要求选择评价标准是水质评价的基本工作之一。随着经济社会发展,我国已先后颁布了许多与水质有关的标准,如《生活饮用水卫生标准》《农田灌溉水质标准》《渔业水质标准》《地表水环境质量标准》《景观娱乐用水水质标准》《地下水质量标准》等。在评价时,要以国家标准为评价依据。如果标准未定,可参考当地环境背景值制定评价标准。

三、水质评价方法

以上介绍了为不同水体及不同使用目的所制定的水质标准,规范了不同水质的适用范围。在多数情况下,需要对水体环境质量给予综合评价,以便了解其综合质量状况,这就需要研究和选定合适的水质评价方法。目前常用的方法是单指标法,即按最不利的指标所属类型来作为最终的评价类型。有些采用多指标综合评价方法。

采用的水质评价方法本身应具有科学性、正确性和可比性,满足实际使用要求,以利于查清影响水质的各种因素,以便于水环境的保护与水污染的治理。

只有选择或构建了正确的评价方法,才能对水体质量作出有效评判,确定其水质状况和应用价值,从而为防治水体污染及合理开发利用、保护与管理水资源提供科学依据。

四、地表水水质评价

地表水水质评价应符合下列要求:

(1)大江、大河的水质类别评价应划分成中泓水域、岸边水域分别评价。

(2)应对地表水水质类别的时空变化及地区分布特征进行描述。

(3)评价项目应包括《地表水环境质量标准》(GB 3838—2002)规定的基本项目(见表3-1),其中水温、总氮和粪大肠菌群可作为参考项目单独评价。

表3-1　《地表水环境质量标准》(GB 3838—2002)基本项目及标准值　　单位:mg/L

序号	项目	Ⅰ类	Ⅱ类	Ⅲ类	Ⅳ类	Ⅴ类
1	水温	人为造成的环境水温变化应限制在:周平均最大温升≤1 ℃,周平均最大温降≤2 ℃				
2	pH值(无量纲)	6~9				
3	溶解氧(DO)≥	饱和率90%(或7.5)	6	5	3	2
4	高锰酸盐指数(COD_{Mn})≤	2	4	6	10	15
5	化学需氧量(COD)≤	15	15	20	30	40
6	五日生化需氧量(BOD_5)≤	3	3	4	6	10
7	氨氮(NH_3-N)≤	0.015	0.5	1.0	1.5	2.0
8	总磷(以P计)≤	0.02(湖、库0.01)	0.1(湖、库0.025)	0.2(湖、库0.05)	0.3(湖、库0.1)	0.4(湖、库0.2)
9	总氮(湖、库,以N计)≤	0.2	0.5	1.0	1.5	2.0
10	铜≤	0.01	1.0	1.0	1.0	1.0
11	锌≤	0.05	1.0	1.0	2.0	2.0
12	氟化物(以F^-计)≤	1.0	1.0	1.0	1.5	1.5
13	硒≤	0.01	0.01	0.01	0.02	0.02
14	砷≤	0.05	0.05	0.05	0.1	0.1
15	汞≤	0.000 05	0.000 05	0.000 1	0.001	0.001
16	镉≤	0.001	0.005	0.005	0.005	0.01
17	铬(六价)≤	0.01	0.05	0.05	0.05	0.1

续表 3-1

序号	项目	Ⅰ类	Ⅱ类	Ⅲ类	Ⅳ类	Ⅴ类
18	铅≤	0.01	0.01	0.05	0.05	0.1
19	氰化物≤	0.005	0.05	0.2	0.2	0.2
20	挥发酚≤	0.002	0.002	0.005	0.01	0.1
21	石油类≤	0.05	0.05	0.05	0.5	1.0
22	阴离子表面活性剂≤	0.2	0.2	0.2	0.3	0.3
23	硫化物≤	0.05	0.1	0.2	0.5	1.0
24	粪大肠菌群(个/L)≤	200	2 000	10 000	20 000	40 000

注:水质类别按功能高低依次划分为五类:Ⅰ类,主要适用于源头水、国家自然保护区;Ⅱ类,主要适用于集中式生活饮用水地表水源地一级保护区、珍稀水生生物栖息地、鱼虾类产卵场、仔稚幼鱼的索饵场等;Ⅲ类,主要适用于集中式生活饮用水地表水源地二级保护区、鱼虾类越冬场、洄游通道、水产养殖区等渔业水域及游泳区;Ⅳ类,主要适用于一般工业用水区及人体非直接接触的娱乐用水区;Ⅴ类,主要适用于农业用水区及一般景观要求水域。

(一)单站点地表水水质评价

单站点地表水水质评价应包括单项水质项目水质类别评价、单项水质项目超标倍数评价、单站点水质类别评价和单站点主要超标项目评价4部分内容。说明:

(1)单项水质项目水质类别应根据该项目实测浓度值与标准限值的比对结果确定。当不同类别标准值相同时,应遵循从优不从劣原则。举例:水体中铜浓度为1.0 mg/L,正好是Ⅱ类、Ⅲ类水质标准值,因此判断该水体为Ⅱ类水质。

(2)单项水质项目浓度超过Ⅲ类标准限值的称为超标项目。超标项目的超标倍数计算式为:

$$B_i = \frac{C_i}{S_i} - 1 \qquad (3-12)$$

式中:B_i 为水质项目超标倍数;C_i 为某水质项目浓度,mg/L;S_i 为某水质项目的Ⅲ类标准限值,mg/L。

水温、pH值和溶解氧不计算超标倍数。举例:水体中氨氮浓度为2.5 mg/L,Ⅲ类水质标准值为1.0 mg/L,则其超标倍数为:$\frac{2.5}{1.0}-1=1.5$(倍)。

(3)单站点水质类别应按所评价项目中水质最差项目的类别确定。

(4)单站点主要超标项目的判定方法应是将各单项水质项目的超标倍数由高至低排序,列前三位的项目应为单站点的主要超标项目。

(二)流域及区域水质评价

流域及区域水质评价包括各类水质类型比例、Ⅰ~Ⅲ类比例、Ⅳ~Ⅴ类比例、流域及区域的主要超标项目4部分内容。说明:

(1)各类水质类型比例为Ⅰ类、Ⅱ类、Ⅲ类、Ⅳ类、Ⅴ类、劣Ⅴ类的比例,Ⅰ~Ⅲ类比例应为Ⅰ类、Ⅱ类、Ⅲ类比例之和,Ⅳ~Ⅴ类比例应为Ⅳ类和Ⅴ类比例之和。

(2)河流应按单站点、代表河流长度两种口径进行评价,湖泊应按单站点、水面面积两种口径进行评价,水库应按单站点、水库蓄水量和水面面积三种口径进行评价。

(3)流域及区域的主要超标项目应根据各单项水质项目超标频率的高低排序确定。排序前三位的为流域及区域的主要超标项目。水质项目超标频率计算式为:

$$PB_i = \frac{NB_i}{N_i} \times 100\% \tag{3-13}$$

式中:PB_i 为某水质项目超标频率;NB_i 为某水质项目超标水质站数,个;N_i 为某水质项目评价水质站总数,个。

【例3-1】 已知某河流断面水质指标如表3-2所示,判断该水质类型。

表3-2 水质指标实测值 单位:mg/L

水质指标	DO	COD_{Mn}	BOD_5	NH_3-N	As	Hg	Cd	挥发酚	石油类	硫化物
水样1	7	5	4	0.9	0.05	0.000 1	0.005	0.002	0.05	0.15
水样2	8	9	10	0.8	0.05	0.001	0.005	0.01	0.04	0.15
水样3	6	9	5	0.9	0.07	0.001	0.005	0.004	0.05	0.15

解:按照单指标,对照标准(见表3-1),判断类型如表3-3所示。

表3-3 某河流断面单指标水质类型判断结果

水质指标	DO	COD_{Mn}	BOD_5	NH_3-N	As	Hg	Cd	挥发酚	石油类	硫化物
水样1	Ⅱ类	Ⅲ类	Ⅲ类	Ⅲ类	Ⅰ类	Ⅲ类	Ⅱ类	Ⅰ类	Ⅰ类	Ⅲ类
水样2	Ⅰ类	Ⅳ类	Ⅴ类	Ⅲ类	Ⅰ类	Ⅳ类	Ⅱ类	Ⅳ类	Ⅰ类	Ⅲ类
水样3	Ⅱ类	Ⅳ类	Ⅳ类	Ⅲ类	Ⅳ类	Ⅳ类	Ⅱ类	Ⅲ类	Ⅰ类	Ⅲ类

在水样1中,最差类型是Ⅲ类,因此确定水样1为Ⅲ类水质。

在水样2中,最差类型是Ⅴ类,因此确定水样2为Ⅴ类水质。

在水样3中,最差类型是Ⅳ类,因此确定水样3为Ⅳ类水质。

五、地下水水质调查评价

地下水水质调查评价的范围是平原及山丘区浅层地下水和作为大中城市生活饮用水水源的深层地下水。

地下水水质调查评价的内容是:结合水资源分区,在区域范围内,普遍进行地下水水质现状调查评价,初步查明地下水水质状况及氰化物、硝酸盐、硫酸盐、总硬度等水质指标分布状况。工作内容包括调查收集基本资料、进行站点布设、水质监测、水质评价、图表整理、编制成果报告等。地表水污染突出的城市要求进行重点调查和评价,分析污染地下水水质的主要来源、污染变化规律和趋势。

(一)调查收集基本资料

(1)区域的自然地理、经济社会发展状况。

(2)水文地质,地下水流向,地下水观测井分布。地下水埋深和地下水开发利用情况,以图表形式进行整理并附以文字分析。

(3)调查区域内地表污染源分布情况,查清污废水量及主要污染物排放量。

(4)调查了解城市污灌区的分布、面积、污水量及污染物等。

(5)调查由于地下水开发利用引起的地面沉降、地面塌陷、海水入侵、泉水断流、土壤盐碱化、地方病等环境生态问题,要调查其发生时间、地点、区域范围及经济损失、已采取的防治措施等。

(二)水质评价

1. 水化学类型分类

按照阿列金分类法,对各测点地下水类型进行分类,编制区域地下水化学类型分布图,pH、总硬度、矿化度、氯化物、硫酸根、硝酸盐及氟化物离子分布图。

2. 水质功能评价及一般统计

根据地下水资源的用途,如生活饮用,需采用《生活饮用水卫生标准》(GB 5749—2022)作为评价标准,以单项指标地图叠加法对照进行单站井枯、平、丰三期水质指标评价,并统计超标率、检出率。

主要评价指标包括 pH、总硬度、矿化度、硫酸盐、硝酸盐氮、氯化物、氟化物、酚、氰、砷、汞、六价铬、铅、镉、铁、锰共 16 项。

3. 地下水质量评价

《地下水水质标准》(DZ/T 0290—2015)将地下水质量划分为如下 5 类:

Ⅰ类,主要反映地下水化学组分的天然底背景含量,适用于各种用途。

Ⅱ类,主要反映地下水化学组分的天然背景含量,适用于各种用途。

Ⅲ类,以人体健康基准值为依据,主要适于集中式生活饮用水水源及工农业用水。

Ⅳ类,以农业和工业用水要求为依据,除适用于农业和部分工业用水外,适当处理后,可作生活饮用水。

Ⅴ类,不宜饮用,其他用水可根据使用目的选用。

主要评价指标包括 pH、总硬度、矿化度(溶解性固体)、硫酸盐、硝酸盐氮、亚硝酸盐氮、氨氮、氯化物、氟化物、高锰酸盐指数、酚、氰、砷、汞、六价铬、铅、镉、铁、锰共 19 项。城镇饮用水水源评价增加细菌总数、大肠菌群。

(三)水质评价成果汇总

地下水水质评价提交的成果一般包括下列各项内容:

(1)成果报告,包括:①单元评价区的《地下水水质调查评价》成果报告;②整个评价区的地下水水质调查评价总结报告。

(2)附表,包括:①地下水水质监测站井一览表;②地下水水质分析成果表;③地下水水质功能评价表;④地下水水质功能评价统计表;⑤地下水质量综合评价表;⑥地下水开发利用引起的环境问题调查表;⑦污染区调查表。

(3)附图,包括:①地下水水质监测,评价单元分区及站井分布图;②地下水水资源模数分布图(浅层淡水);③pH、矿化物、总硬度、总碱度、硫酸根、氯化物、硝酸盐氮、氟化物分布图(枯、平、丰及年平均各 1 幅);④地下水埋藏深度图(枯、平、丰及年平均各 1 幅);⑤地下水水化学类型分布图;⑥地下水开发利用功能分区图;⑦重点城市深层水水质评价图。各地市级评价区工作图,比例尺应采用 1∶20 万,各省级评价区工作比例尺应采用

1∶50万。

第七节　水资源可利用量计算

水资源可利用量是指在可预见的时期内,在统筹考虑生活、生产、生态用水的基础上,通过经济合理、技术可行的措施在当地水资源量中可一次性利用的最大水量。

一、地表水资源可利用量的计算方法

可用地表水资源量减去河道内最小生态需水量和汛期下泄洪水量计算得到,如下式:

$$W_{su} = W_q - W_e - W_f \tag{3-14}$$

式中　W_{su}——地表水资源可利用量;

W_q——地表水资源量;

W_e——河道内最小生态需水量;

W_f——汛期洪水弃水量。

二、地下水资源可开采量的计算方法

地下水资源可开采量计算方法很多,但一般不宜采用单一方法,而应同时采用多种方法并将其计算成果进行综合比较,从而合理地确定可开采量。分析确定可开采量的方法有实际开采量调查法、开采系数法、平均布井法等。

(一)实际开采量调查法

实际开采量调查法适用于浅层地下水开发利用程度较高、开采量调查统计较准、潜水蒸发量较小、水位动态处于相对稳定的地区。若平水年年初、年末浅层地下水位基本相等,则该年浅层地下水实际开采量便可近似地代表多年平均浅层地下水可开采量。

(二)开采系数法

在浅层地下水有一定开发利用水平的地区,通过对多年平均实际开采量、水位动态特征、现状条件下总补给量等因素的综合分析,确定出合理的开采系数值,则地下水多年平均可开采量等于开采系数与多年平均条件下地下水总补给量的乘积。在确定地下水开采系数时,应综合考虑浅层地下水含水层岩性及厚度、单井单位降深出水量、平水年地下水埋深、年变幅、实际开采模数和多年平均总补给模数等因素。

(三)平均布井法

根据当地地下水开采条件,确定单井出水量、影响半径、年开采时间,在计算区内进行平均布井,用这些井的年内开采量代表该区地下水的可开采量。相关计算方法可参阅《水资源评价》相关教材。

三、水资源可利用总量的计算方法

根据前面对地表水与地下水水量转化关系的分析结果,采用如下公式来估算水资源可利用总量:

$$W_u = W_{su} + W_{gu} - Q_{gr} - Q_c \tag{3-15}$$

式中　W_u——水资源可利用总量；

W_{su}——地表水资源可利用量；

W_{gu}——地下水资源可开采量；

Q_{gr}——地下水可开采量本身的重复利用量；

Q_c——地表水资源可利用量与地下水资源可开采量之间的重复利用量。

四、水资源可利用量分析内容

在区域水资源量调查成果的基础上，根据水利工程现状及今后若干年水利开发利用规划，分析计算各分区可利用水资源量。在分析计算中，对过境水量应按有关协议、惯例及已有情况统计计算，遇有矛盾之处，由上一级水资源管理部门协调解决；计划兴建工程按设计供水量资料确定，并加以说明。

可利用水资源量的分析计算内容主要包括下列4种情况：①多年平均水资源可利用量；②保证率$P=50\%$的水资源可利用量；③保证率$P=75\%$的水资源可利用量；④保证率$P=95\%$的水资源可利用量。保证率原则上以供水保证率为准，缺乏资料地区也可以用降水保证率替代。

第八节　水资源开发利用及其影响评价

一、水资源开发利用

（一）水资源开发利用问题

人类开发利用水资源已有数千年的历史，在长期实践中，人们通过不断探索，已越来越多地掌握了水资源开发利用的各种技术，并使之日臻完善。与之相比，合理开发利用水资源理念的形成在时间上则晚得多，即使在水资源短缺、环境恶化问题已成为现代社会人们所关注的焦点时，如何实现水资源的可持续利用，仍存在许多实际问题有待探索。

在过去相当长的历史时期，社会生产力较低，人口少且居住分散，开发利用水资源的技术水平不高，水资源的社会需求量和开发利用规模都较小。尽管当时各种水事活动基本处于无组织状态，一般仍不会对一个大型流域或地下水系统的水资源天然分布格局造成过大冲击。人类可通过被动地顺应自然条件的生产、生活方式——迁徙，解决水资源短缺问题。然而在经济高速发展、人口不断增加和城市化进程加快的今天，特别是水资源与人口配置不适当的国家或地区，已不能再采取古人的做法。当现代科学技术使人们拥有大规模开发利用水资源的能力而且在经济实力允许的情况下，为满足社会对水的需求，通常做法就是不断加大开发利用力度，导致可再生的水资源难以得到充足的更新，使水资源状况进一步恶化。与此同时，过量开采造成的区域地下水位持续大幅度下降，又在一定程度上破坏了各种自然平衡（如水热平衡、水沙平衡、水盐平衡、生态平衡等），从而引发各种环境问题。实践使人们认识到，地球上的淡水资源量是有限的，而不是“取之不尽，用之不竭”的，水资源的开发只有在不超过其循环、更新速度的前提下才能持久。水资源开发利用得当，可以改善环境，而过量无序的开发则会引发各种环境问题，使人类反受其害。

因此,在当今条件下,水资源的开发利用一定要谨慎,做到合理、科学。

(二)水资源合理开发利用的准则

合理开发利用水资源是人类可持续发展概念在水资源问题上的体现。它是指在兼顾经济社会水需求和环境保护的同时,充分有效地开发利用水资源,并能使这种活动得以永续进行。为此,2011 年中央一号文件《关于加快水利改革发展的决定》明确提出"实行最严格的水资源管理制度",包括:①建立用水总量控制制度,确立水资源开发利用控制红线;②建立用水效率控制制度,确立用水效率控制红线;③建立水功能区限制纳污制度,确立水功能区限制纳污红线;④建立水资源管理责任和考核制度。具体地说,水资源合理开发利用应遵循以下准则:

(1)水资源的开发力度必须加以限定。在当今技术条件下,人类还做不到完全按人的意志调控整个水资源系统使其不产生不良后果。因此,水资源开发利用量不得超过当地水资源系统的可再生水量,方可使水资源利用得以持久。即用水总量控制,建立和完善国家水权制度。

(2)本着经济合理、技术可行的原则开发利用水资源。水资源的开发利用既要考虑供水的需求,又要考虑经济效益问题。尽可能做到以最小的投入换取最大的经济回报。水资源的利用应在经济条件允许的前提下,尽可能做到"物尽其用",充分发挥水资源的潜力,提高水的重复利用率,节约用水,高效用水。即用水效率控制,加强用水定额和计划管理。

(3)尽可能避免水资源开发利用所造成的各种环境问题。大规模的水资源开发利用是天然水资源系统结构调整,水量、水位在空间上重新分配的过程。这一过程会使环境发生变化,特别是地下水位的变化往往可以引发地面沉降、海水入侵、土壤盐渍化和生态退化等问题。因此,应综合考虑,尽可能避免水资源开发利用所造成的各种环境问题。即水功能区限制纳污,严格控制入河湖排污总量。

(4)水资源的开发利用应尽可能满足经济社会发展的需要。各种开发利用方案的制订应紧密结合经济社会发展规划,不仅应与现时的需水结构、用水结构相协调,而且应为今后的发展和需水结构的调整保留一定的余地。

(三)水资源合理开发利用的途径

对水资源的开发利用,不仅是水资源本身质与量的重新分配,而且涉及技术条件、经济效益和环境保护等诸多问题。所以,一个合理的或者说可以被采纳的水资源开发利用方案必定是在权衡各种利弊关系之后,得到的可使"经济-社会-水资源-环境"得以协调发展的一种模式。这种运筹过程通常反映在水资源规划制定和水资源管理方案之中。

水资源规划和水资源管理是实现水资源合理开发利用的重要途径。为了使规划合理、科学,管理工作有的放矢,《中华人民共和国水法》及一些水资源法规均明确指出,开发利用水资源必须事先进行综合考察和调查研究,根据水资源勘察、评价结果制定开发利用规划。水资源规划是对水资源实行综合开发、合理利用、科学调度的基础和依据。水资源管理是组织、协调、监督和调度水资源开发利用的重要工作。水资源开发利用的途径详见第四、五章,水资源规划与管理的具体内容详见第九、十一章。

二、水资源开发利用影响评价

水资源开发利用影响评价是对如何合理进行水资源的综合开发利用和保护规划的基础性前期工作，其目的是增强在进行具体的流域或区域水资源规划时的全局观念和宏观指导思想，是水资源评价工作中的重要组成部分。主要包括以下几方面内容。

（一）水资源开发程度调查分析

水资源开发程度调查分析是指对评价区域内现有的各类水利工程及措施情况进行调查了解，包括各种类型及功能的水库、塘坝、引水渠首及渠系、水泵站、水厂、水井等，包括其数量和分布。对水库要调查其设立的防洪库容、兴利库容、泄洪能力、设计年供水能力及正常或不能正常运转情况，对各类供水工程措施要了解其设计供水能力和有效供水能力，对于有调节能力的蓄水工程，应调查其对天然河川径流经调节后的改变情况。供水能力是指现状条件下相应供水保证率的可供水量。有效供水能力是指当天然来水条件不能适应工程设计要求时实际供水量比设计条件有所降低的实际运行情况，也包括因地下水位下降而导致水井出水能力降低的情况。

各种工程的开发程度常指其现有的供水能力与其可能提供能力的比值。如供水开发程度是指当地通过各种取水引水措施可能提供的水量和当地天然水资源总量的比值，水力发电的开发程度是指区域内已建的各种类型水电站的总装机容量和年发电量，与这个区域内的可能开发的水电装机容量和可能的水电年发电量之比，等等。

通过水资源开发情况的现状调查，可以对评价区域范围内未来可能安排的工程布局中重要工程的位置大致心中有数，为进一步开发利用水资源准备条件。

（二）供用水量现状调查统计及供用水效率分析

（1）选择具备资料条件的最近一年作为基准年，调查统计分析该年及近几年河道外用水和河道内用水情况。

（2）河道外供水应分区按当地地表水、地下水、过境水、外流域调水、利用海水替代淡水、利用处理或未处理过的废污水等多种来源，以及按蓄、引、提、机电井等四类工程分别统计，分析各种供水占总供水的百分比，并分析年供水和组成的调整变化趋势。分区统计的各项供水量均为包括输水损失在内的毛供水量。

（3）河道外用水应分区按农业、工业、生活三大类用水户分别统计各年用水总量、用水定额和人均用水量，其中，农业用水可分为农田灌溉和林、牧、副、渔用水等亚类；工业用水可分为电力工业、一般工业、乡镇工业等亚类；生活用水可分为城镇生活（居民生活和公共用水）、农村生活（人、畜用水）等亚类。统计分析年用水量增减变化及其用水结构调整状况。分区统计的各项用水量均为包括输水损失在内的毛用水量。

（4）河道内用水指水力发电、航运、冲沙、防凌和维持生态环境等方面的用水。同一河道内的各项用水可以重复利用，应确定重点河段的主要用水项，并分析近年河道内用水的发展变化情况。

（5）在供用水调查统计的基础上，分析各项供用水的消耗系数和回归系数，估算耗水量、排污量和灌溉回归量；计算农业用水指标、工业用水指标、生活用水指标以及综合用水指标；对供用水有效利用率及其节水潜力作出评价。

农业用水指标包括净灌溉定额、综合毛灌溉定额、灌溉水利用系数等。工业用水指标包括水的重复利用率、万元产值用水量、单位产品用水量。生活用水指标包括城镇生活和农村生活用水指标,城镇生活用水指标用"人均日用水量"表示,农村生活用水指标分别按农村居民"人均日用水量"和牲畜"标准头日用水量"计算。

(三)水资源开发利用程度评价

在上述分析评价的基础上,需要对区域水资源的开发利用程度作一个综合评价。具体计算指标包括地表水资源开发率、平原区浅层地下水开采率、水资源利用消耗率。其中,地表水资源开发率是指地表水源供水量占地表水资源量的百分比,平原区浅层地下水开采率是指地下水开采量占地下水资源量的百分比,水资源利用消耗率是指用水消耗量占水资源总量的百分比。

在这些指标计算的基础上,综合水资源利用现状,分析评价水资源开发利用程度,说明水资源开发利用程度是较高、中等还是较低。

(四)水资源综合评价

水资源综合评价是在水资源数量、质量和开发利用现状评价以及对环境影响评价的基础上,遵循生态良性循环、资源永续利用、经济可持续发展的原则,对水资源时空分布特征、利用状况及与经济社会发展的协调程度所作的综合评价。

1. 水资源开发利用现状及其存在问题分析

以基准年经济社会指标和现有工程条件为依据,根据不同供水保证率的供水量和基准年实际用水量,按流域自上而下、先支流后干流分区进行供需平衡分析,对各分区和全流域的余缺水量作出评价,揭示水资源供需矛盾,以及水资源开发、利用、保护、管理方面存在的主要问题。对当地地表水、地下水开发利用程度进行分析,并结合现有的供水工程分布和控制状况,对当地水资源进一步开发潜力作出分析评价。水资源供需平衡分析方法详见第九章。

2. 水资源供需发展趋势分析

依据国民经济和社会发展五年计划及远景规划选取不同水平年;对不同水平年进行工业、农业、生活及环境需水预测;依据不同水平年经济、社会、环境发展目标以及可能的开发利用方案,进行不同保证率条件下地表水工程、地下水工程、再生水工程的可供水量预测。

开展不同水平年不同保证率下的水资源供需平衡分析;在此基础上,分析全区及不同分区不同水平年水资源供需发展趋势及其可能产生的各种问题,其中包括河道外用水和河道内用水的平衡协调问题、水污染问题、地下水环境问题、河流水生态问题。

3. 水资源开发利用对策与措施

在进行水资源综合评价的基础上,应结合评价区水资源开发利用中存在的问题,按照"全面节流、多方开源、厉行保护、强化管理、优化配置"的水资源开发利用方针,在开源、节流、保护和管理等方面提出宏观策略及具体措施,包括工程措施、水资源政策与管理措施。

课程思政教育

(1)通过水资源评价工作认知和工作需求的学习,培养学生的人文素养和辩证思维,让学生感受到开展水资源工作的意义和人生价值追求,培养学生勇于探索的精神。

(2)通过学习水资源评价方法和应用实例,提高学生对水利工作的整体认识,提升系统分析、综合分析问题的能力,培养学生严谨客观的科学态度和勇于探索的求实精神。

(3)通过学习水资源不同方面的评价方法和内容,培养学生从局部到整体,再从整体到不同维度的思维方式,促进学生运用辩证统一的哲学方法处理科学问题乃至生活事务。

思考题或习题

[1]简述水资源评价的意义及原则。

[2]分别介绍降水量、地表水资源、地下水资源评价的主要内容。

[3]列举某一类型区域,介绍地表水资源与地下水资源之间的重复计算量有哪些?

[4]阐述水资源量与水资源可利用量的关系,如何确定水资源可利用量?

[5]阐述单站径流量评价与区域水资源评价的区别和联系。

[6]叙述水质评价的主要内容及方法。

[7]某河道监测断面的水质监测结果如下:DO浓度为8.5 mg/L,COD_{Mn}浓度为6.38 mg/L,氨氮浓度为1.13 mg/L,镉浓度为0.005 mg/L,氟化物浓度为1.0 mg/L,石油类浓度为0.02 mg/L,总磷浓度为0.25 mg/L。试判断其水质类型。

[8]已知某地区某一年的水资源量数据(见表3-4),试计算其分区和全区的水资源总量、产水系数、干旱指数,并填入表3-4中。

表3-4 某地区某一年的水资源量已知数据

分区	面积/km^2	降水量/mm	水面蒸发量/mm	地表水资源量/万m^3	地下水资源量/万m^3	地表、地下重复量/万m^3	水资源总量/万m^3	产水系数	干旱指数
分区1	850.4	491.4	1 074.0	8 407.8	9 609.5	1 436.2			
分区2	863.1	447.1	1 024.5	7 083.1	8 934.3	2 446.1			
分区3	759.1	472.9	1 075.0	6 733.8	6 170.9	2 049.0			
全区总	2 472.6								

第四章　地表水资源利用途径及工程

地表水资源是人类开发利用最早、最多的一类水资源,由于地表水具有分布广、径流量大、开发方便等特点,自古以来开发利用最为广泛。本章将详细介绍有关地表水资源的开发利用途径、地表水取水构筑物特点、地表水输水工程的选择等相关知识。

第一节　地表水资源利用途径及主要工程

为满足经济社会用水需求,人们需要从地表水体取水,并通过各种输水措施传送给用户。除在地表水附近,大多数地表水体无法直接供给人类使用,需修建相应的水资源开发利用工程对水进行利用。

常见的地表水资源开发利用工程主要有河岸引水工程、蓄水工程、扬水工程和输水工程。

一、河岸引水工程

由于河流的种类、性质和取水条件各不相同,从河道中引水通常有两种方式:一是自流引水,二是提水引水。自流引水可采用有坝引水与无坝引水两种方式。

(一)自流引水

1. 无坝引水

当河流水位、流量在一定的设计保证率条件下,能够满足用水要求时,即可选择适宜的位置作为引水口,直接从河道侧面引水,这种引水方式就是无坝引水。在丘陵山区,若水源水位不能满足引水要求,亦可从河流上游水位较高地点筑渠引水(见图 4-1 中 A)。这种引水方式的主要优点是可以取得自流水头,主要缺点是引水口一般距用水地较远,渗漏损失较大,用水成本较高。

2. 有坝引水

当天然河道的水位、流量不能满足自流引水要求时,须在河道上修建壅水建筑物(坝或闸),抬高水位,以便自流引水,以保证所需的水量,这种取水形式就是有坝引水(见图 4-1 中 B)。

(二)提水引水

就是利用机电提水设备(水泵)等,将水位较低水体中的水提到较高处,满足引水需要(见图 4-1 中 C)。

二、蓄水工程

当河道的年径流量能满足人们用水需求,但其流量过程与人们所需的水量不相适应时,则需修筑拦河大坝,形成水库。水库具有径流调节作用,可根据年内或多年河道径流

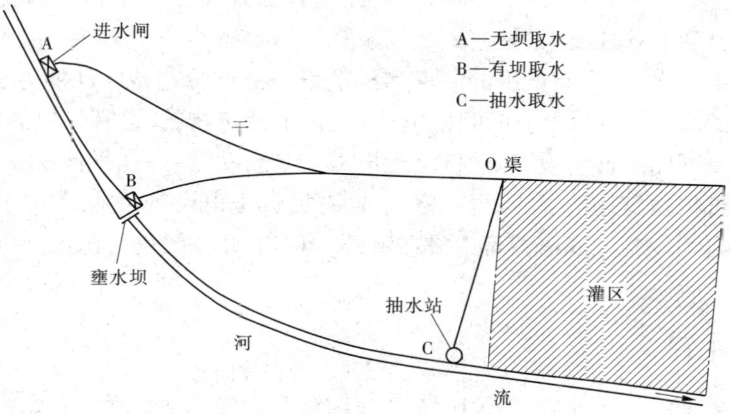

图 4-1　灌溉三种取水方式平面示意图

量,对河道内水量进行科学调节,以满足用水的需求。水库枢纽由三类基本建筑物组成。

(一)挡水建筑物

挡水建筑物是指拦河坝,一般按建筑材料分为土石坝、混凝土坝和浆砌石坝。土石坝可分为土坝和堆石坝。常见的混凝土坝的种类有重力坝、拱坝、支墩坝等。浆砌石坝可分为重力坝和拱坝等,因这种材料的坝体不利于机械化施工,故多用在中小型水库上。

(二)泄水建筑物

泄水建筑物主要用以宣泄多余水量,防止洪水漫溢坝顶,保证大坝安全。泄水建筑物有溢洪道和深式泄水建筑物两类。溢洪道是水库等水利建筑物的防洪设备,多筑在水坝的一侧,当水库里水位超过安全限度时,水就从溢洪道向下游流出,防止水坝被毁坏,通常由引水段、控制段、泄水槽、消能设备和尾水渠五部分组成。深式泄水建筑物有坝身泄水孔、水工隧洞和坝下涵管等,一般仅作为辅助的泄洪建筑物。

(三)引水建筑物

在水库引水建筑物中,常见的形式有水工隧洞、坝下涵管和坝体泄水孔等。水工隧洞和坝下涵管均由进口段、洞(管)身段和出口段组成。其不同之处在于水工隧洞开凿在河岸岩体内,坝下涵管在坝基上修建,涵管管身埋设在土石坝坝体下面。

三、扬水工程

扬水是指将水由高程较低的地点输送到高程较高的地点,或给输水管道增加工作压力的过程。扬水工程主要是指泵站工程,是利用机电提水设备(水泵)及其配套建筑物,给水增加能量,使其满足兴利除害要求的综合性系统工程。水泵与其配套的动力设备、附属设备、管路系统和相应的建筑物组成的总体工程设施称为水泵站,亦称扬水站或抽水站。扬水的工作程序为:高压电流→变电站→开关设备→电动机→水泵→吸水(从水井或水池吸水)→扬水。

用以提升、压送水的泵称为水泵。按其工作原理可分为两类:动力式泵和容积式泵。动力式泵是靠泵的动力作用使液体的动能、压能增加和转换完成的,属于这一类的有离心泵、轴流泵和旋涡泵等;容积式水泵对水流的压送是靠泵体工作室容积的变动来完成的,属于这一类的有活塞式往复泵、柱塞式往复泵等。

泵站主要由吸水井、设有机组的泵房和配电设备三部分组成。①吸水井的作用是保证水泵有良好的吸水条件,同时也可以当作水量调节建筑物;②设有机组的泵房包括吸水管路、管路、控制闸门及计量设备等,低压配电与控制启动设备一般也设在泵房内,各水管之间的联络管可根据具体情况,设置在室内或室外;③配电设备包括高压配电、变压器、低压配电及控制启动设备。变压器可以设在室外,但应有防护设施。除此之外,泵房内还应有起重等附属设备。

四、输水工程

在开发利用地表水的实践活动中,水源与用水户之间往往存在着一定的距离,这就需要修建输水工程。输水工程主要采用渠道输水和管道输水两种方式。其中,渠道输水主要用于农田灌溉,管道输水主要用于城市生产和生活用水。城市管道输水系统一般由输水管(渠)、配水管网、水压调节设施(泵站、减压阀)及水量调节设施(清水池、水塔、高地水池)等构成,其基本任务是安全合理地供应城乡人民生活、工业生产、保安防火、交通运输等各项用水,保证满足用水对水量、水质和水压的供水要求。

第二节　地表水取水构筑物介绍

地表水利用的一项重要工程是取水构筑物。由于地表水水源的种类、性质和取水条件各不相同,因而地表水取水构筑物有多种形式。按水源的种类分,地表水取水构筑物可分为河流、湖泊、水库、海水取水构筑物;按取水构筑物的构造形式分,地表水取水构筑物可分为固定式(岸边式、河床式、斗槽式)和移动式(浮船式、缆车式)两种。在山区河流上,则有带低坝的取水构筑物和底栏栅式取水构筑物。

一、固定式取水构筑物

固定式取水构筑物是地表水取水构筑物中较常用的类型,它包含种类较多,与移动式取水构筑物相比,它具有取水可靠、维护方便、管理简单以及适用范围广的优点,但其有投资较大、水下工程量较大、施工期长等缺点。

固定式取水构筑物有多种分类方式,按位置分为岸边式、河床式和斗槽式。其中,岸边式和河床式应用较为普遍,而斗槽式目前使用较少。

(一)岸边式取水构筑物

直接从岸边进水口取水的构筑物称为岸边式取水构筑物,它由进水间和泵房两部分组成。岸边式取水构筑物无须在江河上建坝,适用于当河岸较陡,主流近岸,岸边水深足够,水质和地质条件都较好,且水位变幅较稳定的情况,但水下施工工程量较大,且须在枯水期或冰冻期施工完毕。根据进水间与泵房是否合建,岸边式取水构筑物可分为合建式和分建式两种,分别如图4-2和图4-3所示。

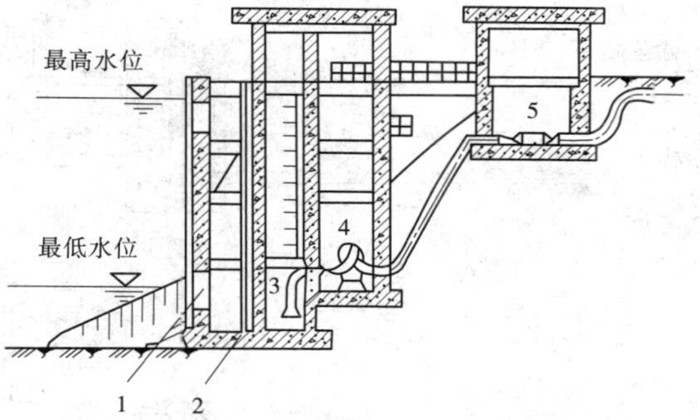

1—进水口;2—格网;3—集水井;4—泵房;5—阀门井。

图 4-2　合建式岸边取水构筑物(阶梯式布置)

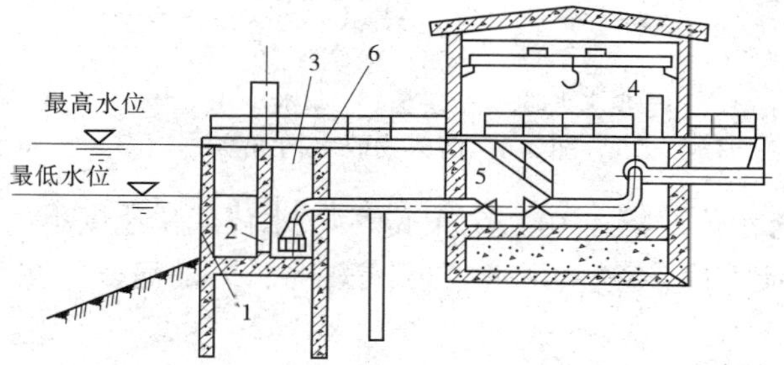

1—进水口;2—格网;3—集水井;4—泵房;5—阀门井;6—引桥。

图 4-3　分建式岸边取水构筑物

(二)河床式取水构筑物

从河心进水口取水的构筑物称为河床式取水构筑物。河床式取水构筑物与岸边式基本相同,但用伸入江河中的进水管(其末端设有取水头部)来代替岸边式进水间的进水孔,它主要由泵房、集水井、进水管和取水头部组成。其中,泵房和集水井的构造与岸边式取水构筑物的泵房和进水间基本相同。当主流离岸边较远,河床稳定、河岸较缓、岸边水深不足或水质较差,但河心有足够水深或较好水质时,适宜采用河床式取水构筑物。河床式取水构筑物根据集水井与泵房间的联系,可分为合建式与分建式,如图 4-4 所示。

二、移动式取水构筑物

在水源水位变幅大、供水要求急和取水量不大时,可考虑采用移动式取水构筑物(分为浮船式和缆车式)。

(一)浮船式取水构筑物

浮船式取水构筑物是将取水设备直接安置在浮船上,由浮船、锚固设备、联络管及输水斜管等部分组成。它的特点是构造简单,便于移动,适应性强,灵活性大,能经常取得含沙量较小的表层水,且无水下工程,投资省,上马快,浮船式取水需随水位的涨落拆换接头,移动船位,紧固缆绳,收放电线电缆,尤其水位变化幅度大的洪水期,操作管理更为频繁。浮船必须定期维护,且工作量大。浮船式取水构筑物的适用条件为河床稳定,岸坡适

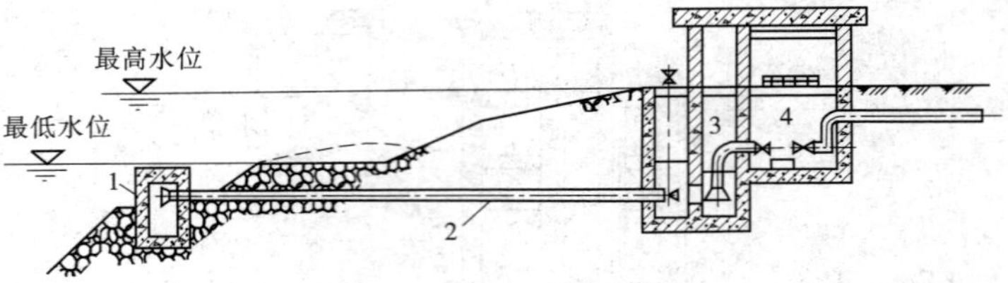

(a)合建式

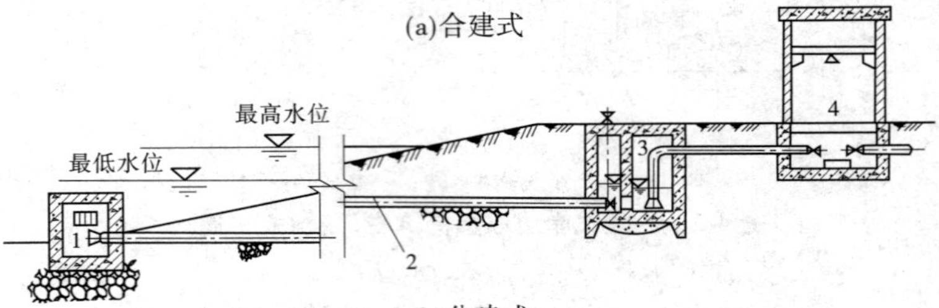

(b)分建式

1—取水头部;2—进水管;3—集水井;4—泵房。

图 4-4　河床式取水构筑物

宜,有适当倾角,河流水位变幅在10~35 m或更大,水位变化速度不大于2 m/h,枯水期水深不小于1.5 m,水流平稳、流速和风浪较小、停泊条件好的河段。在我国西南、中南等地区应用较广泛。

(二)缆车式取水构筑物

缆车式取水构筑物由泵车、坡道或斜桥、输水管和牵引设备等部分组成,如图4-5所示。缆车式取水构筑物用卷扬机绞动钢丝绳牵引泵车,使其沿坡道上升或下降,以适应河水的涨落,因此受风浪的影响小,能取得较好水质的水。

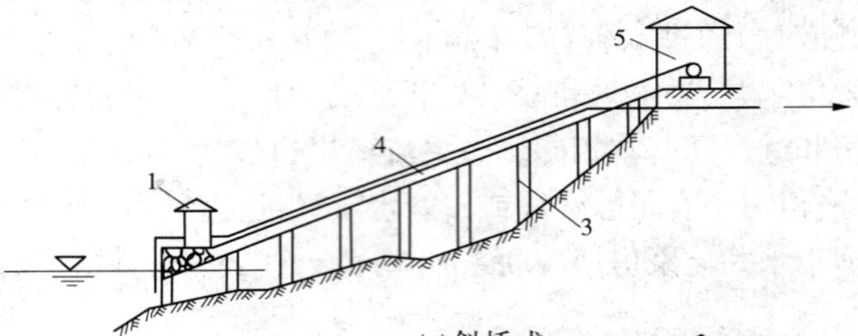

(a)斜桥式

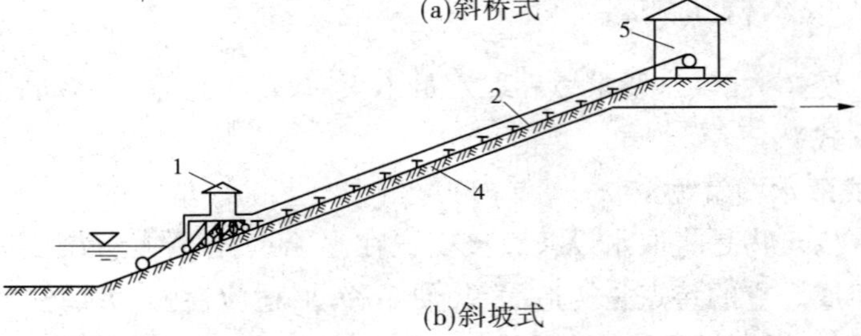

(b)斜坡式

1—泵车;2—坡道;3—支墩;4—输水管;5—绞车房。

图 4-5　缆车式取水构筑物

缆车式取水构筑物具有施工简单、水下工程量小、基建费用低、供水安全可靠等优点，适用于河流水位变幅为10～15 m，枯水位时能保证一定的水深，涨落速度小于2 m/h，无冰凌和漂浮物较少的情况。其位置宜选择在河岸岸坡稳定、地质条件好、岸坡倾角适宜的地段，如果河岸太陡，所需牵引设备过大，移车较困难；如果河岸太缓，则吸水管架太长，容易发生事故。

三、山区浅水河流取水构筑物

适合于山区浅水河流的取水构筑物形式有低坝取水、底栏栅取水、渗渠取水以及开渠引水等。这里只对低坝式取水和底栏栅式取水构筑物作简要介绍。

（一）低坝式取水构筑物

当山区河流水量特别小、取水深度不足时，或者取水量占枯水流量的比重较大（30%～50%以上）时，在不通航、不放筏、推移质不多的情况下，可在河流上修筑低坝以抬高水位和拦截足够的水量。低坝位置应选择在稳定河段上，坝的设置不应影响原河床的稳定性。取水口宜布置在坝前河床凹岸处。当无天然稳定的凹岸时，可通过修建弧形引水渠造成类似的水流条件。低坝有固定式和活动式两种。固定式低坝取水构筑物通常由拦河低坝、冲沙闸、进水闸或取水泵站等部分组成，如图4-6所示。

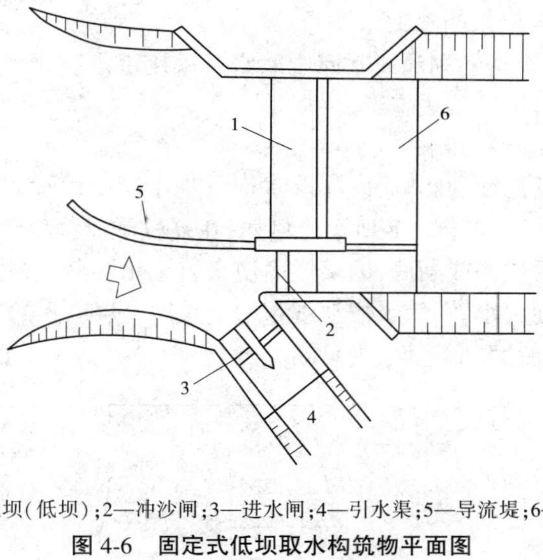

1—溢流坝（低坝）；2—冲沙闸；3—进水闸；4—引水渠；5—导流堤；6—护坦。

图4-6　固定式低坝取水构筑物平面图

活动式低坝在洪水期可以开启，减少上游淹没的面积，并能冲走坝前沉积的泥沙，枯水期能挡水和抬高上游的水位，因此采用较多，但维护管理较复杂。近些年来广泛采用的新型活动坝有橡胶坝、浮体闸等。

（二）底栏栅式取水构筑物

通过坝顶带栏栅的引水廊道取水，称为底栏栅式取水构筑物，它由拦河低坝、底栏栅、引水廊道、沉沙池、取水泵站等部分组成。在河床较窄、水深较浅、河床纵坡降较大、大颗粒推移质特别多的山溪河流，且取水量占河水总量的比例较大时采用，如图4-7所示。

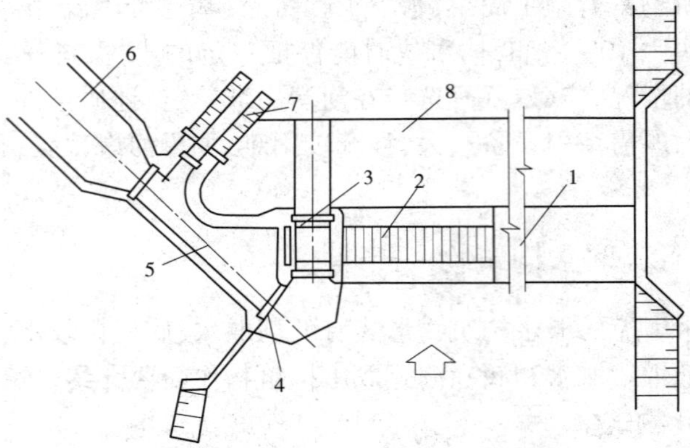

1—溢流坝(低坝);2—底栏栅;3—冲沙室;4—进水闸;
5—第二冲沙室;6—沉沙池;7—排沙渠;8—防洪护坦。

图 4-7　底栏栅式取水构筑物

四、湖泊和水库取水构筑物

考虑到湖泊和水库的特征不同,选择不同的取水构筑物,主要如下。

(一) 隧洞式取水和引水明渠取水

在水深大于 10 m 以上的湖泊或水库中取水可采用引水隧洞或引水明渠。隧洞式取水构筑物可采用水下岩塞爆破法施工。

(二) 分层取水的取水构筑物

为避免水生生物及泥沙的影响,应在取水构筑物不同高度设置取水窗。这种取水方式适宜于深水湖泊或水库,如图 4-8 所示。例如,在夏秋季节,表层水藻类较多,在秋末这些漂浮生物死亡沉积于库底或湖底,因腐烂而使水质恶化发臭。在汛期,暴雨后的地表径流带有大量泥沙流入湖泊水库,使水的浊度骤增。采用分层取水的方式,可以根据不同水深的水质情况,取得低浊度、低色度、无臭的水。

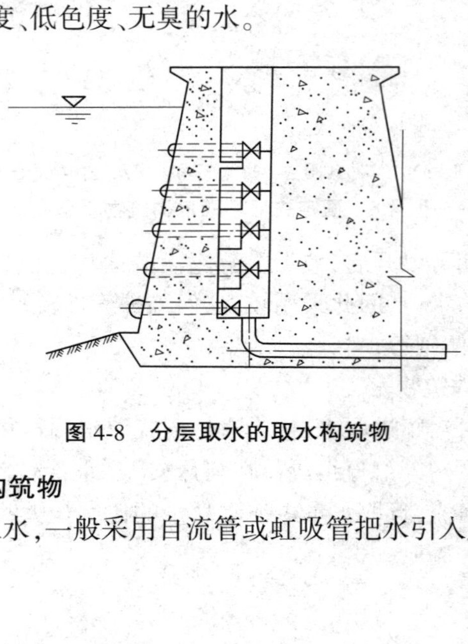

图 4-8　分层取水的取水构筑物

(三) 自流管式取水构筑物

在浅水湖泊和水库取水,一般采用自流管或虹吸管把水引入岸边深挖的吸水井内,然后水泵的吸水管直接从吸水井内抽水，泵房与吸水管可以合建，也可分建。

五、海水取水构筑物

考虑到海水取水的特征，选择不同的取水构筑物，主要如下。

(一)引水管渠取水

当海滩比较平缓时，可采用自流管或引水管渠取水，如图4-9所示。

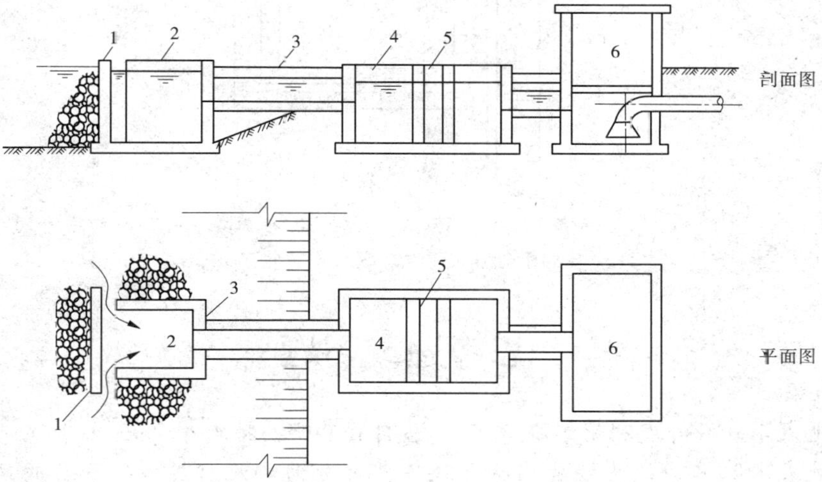

1—防浪墙；2—进水斗；3—引水渠；4—沉淀池；5—滤网；6—泵房。

图4-9　引水渠取海水的构筑物

(二)岸边式取水

在深水海岸，若地质条件及水质良好，可考虑设置岸边式取水，直接从岸边取水。

(三)潮汐式取水

如图4-10为在海边围堤修建蓄水池，在靠海岸的池壁上设置若干潮门。涨潮时，海水推开潮门，进入蓄水池。退潮时，潮门自动关闭，泵站从蓄水池取水。利用潮汐蓄水，可以节省投资和电耗。

课程思政教育

(1)通过学习地表水资源的特点及其开发利用途径，引导学生理解地表水资源的宝贵性和可持续利用的重要性。强调在开发利用地表水资源时要考虑到环境保护和生态平衡，激发学生对环境保护的责任感和使命感。

(2)通过地表水取水构筑物和输水工程的学习，让学生了解到在进行水利工程设计和建设时，不仅要考虑技术的先进性和经济的合理性，还要重视工程对社会、环境以及生态系统的影响。教育学生在未来的工作中要秉承工程伦理，确保工程安全、有效且环境友好，强化学生的社会责任感和职业道德观。

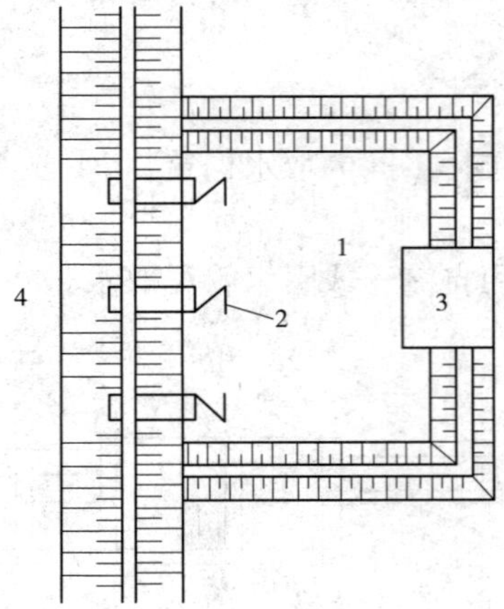

1—蓄水池;2—潮门;3—取水泵房;4—海湾。

图 4-10　潮汐式取水构筑物

思考题或习题

[1]地表水资源开发利用工程有哪些,各自具有哪些特点?

[2]地表水取水构筑物按其构造形式不同可分为哪几种类型? 各自的适用条件如何?

[3]岸边式取水构筑物的基本形式有哪些? 各有何特点? 适用条件如何?

[4]河床式取水构筑物的构造组成是怎样的? 常见的取水头部形式有哪些? 分别适用于什么场合?

[5]什么是浮船式取水构筑物? 有哪些特点?

[6]缆车式取水构筑物由哪几部分组成? 泵车设计有哪些要求?

[7]海水取水有何特点? 其常用的构筑物形式有哪几种?

第五章　地下水资源利用途径及工程

地下水资源在我国水资源利用中占有举足轻重的地位,由于地下水具有分布广、水质好、不易被污染、调蓄能力强、供水保证程度高等特点,目前已被全国各地广泛利用。本章将详细介绍有关地下水资源的利用途径、取水构筑物特点等相关知识。

第一节　地下水资源利用途径

合理利用地下水,对满足人类生活与生产需求以及维持生态平衡具有重要意义,特别是对于某些干旱半干旱地区,地下水更是其主要的甚至是唯一的水源。据统计,目前在我国的大中型城市中,北方70%、南方20%以地下水作为主要供水水源。此外,许多大中型能源基地、重化工企业和轻工企业均以地下水作为供水水源。

一、地下水资源利用途径

地下水的开发利用需要借助一定的取水工程来实现。取水工程的任务是从地下水水源地中取水,送至水厂处理后供给用户使用,它包括水源、取水构筑物、输配水管道、水厂和水处理设施(见图5-1)。其中,地下水取水构筑物与地表水取水构筑物差异较大,而输配水管道、水厂和水处理设施基本上与地表水供水设施一致。

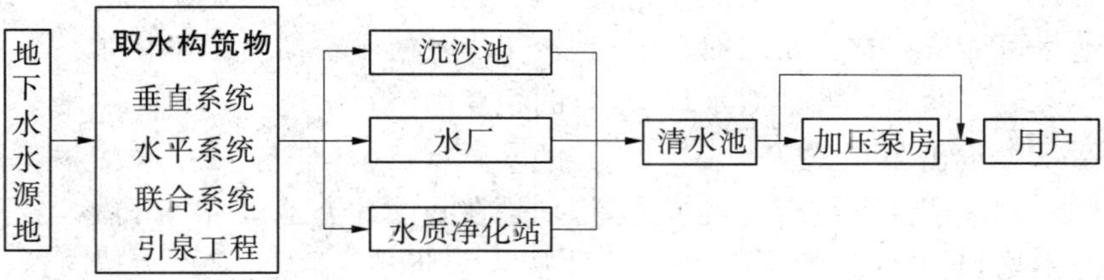

图5-1　地下水取水工程系统组合形式

地下水取水构筑物的形式多种多样,综合归纳可概括为垂直系统、水平系统、联合系统和引泉工程四大类型。当地下水取水构筑物的延伸方向基本与地表面垂直时,称为垂直系统,如管井、筒井、大口井、轻型井等各种类型的水井;当取水构筑物的延伸方向基本与地表面平行时,称为水平系统,如截潜流工程、坎儿井、卧管井等;将垂直系统与水平系统结合在一起,或将同系统中的几种联合成一个整体,便可称为联合系统,如辐射井、复合井等。

在修建取水工程之前,首先要对开采区开展水文地质调查,明确地下水水源地的特性,如是潜水还是承压水,是孔隙水、裂隙水还是岩溶水,进而选择经济合理、技术可行的取水构筑物(类型、结构与布置等)来开采地下水。

二、地下水资源的合理开发模式

不合理地开发利用地下水资源，会引发地质、生态、环境等方面的负面效应。因此，在地下水开发利用之前，首先要查清地下水资源及其分布特点，进而选择适当的地下水资源开发模式，以促使地下水开采利用与经济社会发展相互协调。下面介绍几种常见的地下水资源开发模式。

（一）地下水库开发模式

地下水库开发模式主要分布在含水层厚度大、颗粒粗，地下水与地表水之间有紧密水力联系，且地表水源补给充分的地区，或具有良好的人工调蓄条件的地段，如冲洪积扇顶部和中部。冲洪积扇的中上游区通常为单一潜水区，含水层分布范围广、厚度大，有巨大的储存和调蓄空间，且地下水埋深浅、补给条件好，而扇体下游区受岩相的影响，颗粒变细并构成潜伏式的天然截流坝，因此极易形成地下水库。地下水库的结构特征，决定了其具有易蓄易采的特点以及良好的调蓄功能和多年调节能力，有利于“以丰补歉”，充分利用洪水资源。目前，不少国家和地区，如荷兰、德国，英国的伦敦、美国的加利福尼亚州，以及我国的北京、淄博等城市都采用地下水库开发模式。

（二）傍河取水开发模式

我国北方许多城市，如西安、兰州、西宁、太原、哈尔滨、郑州等，其地下水开发模式大多是傍河取水型的。实践证明，傍河取水是保证长期稳定供水的有效途径，特别是利用地层的天然过滤和净化作用，使难以利用的多泥沙河水转化为水质良好的地下水，从而为沿岸城镇生活、工农业用水提供优质水源。在选择傍河水源地时，应遵循以下原则：①在分析地表水、地下水开发利用现状的基础上，优先选择开发程度低的地区；②充分考虑地表水、地下水富水程度及水质；③为减少新建厂矿所排废水对大中城市供水水源地的污染，新建水源地尽可能选择在大中城镇上游河段；④尽可能不在河流两岸相对布设水源地，避免长期开采条件下两岸水源地对水量、水位的相互削减。

（三）井渠结合开发模式

农灌区一般采用井渠结合开发模式，特别是在我国北方地区，由于降水与河流径流量在年内分配不均匀，与农田灌溉需水过程不协调，易形成“春夏旱”。为解决这一问题，发展井渠结合的灌溉，可以起到井渠互补、余缺相济和采补结合的作用。实现井渠统一调度，可提高灌溉保证程度和水资源利用效率，不仅是一项见效快的水利措施，而且也是调控潜水位、防治灌区土壤盐渍化和改善农业耕作环境的有效途径。经内陆灌区多年实践证明，井渠结合灌溉模式具有如下效果：一是提高灌溉保证程度，缓解或解决了春夏旱的缺水问题；二是减少了地表水引水量，有利于保障河流在非汛期的生态基流；三是可通过井灌控制地下水位，改良盐渍化。

（四）排供结合开发模式

在采矿过程中，由于地下水大量涌入矿山坑道，往往使施工复杂化和采矿成本增高，严重时甚至威胁矿山工程和人身安全，因此需要采取相应的排水措施。例如，我国湖南某煤矿，平均每采 1 t 煤，需要抽出地下水 130 m^3 左右。矿坑排水不仅增加了采矿的成本，而且造成地下水资源的浪费，如果矿坑排水能与当地城市供水结合起来，则可起到一举两得的效果,目前在我国已有部分城市(如郑州、济宁、邯郸等),将矿坑排水用于工业生产、农田灌溉,甚至是生活用水等用途。

(五)引泉模式

在一些岩溶大泉及西北内陆干旱区的地下水溢出带可直接采用引泉模式,为工农业生产提供水源。大泉一般出水量稳定,水中泥沙含量低,适宜直接在泉口取水使用,或在水沟修建堤坝,拦蓄泉水,再通过管道引水,以解决城镇生活用水或农田灌溉用水。这种方式取水经济,一般不会引发生态环境问题。

以上是几种主要地下水开发模式,实际中远不止上述几种,可根据开采区的水文地质条件来选择合适的开发模式,使地下水资源开发与经济社会发展、生态环境保护相协调。

第二节　地下水取水构筑物介绍

地下水取水构筑物是地下水开发利用工程的主体,选择合适的取水构筑物可达到省时省力、经济适用的效果,本节将介绍几种常见的地下水取水构筑物。

一、管井

管井是地下水取水构筑物中应用最广泛的一种,因其井壁和含水层中进水部分均为管状结构而得名。通常用凿井机械开凿,故又俗称机井。按其过滤器是否贯穿整个含水层,可分为完整井(贯穿整个含水层)和非完整井(穿过含水层的一部分)。

管井主要由井室、井壁管、过滤器及沉沙管构成,如图 5-2 所示。当有几个含水层且各层水头相差不大时,可用多过滤器管井,如图 5-2(b)所示。在抽取稳定的基岩中的岩溶水、裂隙水时,管井也可不装井壁管和过滤器。

井室位于最上部,用以保护井口、安装设备、进行维护管理。井室的构造应满足室内设备的正常运行要求,应有一定的采光、采暖、通风、防水、防潮设施,应符合卫生防护要求。具体实施措施如下:井口要用优质黏土或水泥等不透水材料封闭,一般不少于 3 m,并应高出井室地面 0.3~0.5 m,以防止井室积水流入井内。

井壁管也称井管,是为了保护井壁不受冲刷、防止不稳定岩层的塌落、隔绝水质不良的含水层而设。由于受到地层及人工填砾的侧压力,故要求它应有足够的强度,并保持不弯曲,内壁平滑、圆整,以利于安装抽水设备和井的清洗、维修。井管可以是钢管、铸铁管、钢筋混凝土管、石棉水泥管、塑料管等。一般情况下,钢管适用的井深范围不受限制,但随着井深的增加应相应增大壁厚。铸铁管一般适用于井深小于 250 m 的范围,它们均可用管箍、丝扣或法兰连接。钢筋混凝土管一般井深不得大于 150 m,常用管顶预埋钢板圈焊接连接。井管直径应按水泵类型、吸水管外形尺寸等确定。

过滤器是管井的重要组成部分。它连接于井管,安装在含水层中,用以集水和保持填砾与含水层的稳定。它的构造、材质、施工安装质量对管井的出水量、含沙量和工作年限有很大影响,所以是管井构造的核心。对过滤器的基本要求是:具有较大的孔隙度和一定的直径,有足够的强度和抗蚀性,能保持人工填砾和含水层的稳定性,成本低廉。过滤器主要由过滤骨架和过滤层组成。过滤骨架起支撑作用,在井壁稳定的基岩井中,也可直接

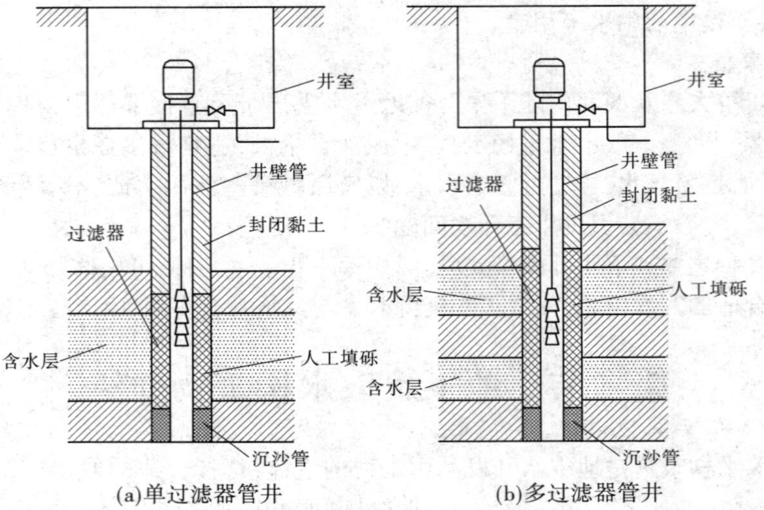

图 5-2　管井的一般构造

用作过滤器。过滤层起过滤作用。过滤器应安装在主要含水层的主要进水段,同时还应考虑井内动水位深度。

沉沙管位于井管的最下端,用以沉积涌入井内的沙粒,防止沉沙堵塞过滤器,长度一般不少于 2~3 m,如果含水层中多粉细沙时,可适当加长;人工封闭物是为了防止地表污水、污物及水质不良地下水污染含水层而设置的隔离层,一般采用优质黏土,如果要求较高,也可选用水泥封闭。

二、大口井

大口井因其井径大而得名,它是开采浅层地下水的一种主要取水构筑物,成为我国除管井之外的另一种应用比较广泛的地下水取水构筑物。小型大口井构造简单、施工简便易行、取材方便,故在农村及小城镇供水中广泛采用,在城市与工业的取水工程中则多用大型大口井。对于埋藏不深、地下水位较高的含水层,大口井与管井的单位出水能力的投资往往不相上下,这时取水构筑物类型的选择就不能单凭水文地质条件及开采条件,而应综合考虑其他因素。

大口井的优点是:不存在腐蚀问题,进水条件较好,使用年限较长,对抽水设备形式限制不大,如有一定的场地且具备较好的施工技术条件,可考虑采用大口井。我国大口井的直径一般为 4~8 m,井深一般在 12 m 以内,很少超过 20 m。大口井大多采用不完整井形式,虽然施工条件较困难,但可以从井筒和井底同时进水,以扩大进水面积,而且当井筒进水孔被堵后,仍可保证一定的进水量。但是,大口井对地下水位变动适应能力很差,在不能保证施工质量的情况下会拖延工期、增加投资,亦易产生涌沙(管涌或流沙现象)、堵塞问题。在含铁量较高的含水层中,这类问题更加严重。

大口井主要是由上部结构、井筒及进水部分组成,如图 5-3 所示。

上部结构布设主要取决于水泵站是与大口井分建还是合建,而这又取决于井水位

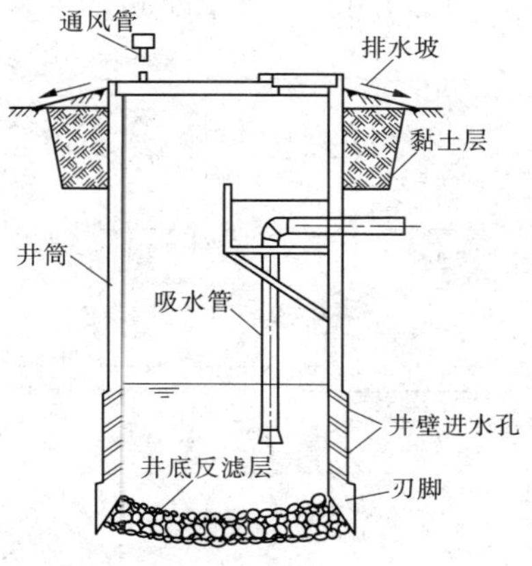

图 5-3　大口井的构造

(动水位与静水位)的变化幅度、单井出水量、水源供水规模及水源系统布置等因素。如果井水位的下降幅度较小、单井出水量大、井的布置分散、仅 1~2 口井即可达到供水规模要求,可考虑泵站与井合建。当地下水位较低或井水位变化幅度大时,为避免合建泵房埋深过大,使上部结构复杂化,可考虑采用深井泵取水。泵房与大口井分建,则大口井井口可仅设井室或者只设盖板,后一种情况适合在低洼地带(河滩或沙洲)修建,可经受洪水的冲刷和淹没(需设法密封)。由于大口井直径大,含水层浅,容易受到污染,因此应特别要做好井口的污染防治工作。

井筒包括井中水面以上和水面以下两部分,用钢筋混凝土、砖、石条等砌成。井筒是大口井的主体,用以加固围护井壁,支撑井外土层,形成大口井的腔室,同时也起到隔离不良含水层的作用。井筒的直径应根据出水量计算、允许流速校核及安装抽水设备的要求来确定。井筒的外形通常呈圆筒形、截头圆锥形、阶梯圆筒形等。

进水部分包括井壁进水孔(或透水井壁)和井底反滤层。井壁进水孔是在井筒上开设水平或向外倾斜的孔洞,并在孔洞内填入一定级配的砾石反滤层,形成滤水阻沙的进水孔。透水井壁由无砂混凝土制成。有砌块构成或整体浇筑等形式,每隔 1~2 m 设一道钢筋混凝土圈梁,以加强井壁强度。其结构简单、制作方便、造价低,但在细粉沙地层和含铁地下水中易堵塞。由于井壁进水孔易堵塞,多数大口井主要依靠井底进水,即将整个井底做成透水的砾石反滤层,形成透水井底,在这一过程中井底反滤层的质量极为重要。反滤层通常做成锅底状,分 3~4 层铺设,每层厚 200~300 mm。在铺设反滤层时,砾石自下向上逐渐变粗,最下层粒径应与土层颗粒粒径相适应。大口井能否达到应有的出水量,井底反滤层质量是重要因素,如反滤层铺设厚度不均匀或滤料不合规格都有可能导致堵塞和翻沙,使出水量下降。

三、复合井

复合井由非完整大口井和井底下设管井过滤器组成。实际上,它是一个大口井和管井组合的分层或分段取水系统(见图 5-4)。它适用于地下水水位较高、厚度较大的含水层,能充分利用含水层的厚度,增加井的出水量。实验证明,当含水层厚度大于大口井半径 3~6 倍,或含水层透水性较差时,采用复合井出水量增加显著。

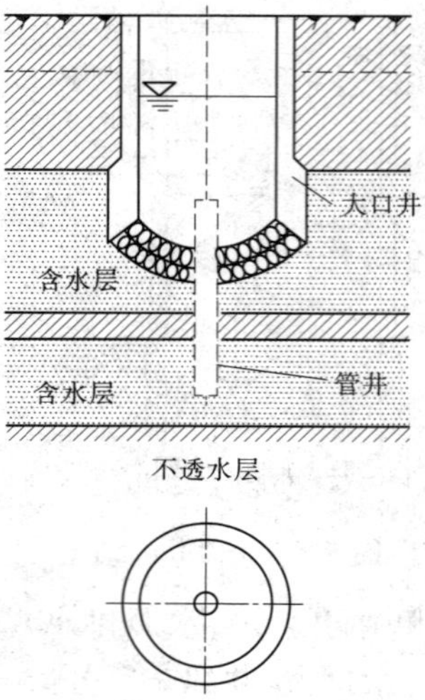

图 5-4　复合井

四、辐射井

辐射井是由集水井(垂直系统)及水平的或倾斜的进水管(水平系统)联合构成的一种井型,属于联合系统的范畴。因水平进水管是沿集水井半径方向铺设的辐射状渗入管,故称这种井为辐射井。由于扩大了进水面积,其单井出水量为各类地下水取水构筑物之首。高产的辐射井日产水量可达 10 万 m^3 以上。因此,也可作为旧井改造和增大出水量的措施。

辐射井是一种适应性较强的取水构筑物,一般不能用大口井开采的、厚度较薄的含水层,以及不能用渗渠开采的厚度薄、埋深较大的含水层,均可用辐射井开采。此外,辐射井还具有管理集中、占地省、便于卫生防护等优点。辐射井的缺点是:施工难度较高,施工质量和施工技术水平直接影响出水量的大小。

按集水井本身取水与否,将辐射井分为集水井井底与辐射管同时进水和集水井井底封闭仅辐射管进水两种形式。前者适用于厚度较大的含水层。

按辐射管铺设方式,辐射井有单层辐射管和多层辐射管两种。如图 5-5 所示为集水井井底封闭的单层辐射管的辐射井构造。

辐射管是直径为 50~250 mm 的穿孔管,当管径为 50~75 mm 时管长不超过 10 m,管径为 100~250 mm 时管长不超过 30 m,辐射管孔眼可用圆孔或条形孔。孔眼应交错排列,开孔率 15%~20%,在靠近集水井 2~3 m 的集水管上不设穿孔。辐射管尽量布置在集水井的底部,一般距井底 1 m 左右,以保证在大水位降条件下取得最大的出水量。

五、渗渠

渗渠是水平铺设在含水层中的穿孔渗水管渠。渗渠可分为集水管和集水廊道两种形

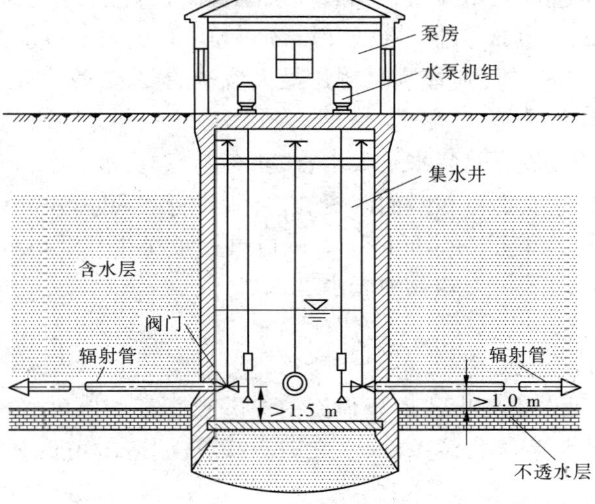

图 5-5　辐射井的构造

式；同时也有完整式和非完整式之分。集水廊道由于造价高，很少采用。渗渠由于是水平铺设在含水层中的，也称水平式取水构筑物。

渗渠主要是依靠较大的长度来增加出水量，因而埋深不宜大，一般为 4~7 m，很少超过 10 m。它适宜于开采埋深小于 2 m、含水层厚度小于 6 m 的浅层地下水。常平行埋设于河岸或河漫滩，用以汲取河流下渗水或河床潜流水。

渗渠的优点是既可截取浅层地下水，也可汲取河床地下水或地表渗水，渗渠水经过地层的渗滤作用，悬浮物和细菌含量少，硬度和矿化度低，兼有地表水与地下水的优点；渗渠可以满足北方山区季节性河段全年取水的要求。其缺点是施工条件复杂、造价高、易淤塞，常有早期报废的现象，应用受到限制。

渗渠由渗水管渠、集水井和检查井组成，如图 5-6 所示。

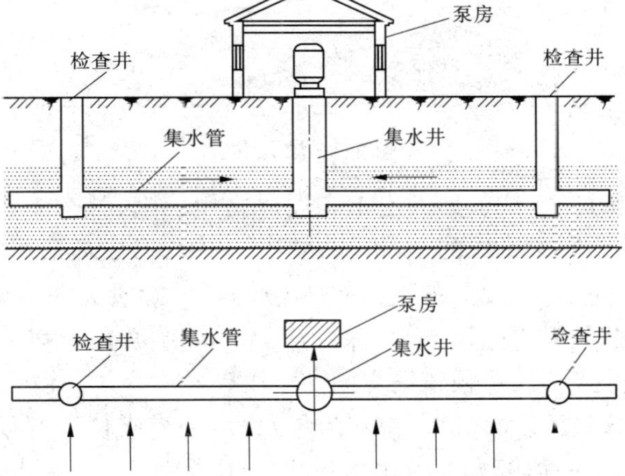

图 5-6　渗渠

渗水管渠常采用钢筋混凝土或混凝土管,也可采用浆砌石或装配式混凝土配件砌筑成城门洞形暗渠,小水量也可采用铸铁管和石棉水泥管。在管渠的上 1/3~1/2 范围内开设进水孔,孔眼为直径 20~30 mm 的圆孔或 20 mm×(60~100)mm 的条孔,管外填 3~4 层人工反滤层。管渠的直径和坡度应能满足输送最大流量的要求,管内充满度为 0.4~0.8,流速 0.5~0.8 m/s。

集水井用以汇集管渠来水,安装水泵吸水管,兼有调节、蓄水和沉沙作用。

检查井设置在管渠末端、拐弯和断面改变处,直线段每隔 30~50 m 设一个检查井,以便于清理、检修。检查井下部直径不小于 1 m,进口直径不小于 0.7 m。检查井和集水井都应做好卫生防护,防止地表污染物或地表水进入。

六、坎儿井

坎儿井是我国新疆地区把各山溪地表径流由戈壁长距离引入灌区的手段,以及在缺乏提水机械的情况下,根据当地自然条件、水文地质特点,创造出用暗渠引取地下潜流,进行自流灌溉的一种特殊水利工程。

坎儿井按其成井的水文地质条件来划分,可分为三种类型:一是山前潜水补给型,此类坎儿井直接截取山体前侧渗出的地下水,集水段较短;二是山溪河流河谷潜水补给型,此类坎儿井集水段较长,出水量较大,在吐鲁番、哈密地区分布较广;三是平原潜水补给型,此类坎儿井分布在灌区内,水文地质条件差,出水量也较小。

坎儿井的布设,大致顺冲积扇的地面坡降,即地下潜流的流向,与之相平行或斜交。其构造由竖井、暗渠、明渠和涝坝(小型蓄水池)四部分组成,如图 5-7 所示。

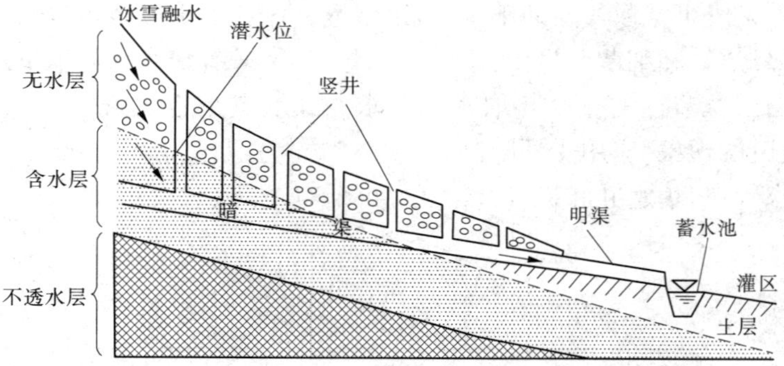

图 5-7　坎儿井

竖井是开挖暗渠时供定位、进入、出土和通风之用,并为整个工程完成后检查维修之用的人工开挖竖井。开挖时所取的土,堆积在竖井周围,形成环形小土堆,可以防止一般地表水入侵。竖井的间距,一般上游段为 60~100 m,中游段为 30~60 m,下游段为 10~30 m。竖井深度,上游段为 40~70 m,最深可达 100 m,中游段为 20~40 m,下游段为 3~15 m。其断面一般为矩形,长边顺暗渠方向。

暗渠也称集水廊道或输水廊道。首部为集水段,在潜水位下开挖,引取地下潜流,每段长为 5~100 m。位于冲积扇上部的坎儿井,因土层多沙砾石,含水层较丰富,其集水段较短;而冲积扇中部以下的坎儿井,集水段较长。集水段以下的暗渠为输水部分,一般在潜水位上干土层内开挖。暗渠的纵坡,比当地潜水位的纵坡要平缓,所以在集水段延伸一定距离后,可高出潜水位。暗渠的总长度,视潜水埋藏深度、暗渠纵坡和地面坡降而定,一般 3~5 km,最长的超过 10 km。暗渠断面,除满足引水流量的需要外,主要根据开挖操作的要求来设计,通常采用窄深式,宽为 0.5~0.8 m,高为 1.4~1.7 m。明渠与一般渠道设计基本相同,横断面多为梯形,坡度小,流速慢。暗渠与明渠相接处称龙口,龙口以下接明渠。

涝坝又称蓄水池,用以调节灌溉水量、缩短灌溉时间、减少输水损失。涝坝面积不等,通常为 600~1 300 m^2,水深 1.5~2 m。

七、渗流井

渗流井是一种汲取河流渗漏补给量的新技术,是利用天然河床砂砾石层的净化作用,将河水转化为地下水,以获得水资源的取水工程。

渗流井由竖井、平巷、硐室和辐射孔(渗流孔)四部分组成,是一种结构较为复杂的地下水取水建筑物,如图 5-8 所示。每个渗流井视具体情况一般包含若干个硐室,在各硐室的顶部及侧面一般向上或侧上方向上施工若干辐射孔,辐射孔伸入到河谷区的主要含水段内;硐室间距约 50 m,之间通过平巷连接,平巷断面一般 2 m×2.5 m;整个平巷-硐室-辐射孔结构体系位于河床之下的地层之中,而竖井则位于河岸边,竖井一般净径 3~5 m,通过平巷与该结构体系相连,竖井即为渗流井的取水点。

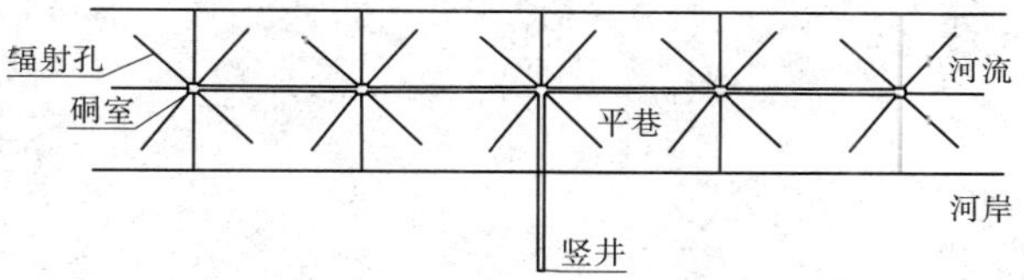

平面示意图

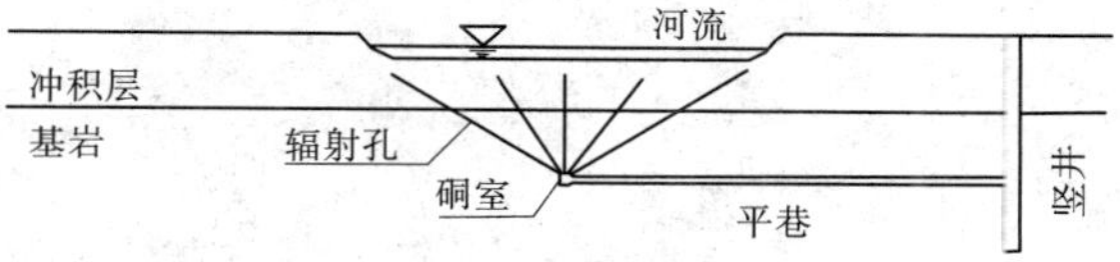

剖面示意图

图 5-8　渗流井结构示意图

渗流井的优点是既可以充分截取地下水的潜流,激发地表水的补给,又不用增设人工滤层,而且水质好,维护方便,运行成本低;采用天然滤床渗流井开采地下水不会产生大面积“降落漏斗”。

课程思政教育

(1)通过对地下水资源的开发利用途径和优点的学习,引导学生深刻理解地下水资源的重要性及其在我国水资源体系中的不可替代性。强调地下水资源的合理开发模式，教育学生认识到过度开采地下水资源可能导致的负面影响，从而激发学生保护地下水资源的意识。

(2)通过讲授地下水取水构筑物及其选择和布局，强调工程设计和实施过程中科学决策的重要性，教育学生如何结合地质、水文、环境等多方面因素，进行综合分析和科学决策，以确保地下水资源的高效和可持续利用。

(3)通过对地下水资源利用工程的学习，引导学生认识到其关系到人民群众的生活和国家的发展，通过讲述在地下水资源保护和利用中涌现出的先进集体和个人的事迹，激发学生的爱国情感和社会责任感，引导学生内化社会主义核心价值观，努力成为对社会有用的人才。

思考题或习题

[1]管井由哪几部分组成？有何作用？

[2]大口井由哪几部分组成？有何作用？

[3]简要叙述地下水不同取水构筑物的特点和适用范围。

第六章　生活用水

生活用水是与人类生存最密切、最重要的一类用水，其对水量、水质的要求也较高，具有一些独特特征。本章专门介绍生活用水的相关知识，主要内容包括生活用水概念、生活用水途径、生活用水量计算、我国生活用水状况介绍、生活节水等。

第一节　生活用水概述

一、生活用水的概念

生活用水是人类日常生活及其相关活动用水的总称。生活用水分为城市生活用水和农村生活用水。

（一）城市生活用水

（1）城市生活用水是指城市用水中除工业（包括生产区生活用水）外的所有用水，简称生活用水，有时也称为大生活用水、综合生活用水、总生活用水。它包括城市居民住宅用水、公共建筑用水、市政用水、环境景观和娱乐用水、供热用水及消防用水等。

（2）城市居民住宅用水是指城市居民（通常指城市常住人口）在家中的日常生活用水，有时也称为居民生活用水、居住生活用水等。它包括冲洗卫生洁具（冲厕）、洗浴、洗涤、饮用烹调、饮食、清扫、庭院绿化、洗车以及漏失水等。

（3）公共建筑用水是指包括机关、办公楼、商业服务业、医疗卫生部门、文化娱乐场所、体育运动场馆、宾馆饭店、学校等项设施用水，还包括绿化和道路浇洒用水。

（4）市政、环境景观和娱乐用水是指包括浇洒街道及其他公共活动场所用水，绿化用水，补充河道、人工河湖、池塘及用以保持景观和水体自净能力的用水，人工瀑布、喷泉用水，划船、滑水、涉水、游泳等娱乐用水，融雪、冲洗下水道用水等。

（5）消防用水是指扑灭城市或建筑物火灾需要的水量。其用水量与灭火次数、火灾延续时间、火灾范围等因素有关；必须保证足够的水量；根据火灾发生的位置高低，还必须保证足够的水压。

（二）农村生活用水

农村生活用水可分为日常生活用水和家畜用水。前者与城镇居民日常生活的室内用水情况基本相同，只是由于城乡生活条件、用水习惯等有差异，仅表现在用水量方面差别较大。虽然随着社会的发展，农村生活水平的提高，商店、文体活动场所等集中用水设施也在逐渐增多，但用水量还相对较小。

二、生活用水的特征

（1）用水量增长较快。新中国成立初期城市居民较少、生活水平低，用水量较少。随着时间的推移,年总用水量和人均用水量逐步增加,全国每年以平均 3%~6%的速度增长。

(2)用水量时程变化较大。城市生活用水量受城市居民生活、工作条件及季节、温度变化的影响,其时程变化呈现早、中、晚三个时段用水量比其他时段高的时变化;一周中周末用水量比正常周一至周五多的日变化;夏季最多、春秋次之、冬天最少的年变化。

(3)供水保证率要求高。供水年(历时)保证率是供水得到保证的年份(历时)占总供水年份(历时)的百分比。生活用水量能否得到保障,关系到人们的正常生活和社会的安定,根据城市规模及取水的重要性,一般取枯水流量保证率 90%~97%为供水保证率。

(4)对水质要求高。一是饮用水水质标准不断提高。我国卫生部于 1959 年制定生活饮用水水质指标 16 项,1976 年增加到 23 项,1985 年改为 35 项,2006 年颁布(2007 年 7 月 1 日实施)的新标准增加为 106 项。二是供水水质的要求越来越高。随着科技的进步,检测技术的提高,对水中有害物质有了进一步的了解,同时随着物质生活水平的提高,人们要求饮水水质既无害,又有益,如人们偏好饮用矿泉水。

(5)用水浪费依然存在。首先,在城市生活用水中,由于管网陈旧、用水器具及设备质量差、结构不合理、用水管理松弛,造成了用水过程中的“跑、冒、滴、漏”。目前大多数城市供水管网损失率在 5%~10%,有的城市高于 10%,仅管网漏失一项,全国城市自来水供水每年损失约 15 亿 m^3。其次,空调、洗车等杂用水大量使用新水,重复利用率低也造成了用水浪费。最后,用水单位和个人节水观念淡薄、不好的用水习惯也是用水浪费的原因之一。当然,随着我国节水优先战略的实施,用水效率得到相当大的提升。

三、生活用水的水量、水质和水压

生活用水量的多少随着当地的气温、生活习惯、房屋卫生设备条件、供水压力等有所不同。可参照我国《室外给水设计标准》(GB 50013—2018)所定的生活用水量定额。

生活饮用水的水质关系到人体健康,必须做到外观无色透明、无臭无味、不含致病微生物,以及其他有害健康的物质。我国《生活饮用水卫生标准》(GB 5749—2022)中,从感官性状、化学指标、毒理学指标和细菌性指标和放射线指标等方面,对生活饮用水水质标准作出明确的规定。

为了用户使用上的需要,生活用水管网必须保证一定的水压,通常称作最小服务水头(从地面算起)。

第二节　生活用水途径

一、生活给水系统

生活给水系统是由保证城市生活和农村生活用水的各项构筑物(如水池、水塔等)的输配水管网组成的系统。其基本任务是经济合理、安全可靠地供给城市、小城镇、农村居民生活用水和用以保障人们生命财产的消防用水,以满足对水量、水质和水压的要求。

给水系统一般由取水工程、净水工程和输配水工程三部分组成。

(1)取水工程。用来从地表水源或地下水源取水,并输入到输配水工程的构筑物。它包括地表水取水头部、一级泵站和水井、深井泵站。

(2)净水工程。其主要任务是满足用户对水质的要求。因此,需建造水处理建筑物,对天然水进行沉淀、过滤、消毒等处理。

(3)输配水工程。其主要任务是将符合用户要求的水量输送、分配到各用户,并保证水压要求。因此,需建造二级泵站,铺设输水管道、配水管网,设置水塔、水池等调节建筑物。

如图 6-1 所示为以地表水为水源的给水系统。取水构筑物 1 从江河取水,经一级泵站 2 送往水处理构筑物 3,处理后的清水贮存在清水池 4 中。二级泵站 5 从清水池 4 中取水,经输水管 6 送往管网 7 供应用户。一般情况下,从取水构筑物到二级泵站都属于自来水厂的范围。有时为了调节水量和保持管网的水压,可根据需要建造水库泵站、水塔或高地水池。

以地下水为水源的给水系统,常用管井等取水。如地下水水质符合生活饮用水卫生标准,可省去水处理构筑物,从而使给水系统简化,如图 6-2 所示。

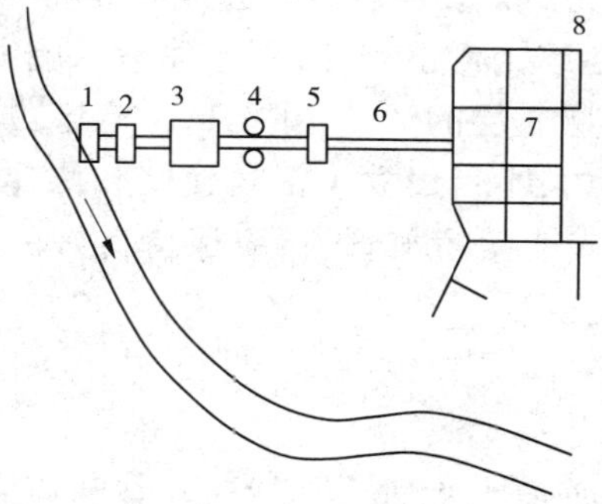

1—取水构筑物;2— 一级泵站;3—水处理构筑物;4—清水池;5—二级泵站;6—输水管;7—管网;8—水塔。

图 6-1 地表水源给水系统

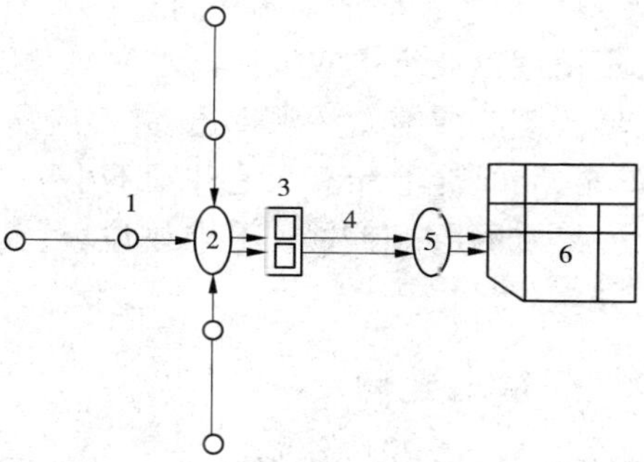

1—管井群;2—集水管;3—泵站;4—输水管;5—水塔;6—管网。

图 6-2 地下水源给水系统

二、给水水源

为生活用水供应的水源有地下水源和地表水源。

地下水源包括上层滞水、潜水、承压水、裂隙水、岩溶水和泉水等。地下水水质清澄,且水源不易受外界污染和气温影响,一般宜作为生活饮用水的水源。但地下水也有缺点,一般含矿物盐类较高,硬度较大,有时含过量铁、锰、氟等。地下水铁、锰、氟含量超过生活饮用水卫生标准时,需经过除铁、除锰和除氟处理后方可使用。

地表水源包括江河水、湖泊水、水库水以及海水等。江河水流程长、汇水面积大,受降雨和地下水的补给,水量大。但水中悬浮物和胶态杂质含量较多,易受工业废水、生活污水及其他各种人为污染。湖泊和水库水体大,主要由河水补给,水量充分,水质与河水类似。但由于湖泊(或水库)水流动性小,贮存时间长,经过长期自然沉淀,浊度较低。湖水一般含藻类较多,使水产生色、臭、味。由于湖水不断得到补给又不断蒸发浓缩,故含盐量往往比河水高。咸水湖的水不宜生活饮用。海水含盐量高,而且所含各种盐类或离子的重量比例基本上一定,这是海水与其他天然水源不同的一个显著特点。海水一般须经淡化处理才可作为居民生活用水。

一般对于用水量小、供水安全要求低的乡镇供水系统,应优先采用水质好的地下水、水库水作为水源。对用水量大、供水安全要求高的城市供水系统,应优先采用河流、湖泊等地表水源,这将有利于地下水资源的保护和合理开发,提高供水安全可靠性。除此之外,还要按照水源水量、水质和地形地貌及用水户的分布等,综合分析选择出水量稳定、水质达标、综合效益好的水源。

为了保护水源水质不受污染,一般应设置防护地带。现行《生活饮用水卫生规程》对城市集中给水水源的卫生防护带的要求是:取水点周围半径不小于 100 m 的水域内,不停靠船只、游泳、捕捞和从事一切可能污染水源的活动;河流取水点上游 1 000 m 至下游 100 m 水域内,不排入工业废水和生活污水;其沿岸防护范围内,不堆放废物,不设置有害化学物品的仓库或堆栈,不设立装卸垃圾、粪便和有毒物品的码头;沿岸农田不使用工业废水或生活污水灌溉及施用持久性或剧毒的农药,并禁止放牧;在单井或井群的影响半径内,不使用工业废水或生活污水灌溉和施用持久性或剧毒性农药,不修建渗水厕所、渗水坑、堆放废渣或铺设污水管道,并不应从事破坏深层土层的活动;在水厂生产区或单独设立的泵站、沉淀池和清水池外围不小于 10 m 范围内,不得设立生活居住区和修建禽畜饲养场、渗水厕所、渗水坑,不堆放垃圾、粪便、废渣或铺设污水管道;应保持良好的卫生状况,并充分绿化。

三、给水处理

给水处理的任务是通过必要的处理方法以改善原水水质,使之符合生活饮用或工业使用所要求的水质。水处理方法应根据水源水质和用户对水质的要求确定。在给水处理中,有的处理方法除具有某一特定的处理效果外,往往也直接或间接地兼收其他处理效果。为了达到某一处理目的,往往几种方法结合使用。

以地表水作为水源时,生活饮用水处理工艺流程通常包括混合、絮凝、沉淀或澄清、过滤及消毒。其中混凝沉淀(或澄清)及过滤为水厂中主体构筑物,两者兼备,习惯上常称为二次净化,工艺流程见图 6-3。以地下水作为水源时,由于水质较好,通常不需任何处理,仅经消毒即可,工艺简单。

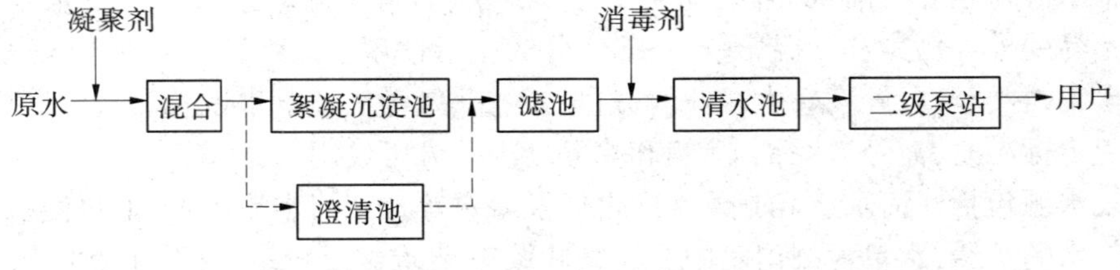

图 6-3　地表水二次净化工艺流程

（一）澄清和消毒

澄清和消毒工艺系统是以地表水为水源的生活饮用水的常规处理工艺系统。

澄清工艺系统通常包括混凝、沉淀和过滤。处理对象是水中悬浮物和胶体杂质。完整而有效的混凝、沉淀和过滤，不仅能有效地降低水的浊度，对水中某些有机物、细菌及病毒等的去除也是相当有效的。澄清工艺原理是：在原水中加药后，经混凝使水中悬浮物和胶体形成大颗粒絮凝体，而后通过沉淀池进行重力分离。澄清池是絮凝和沉淀综合于一体的构筑物。过滤池是利用粒状滤料截留水中杂质的构筑物，常置于混凝、沉淀构筑物之后，用以进一步降低水的浑浊度。根据原水水质不同，在上述澄清工艺系统中还可适当增加或减少某些处理构筑物。例如，处理高浊度原水时，往往需设置泥沙预沉池或沉沙池。

消毒是消灭水中致病微生物，通常在过滤以后进行。主要消毒方法是在水中投入消毒剂以杀灭致病微生物。当前普遍采用的消毒剂是氯，也有的采用漂白粉、二氧化氯及次氯酸钠。臭氧消毒也是一种重要的消毒方法。

（二）除臭、除味

除臭、除味是生活饮用水净化中所需的特殊处理方法。当原水中臭和味严重而采用澄清和消毒工艺系统不能达到水质要求时才采用。除臭、除味的方法取决于水中臭和味的来源。例如，对于水中有机物所产生的臭和味，可用活性炭吸附或氧化剂氧化法去除；对于溶解性气体或挥发性有机物所产生的臭和味，可采用曝气法去除；因藻类繁殖而产生的臭和味，可在水中投加硫酸铜除藻；因溶解盐类所产生的臭和味，可采用适当的除盐措施等。

（三）除铁、除锰

当溶解于地下水中的铁、锰含量超过生活饮用水卫生标准时，需采用除铁、锰措施。最广泛的除铁、锰方法是氧化法和接触氧化法。前者通常设置曝气装置、氧化反应池和沙滤池；后者通常设置曝气装置和接触氧化滤池。工艺系统的选择应根据是否单纯除铁还是同时除铁、除锰，原水铁、锰含量及其他有关水质特点确定。还可采用药剂氧化法、生物氧化法及离子交换法等。通过上述处理方法（离子交换法除外），使溶解性二价铁和锰分别转变成三价铁和四价锰并产生沉淀物而去除。

（四）除氟

氟是有机体生命活动所必需的微量元素之一，但过量的氟则可产生毒性作用，如使人患有氟斑牙或氟骨。我国饮用水水质标准规定的氟含量为 1.0 mg/L，当地下水的氟含量超过此限值时，需采用除氟措施。适用的除氟方法是活性氧化铝吸附。

（五）软化

软化处理对象主要是水中钙、镁离子。软化方法主要有离子交换法和药剂软化法。前者在于使水中钙、镁离子与阳离子交换剂上的离子互相交换以达到去除的目的；后者是在水中投入药剂，如石灰、苏打，以使钙、镁离子转变为沉淀物而从水中分离。

（六）淡化和除盐

淡化和除盐处理对象是水中各种溶解盐类，包括阴、阳离子。将高含盐量的水如海水及“苦咸水”处理到符合生活饮用水要求时的处理过程，一般称为咸水“淡化”；制取纯水及高纯水的处理过程称为水的“除盐”。淡化和除盐的主要方法有蒸馏法、离子交换法、电渗析法、反渗透法等。离子交换法的基本原理同上，但需经过阳离子交换剂和阴离子交换剂两种交换过程;电渗析法是利用阴、阳离子交换膜能够分别透过阴、阳离子的特性,在外加直流电场作用下使水中阴、阳离子被分离出去;反渗透法是利用高于渗透压的压力施于含盐水以使水通过半渗透膜而盐类离子被阻留下来。电渗析法和反渗透法属于膜分离法,通常用于高含盐量水的淡化或离子交换法除盐的前处理工艺。

(七)预处理和深度处理

随着工业的发展和人民生活水平的提高,一方面饮用水水质标准逐步提高,另一方面水源水质在不同程度地受到污染和恶化。城市水源遭到的各种污染中,以有机物污染最为普遍。不少有机物对人体有急性或慢性、直接或间接的毒害作用,其中包括致癌、致畸、致突变作用。为了适应上述趋势,预处理和深度处理正逐渐成为常规处理工艺的一个组成部分。预处理置于常规处理之前,深度处理置于常规处理之后,它们的处理对象均是水中有机污染物。预处理的主要方法有粉末活性炭吸附法、臭氧或高锰酸钾氧化法,生物滤池、生物接触氧化池及生物转盘等生物氧化法。这些方法除去除水中有机物外,同时也具有除味、除臭和除色的作用。深度处理的主要方法有粒状活性炭吸附法、臭氧-粒状活性炭联用法、生物活性炭法、合成树脂吸附法、光化学氧化法、超滤法、反渗透法等。

第三节　生活用水量计算及我国生活用水状况

一、生活用水定额

(1)居民区生活用水定额。每一居民每日的生活用水量称为居民区生活用水定额,常按 L/(人·d)单位计。居民区生活用水定额一般按有关规定(如《建筑给水排水设计手册》)取值。当居住区实际生活用水定额与一般规定有较大出入时,经设计审批部门批准,可按当地生活用水量统计资料适当增减。

(2)工业企业的职工生活用水和淋浴用水定额。工业企业的职工生活用水和淋浴用水定额是指每一位职工每班的生活用水量和淋浴用水量。职工生活用水应根据车间性质决定定额,一般车间采用 25 L/(人·班),高温车间采用 35 L/(人·班)。职工的淋浴用水定额一般为 40~60 L/(人·班),淋浴延续时间为下班后 1 h,具体取值可参考有关规范。

(3)公共建筑用水定额。全市性的公共建筑,如旅馆、医院、浴室、洗衣房、餐厅、剧院、游泳池、学校等的用水定额,可参考有关规范取值。

(4)消防用水定额。城市消防用水量,通常储存在水厂的清水池中,灭火时由二级泵站向城市管网提供足够水量。城市或居住区室外消防用水量,工厂、仓库和民用建筑的室外消防用水量,应按同时发生火灾次数和一次灭火的用水量确定,可参考有关规范取值。

(5)市政用水量定额。浇洒道路用水量一般为 1~1.5 L/(m^2·次),每日浇洒 2~3 次。浇洒绿地用水量采用 1.5~2.0 L/(m^2·d)。

二、生活用水量计算方法

(一)分类法

分类法是将用户用水特性一致的类型归纳在一起,然后根据用水量标准及有关因素进行调查计算。总生活用水量($W_{总}$)可用下式表示：

$$W_{总} = \sum_{j=1}^{m} W_j \tag{6-1}$$

式中　W_j—— 一定时期或时段第 j 种用水类型的用水量，m^3；

m——用水类型的总数。

每种用水类型还可据其规格、性质、特点等进一步细分，并列表进行调查与计算。分类法的特点是调查范围大，计算简便。

(二)分区法

分区法是将计算区人为地划分为若干区域，也可按行政区域划分，然后根据各区用水特点、用水量标准进行调查与计算。其总用水量($W_{总}$)可用下式表示：

$$W_{总} = \sum_{i=1}^{m} W_i \tag{6-2}$$

式中　W_i—— 一定时期或时段第 i 个区域的用水量，m^3；

m——被划分的区域数。

区域划分还可将大区域分为若干小区域，然后列表进行调查与计算。这种方法与分类法相比，调查范围小，不易遗漏，但计算工作量较大。

实际调查与计算中，常根据上述两种方法的特点，综合成"分区分类法"，即先分区，后在区内再分类。这时总用水量($W_{总}$)可用下式表示：

$$W_{总} = \sum_{i=1}^{n} \left(\sum_{j=1}^{m} W_{i,j} \right) \tag{6-3}$$

式中　$W_{i,j}$—— 一定时期或时段第 i 个区域第 j 种用水类型的用水量，m^3；

其他符号含义同前。

(三)定额计算方法

居住区日均生活用水量计算：

$$Q_1 = Pq_1/1\ 000 \tag{6-4}$$

式中　Q_1——居住区日均生活用水量，m^3/d；

P——设计年供水区规划人口数，人；

q_1——平均日生活用水定额，L/(d·人)。

牲畜日均用水量计算：

$$Q_2 = Nq_2/1\ 000 \tag{6-5}$$

式中　Q_2——牲畜日均用水量，m^3/d；

N——设计年供水区牲畜数，头；

q_2——平均日牲畜用水定额，L/(d·头)。

(四)最高日用水量

最高日用水量是一年中用水量最多一天的用水量。在给水工程设计时，一般以最高日用水量来确定给水系统中各构筑物的规模。

(1)居住区最高日生活用水量 Q_1 计算公式为：

$$Q_1 = \sum (q_i N_i) \tag{6-6}$$

式中 Q_1——居住区最高日生活用水量,m^3/d;

q_i——不同卫生设备的居住区最高日生活用水定额,$m^3/(人 \cdot d)$;

N_i——设计年限内计划用水人数,当用水普及率不是 100%时,应乘以供水普及系数。

(2)工业企业职工生活及淋浴用水量 Q_2 计算公式为:

$$Q_2 = \sum (Q' + Q'') \tag{6-7}$$

式中 Q_2——工业企业职工生活及淋浴用水量,m^3/d;

Q'——各工业企业的职工生活用水量,按下式计算:$Q' = \Sigma \frac{nN_i q_i}{1\,000}$,$q_i$ 为工业企业的职工生活用水定额,一般采用 25~35 L/(人·班),N_i 为每班人数,n 为每日班制;

Q''——各工业企业的职工淋浴用水量,按下式计算:$Q'' = \Sigma \frac{nN_i q_i}{1\,000}$,$q_i$ 为工业企业的职工淋浴用水定额,一般采用 40~60 L/(人·班),N_i 为工厂每班职工淋浴人数,n 为每日班制。

(3)公共建筑用水量 Q 计算公式为:

$$Q_3 = \sum (q_i N_i) \tag{6-8}$$

式中 Q_3——公共建筑用水量,m^3/d;

q_i——各公用建筑的最高日用水定额;

N_i——各公共建筑的用水单位数。

(4)市政用水量 Q_4,计算公式为:

$$Q_4 = \frac{nAq_L}{1\,000} + \frac{A'q'_L}{1\,000} \tag{6-9}$$

式中 Q_4——市政用水量,m^3/d;

A、A'——道路洒水面积和绿地浇水面积,m^2;

q_L、q_L'——道路洒水和绿地浇水的用水定额;

n——每日道路洒水次数。

(5)未预见水量和管网漏水量 Q_5 可按最高日用水量的 15%~25%计算,也可以由下式计算:

$$Q_5 = (0.15 \sim 0.25)(Q_1 + Q_3 + Q_4) + \alpha Q \tag{6-10}$$

式中 Q_5——未预见水量和管网漏水量,m^3/d;

Q——工业企业生产用水和职工生活及淋浴用水量之和;生产用水量由生产工艺确定,m^3/d;

α——工业企业未预见水量系数,根据工业发展情况确定。

【例 6-1】 某城镇现有 2 万人,设计年限内预期发展到 2.5 万人。大部分房屋为 3~4 层,室内有给水龙头但无卫生设备。全城用水量较大的工厂有 10 家,另有医院、饭店、招待所、学校等。试计算用水量。

解：

(1)居民生活用水量。

用水普及率以80%计，按当地用水习惯和房屋卫生设备情况，最高日用水定额为60 L/(人·d)，因此最高日用水量为：

$$Q_1 = 25\ 000 \times 0.8 \times \frac{60}{1\ 000} = 1\ 200\ (m^3/d)$$

(2)工厂和公共建筑用水量。

通过调查和实测，工厂和公共建筑用水量见表6-1，总用水量为：$Q=2\ 180\ m^3/d$。

表6-1　工厂和公共建筑用水量计算　单位：m^3/d

编号	用户	用水量	编号	用户	用水量
1	造纸厂	600	9	毛巾厂	300
2	豆制品厂	150	10	食品厂	200
3	酿造厂	140	11	医院	49
4	化工厂(1)	300	12	饭店	30
5	酱厂	36	13	招待所	40
6	化工厂(2)	140	14	浴室	25
7	机械厂	20	15	学校	50
8	纺织厂	100	合计		2 180

(3)未预见水量。

采用上述两项用水量总和的15%，得：$0.15\times(1\ 200+2\ 180)=507(m^3/d)$。

(4)最高日设计流量：

$$Q_d = 1\ 200 + 2\ 180 + 507 = 3\ 887(m^3/d)\text{(取为 }3\ 900\ m^3/d)$$

(5)消防用水量。

根据该城市发展人口约为2.5万人和大部分房屋为3~4层的情况，参照定额，确定消防用水量为15 L/s，同一时间内的火灾次数为1次。

三、我国生活用水状况

(1)生活用水量呈持续增加态势。根据1997—2022年《中国水资源公报》统计，全国总用水量总体呈缓慢上升趋势，其中生活用水呈持续增加态势，1997年全国生活用水总量为525.15亿m^3，2014年为767亿m^3，增长了46%；2022年为905.7亿m^3，比2014年增长了18%。

(2)生活用水所占比例持续增加。我国生活用水占国民经济用水的比重逐步提高，由1980年的6%提高到2000年的11%，到2014年达到12.6%，到2022年达到15.1%。

(3)用水定额小幅度增加。全国城镇和农村人均生活用水定额均逐年小幅度提高。1980—2000年，城镇人均生活用水量从123 L/d提高到213 L/d，之后基本变幅不大，2014年城镇人均生活用水为213 L/d。1980—2000年，农村人均生活用水量从66 L/d增加到68 L/ d,到2014年为81 L/d,增加幅度小。

第四节 生活节水

在生活用水总量中,饮用等生理必需用水占的比例很小,而做饭、洗衣、冲洗厕所、洗澡等用水占家庭用水的80%左右。据北京市的调查资料,在居民生活用水中,冲厕、淋浴及厨房用水量约占居民生活用水总量的70%;在城市公共用水中,空调冷却水、冲厕水、淋浴水三项用水量约占公共用水总量的60%。如果采取有效措施,洗涤、冷却用水可以大大减少,大量节约生活用水,有效缓解水资源危机。

一、生活节水途径

(一)加强节水宣传工作

通过宣传教育,增强人们的节水观念,改变其不良用水习惯。宣传方式可采用报刊、广播、电视等新闻媒体及节水宣传资料、张贴节水宣传画、举办节水知识竞赛等,另外还可在全国范围内树立节水先进典型,评选节水先进城市和节水先进单位等。节水宣传是一项长期的工作,不能"立竿见影",但一定要常抓不懈。

(二)开发和推广应用节水技术

1. 加快城市供水管网技术改造,降低输配水管网损失率

城市供水管网因年久失修,常有漏水现象,要加强城市管网的输、净、配等供配水工程的维修改造,减少跑、冒、漏造成的损失,以降低损失率。自来水管道采用高科技新材料,可防爆裂。

2. 全面推行节水型用水器具,提高生活用水效率

节水器具和设备在城市生活用水的节水方面起着重要作用。采用成功的节水器如陶瓷芯片水龙头,它以高强度、高平滑,使封水垫使用寿命可达到30万次,水龙头跑、冒、漏的问题从根本上得到解决;PP-R交联聚乙烯管是一种新型优质耐用管材,适用于建筑物室内上水管道。普通厕所用水量是19 L/次,低用水量厕所为13 L/次,节水32%,冲洗式厕所用水量为4 L/次,节水79%,空气压水掺气式厕所用水量为2 L/次,节水89 %。还有一种不用洗衣粉的离子洗衣机问世,省去了漂洗程序,可省水37%。

3. 处理污水和中水回用

在缺水城市住宅小区设立雨水收集、处理后重复利用的中水系统,利用屋面、路面汇集雨水至蓄水池,经净化消毒后用泵提升用于绿化浇灌、水景水系补水、洗车等,剩余的水可再收集于池中进行再循环。在符合条件的小区实行中水回用可实现污水资源化,达到保护环境、防治水污染、缓解水资源不足的目的。比如,城市污水二级处理形成40亿 m^3 水源的投资大约在100亿元,形成同样规模的长距离引水需600亿元左右,海水淡化则需1 000亿元左右。虽然中水回用在规模上不如城市污水处理经济,但其投资也不会超过长距离引水,具有明显的优势。如果中水回用率为10%,相当于节约了大约10%的生活用水,可见中水回用潜力之大。

（三）运用经济杠杆节水

科学合理的水价改革是节水的核心内容。要改变缺水又不惜水、用水浪费无节制的状况，必须用经济手段管水、治水、用水。可以利用价格杠杆促进节约用水，适时、适地、适度调整水价。合理提高水价，使用户在节水中能获得较好的边际效益，水价偏低会挫伤人们节水的积极性。据研究分析，当水价从1元左右涨到3.5元左右时，预期用水量会减少20%左右，可见水价对用水量的调节作用是比较强的。

二、节水器具

（一）水龙头

水龙头是遍及住宅、公共建筑、工厂车间、大型交通工具（列车、轮船、民航飞机），应用范围最广、数量最多的一种盥洗、洗涤用水器具，同人们的关系最为密切。水龙头的节水主要是通过设计水龙头的开关，减少因为人为因素忘关、开水太大等造成的水量损失。

目前常用的节水龙头有延时自闭水龙头，手压、脚踏、肘动式水龙头和停水自动关闭（停水自闭）水龙头。

（二）淋浴节水器具

淋浴时因调节水温和不需水擦拭身体的时间较长，若不及时调节水量会浪费很多水。这种情况在公共浴室尤甚，不关闭阀门或因设备损坏造成“长流水”现象也屡见不鲜。这些器具的节水设计有两点：一是自动断水，当不需要冲洗的时候，要及时断水，不能“长流水”。二是冷、热水调节灵敏，调水时间短。针对这些节水目的，目前有冷、热水混合器具、淋浴脚踏开关、电磁式淋浴节水装置等淋浴节水器具，其中电磁式淋浴节水装置节水效率约为48%。

（三）卫生间节水器具

卫生间的水主要用于冲洗便器。除利用中水外，采用节水器具仍是当前节水的主要努力方向。节水器具节水目标是保证冲洗质量，减少用水量。现研究产品有低位冲洗水箱、高位冲洗水箱、延时自闭冲洗阀、定时冲洗装置等。

常见的低位冲洗水箱多用直落上导向球形排水阀。这种排水阀仍有封闭不严漏水、易损坏和开启不便等缺点，导致水的浪费。近些年来逐渐改用翻板式排水阀。这种翻板阀开启方便，复位准确，斜面密封性好。此外，以水压杠杆原理自动进水装置代替普通浮球阀，克服了浮球阀关闭不严导致长期溢水之弊。

高位冲洗水箱提拉虹吸式冲洗水箱的出现，解决了旧式提拉活塞式水箱漏水问题。一般做法是改一次性定量冲洗为“两挡”冲洗或“无级”非定量冲洗。其节水率在50%以上。

为了避免普通闸阀使用不便、易损坏、水量浪费大以及逆行污染等问题，延时自闭冲洗阀应具备延时、自闭、冲洗水量在一定范围内可调、防污染（加空气隔断）等功能，并应便于安装使用、经久耐用和价格合理等。

自动冲洗装置多用于公共卫生间，以克服手拉冲洗阀、冲洗水箱、延时自闭冲洗水箱等只能依靠人工操作而引起的弊端。例如，频繁使用或乱加操作造成装置损坏与水的大量浪费，或者是疏于操作而造成的卫生问题、医院的交叉感染等。

课程思政教育

(1)通过学习生活用水的概念、特征以及水量、水质和水压的相关知识,引导学生理解日常生活中用水的重要性和用水行为对生态环境的影响。强调水资源的宝贵性和节水的必要性,培养节约用水的好习惯。

(2)通过学习生活给水系统和给水水源选择等知识,让学生充分认识到饮用水水源地的重要性,确保生活用水的水质安全和供水可靠性十分重要,增强学生对水利工程专业的信心和荣誉感。

思考题或习题

[1]什么是生活用水? 生活用水的特征有哪些? 城市生活用水包括哪几部分?

[2]生活给水系统由几部分组成,各部分的内容是什么?

[3]地表水给水处理的工艺有哪些?

[4]以你所在的地区为例,设计一个分区生活用水量计算方案。

[5]节水途径有哪些?

第七章　农业用水

我国自古以来一直是个农业大国,农业是国民经济发展的基础和重要保障。在我国总用水中,农业是第一用水大户,而在农业用水中,农田灌溉占农业用水的70%~80%。可见,保证农田灌溉用水、合理安排农业用水、有效实施农业节水,对农业的发展乃至整个经济社会的发展以及水资源合理利用都具有十分重大的战略意义。

本章专门介绍农业用水的相关知识,主要内容包括农业用水的概念、农业用水途径、农业用水量计算、我国农业用水状况以及农业节水。

第一节　农业用水的概念

一、水与农作物

水与农作物的关系十分密切。水是农作物正常生长发育必不可少的条件之一,对作物的生理活动、作物生长环境都有着重要的影响。

(一)水与作物生理活动

1. 水是作物的重要组成部分

作物体内含有大量的水,通常随着作物的种类、器官以及生育阶段的不同而异,通常占其鲜体重的70%~80%,而蔬菜和块茎作物水分的含水量多达90%以上。

2. 水是细胞原生质的重要成分

作物的许多生理过程是在细胞原生质中进行的。只有当细胞原生质有足够的水分,才能保证各项生理活动正常进行。如果水分含量减少,原生质胶体会由溶胶状态变成凝胶状态,代谢作用逐渐减弱,甚至引起代谢紊乱而死亡。

3. 水是光合作用的重要原料

光合作用是作物合成和积累有机物质的重要过程,这些有机物质包括碳水化合物(糖、淀粉等)、脂肪、蛋白质等。光合作用是绿色植物以水和二氧化碳为原料利用光能通过光合作用直接或间接合成的。可见在光合作用中,水是不可或缺的重要原料。

4. 水是作物进行生化反应和吸收输送养分的介质

作物体内各种有机物的合成和分解必须以水为介质才能进行,作物所需的各种矿物质也必须溶解在水中才能被作物吸收、输送、利用。

5. 水是保持作物固有形态的重要支撑

只有当作物体内水分充足时,细胞得以膨胀充实,确保植株挺立、叶片舒展,便于接受阳光和交换气体,保持正常的生理活动。

6. 水是维持作物叶面蒸腾的必备条件

蒸腾是指作物体内的水分通过作物体表面(主要是叶面)以气体状态散失到体外去的过程。蒸腾作用对作物有着重要的生理意义,它是作物吸收和输导水分的主要动力,通过蒸腾作用,促进作物体对矿质元素的吸收和输导,由于蒸腾作用能带走大量热量,从而降低植株体温,避免由于日光强烈照射使体温剧烈升高而受害。

(二)水与作物生长环境

1. 水对土壤的影响

作物生长发育需要适宜的土壤条件,水对土壤的影响主要表现在以下几个方面:

(1)土壤含水量。

土壤含水量的多少直接影响着作物根系的发育。在潮湿的土壤中,旱作物多在表土下较薄的土层中平行横走,分布范围窄;在土壤较干的地方,根系往往比较发达,主根下扎深度大,根系扩展范围大,可吸收更多的土壤水分。在生产实践中,应维持作物土壤的水分平衡,即保持根系吸水和蒸腾作用的协调,当土壤水分亏缺程度严重时,作物体内水分供给不足,作物会发生萎缩、减产,甚至死亡现象;反之,在涝滞地区,当土壤含水量过多时,根系吸水功能不足,也会影响作物的生长发育。

(2)土壤空气。

土壤水分和土壤空气共同占有土壤孔隙,这种水-气之间的协调平衡是调节土壤肥力,维持作物正常生长发育的关键。如果土壤空气减少,作物吸收氧气不足,土壤中有机质分解缓慢,而嫌气微生物活动旺盛,则会造成根系活力减弱,养分供给不足,影响作物生长。土壤中的空气和水分是此消彼长的,土壤中含水量多,土壤中的空气就会减少,因此可通过调节土壤水分状况来调节土壤空气。

(3)土壤温度。

作物生长发育需要一定的土壤温度条件。土壤水分状况对土壤温度有显著的影响,这是因为水的热容量和导热率要比空气大得多。因此,白天湿润的土壤比干燥土壤能吸收更多的太阳辐射热,表土吸收热量后,将其向土壤深层传导,这使得土壤表层温度不会太高。夜晚,温度降低时,湿润土壤又较干燥土壤放热速度慢,且深层土壤能向表层土壤迅速传热,使表层土壤不至于急剧下降。生产实践中,为了调节农田土壤温度,常通过增加或减少农田水量的办法来解决,例如北方的"冬前灌"以及为"降温"或"防冻"所采取的喷灌,均体现了以水调温的目的。

(4)土壤养分。

水分对作物从土壤中吸收养分的影响主要表现在两个方面:一是作物对土壤养分的吸收是通过水为媒介进行的,且这些养分必须转化为作物能够吸收利用的速效养分;二是土壤水分过多或过少,都会影响有机质的分解,造成速效养分供应不足,因此生产上通过合理灌排,"以水调肥"可以控制土壤养分的分解和转化方向,既有利于作物吸收利用,又有利于培肥土壤。

2. 水对农田小气候的影响

农田小气候是指接近地顶 2 m 内的空气温度、湿度、光照、风等气候状况,它是作物生长发育的重要环境条件。当农田水分多时,蒸发蒸腾强烈,空气湿度就高,气温就低;反之亦然。农业生产中,在高温季节可利用灌溉来防止高温和干热风的危害,在低温季节可防止低温和霜冻的危害。

(三)水与作物耕作措施

作物耕作质量和农田土壤水分有着十分密切的关系。旱田土壤含水率适宜,土壤的物理机械性介于黏结性和可塑性之间时,耕作质量和效率最佳。同时,农业生产中的许多农技措施也需要和灌溉排水措施有机结合起来进行。如"适时晒田"可调节水稻群体,"适时落干"可控制水稻贪青晚熟等。

二、作物需水量

作物需水量是指作物在适宜的土壤水分和肥力水平下,经过正常生长发育,获得高产时的植株蒸腾、株间蒸发以及构成植株体的水量之和。农田水分消耗的途径主要有三个方面:植株蒸腾、株间蒸发和深层渗漏。

植株蒸腾是指作物根系从土壤中吸收水分,然后通过植物体表面以气态的形式扩散到大气中的过程。它是作物生理活动的基础之一,是作物所必需的水分。试验表明,植株蒸腾需要消耗大量的水分,作物根系吸入体内的水分有 99%以上是消耗于蒸腾,只有不足 1%的水量留在植物体内,成为植物体的一部分。

株间蒸发是指作物植株间的土壤或田间水面蒸发。株间蒸发和植株蒸腾受气象因素影响很大,二者有互为消长的关系。一般在作物生长初期,植株较小,作物叶面覆盖面积小,地面裸露面积大,以株间蒸发为主。随着作物的生长发育,植株逐渐长大,作物叶面覆盖面积增加,地面裸露面积减小,植株蒸腾逐渐大于株间蒸发。到了作物生育后期,作物生理活动减弱,蒸腾耗水减少,而株间蒸发有所增加。一般认为,株间蒸发属于无效蒸发的水分消耗,但是其对调节作物田间小气候具有一定的作用。

深层渗漏是指旱田中由于降水或灌溉水量太大,使土壤水分超过了田间持水量,水分渗透到根系以下深层的土壤中。深层渗漏一般是无益的,且会造成水分和养分的流失浪费。因此,对于旱田来说,应尽量减少过量灌溉,防止深层渗漏的产生。但是水稻却需要一定的渗漏量,可以促进土壤通气,改善还原条件,但若渗漏量过大,也会造成水量和肥料的损失。

因此,在上述三项农田水分消耗中,常把植株蒸腾和株间蒸发合并在一起称为腾发,消耗的水量称为腾发量,一般对于旱田而言,往往把腾发量视为作物需水量。但对水稻田来说,也有将稻田渗漏量计算在需水量中的。

三、灌溉用水量

灌溉是为了补充和调节一定深度土层内土壤水分的消耗,以满足作物的需水要求。

作物消耗水量主要来源于灌溉、降水和地下水,在一定的区域、一定的灌溉条件、一定的种植结构组成情况下,地下水对作物的补给量是较为稳定的,而降水量的年际变化较大,因此在计算农田灌溉用水量时,需要考虑不同降水频率的影响,即选择典型年计算地区作物灌溉用水量。

灌溉水量是指从灌溉供水水源所取得的总供水量。由于灌溉水经过各级输水渠道送入田间,存在一定的水量损失,因此灌溉水量又分为毛灌溉水量、净灌溉水量和损失水量,毛灌溉水量等于净灌溉水量与损失水量之和。灌水定额是指单位面积上灌溉一次所需要的水量,以 m^3/亩或 m^3/hm^2 表示,灌溉定额是指在作物整个生育期内单位面积灌溉的水量,即各次灌水定额的总和,也叫总灌水量,以 m^3/亩或 m^3/hm^2 表示。同理,灌溉定额也分为净灌溉定额和毛灌溉定额。详细计算过程可见本章第三节。

第二节　农业用水途径

灌溉渠道系统是农业用水的主要途径,灌溉渠道系统是指从水源取水、通过渠道及其附属建筑物向农田供水、经由田间工程进行农田灌水的工程系统,包括渠首工程、输配水工程和田间工程三大部分。在现代灌区建设中,灌溉渠道系统和排水沟道系统是并存的,二者互相配合,协调运行,构成完整的灌区水利工程系统,如图 7-1 所示。

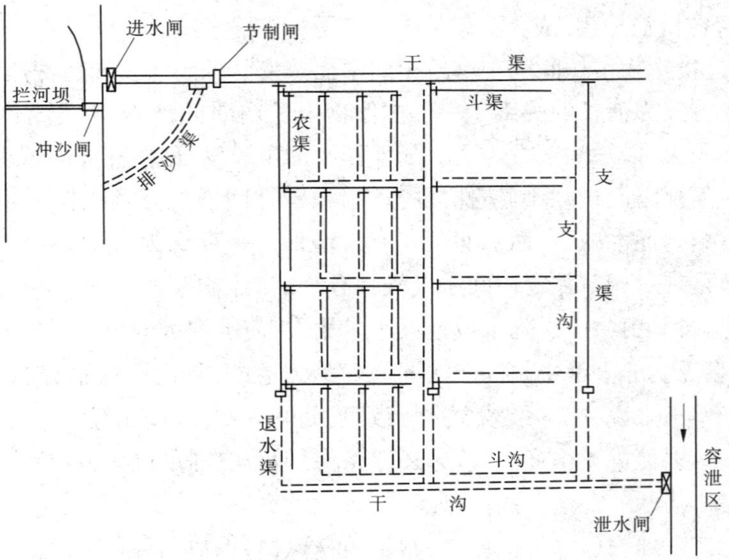

图 7-1　灌溉排水系统示意图

一、灌溉取水方式

（一）灌溉水源

灌溉水源是指可以用于灌溉的水资源，主要有地表水和地下水两类。按其产生和存在的形式及特点，又可细分为河川径流、当地地表径流、地下水。另外，城市污水也可作为灌溉水源。城市污水用于农田灌溉，是水资源的重复利用，但必须经过处理，符合灌溉水质标准后才能使用。

（二）地表水取水方式

（1）无坝引水。

灌区附近河流水位、流量均能满足灌溉要求时，即可选择适宜的位置作为取水口修建进水闸引水自流灌溉，形成无坝引水。

（2）有坝引水。

河流水源虽较丰富，但水位较低时，可在河道上修建壅水建筑物（坝或闸），抬高水位，自流引水灌溉，形成有坝引水的方式。

（3）提水取水。

河流水量比较丰富，但灌区位置较高，修建其他自流引水工程困难或不经济时，可就近采取提水取水方式。

（4）水库取水。

河流的流量、水位均不能满足灌溉要求时，必须在河流的适当地点修建水库进行径流调节，以解决来水和用水之间的矛盾，并综合利用河流水源。

关于以上4种地表水取水方式的详细内容介绍可参见本书第四章。上述几种取水方式，除单独使用外，有时还能综合使用多种取水方式，引取多种水源，形成蓄、引、提结合的灌溉系统。

（三）地下水取水方式

由于不同地区地质、地貌和水文地质条件不同，地下水开采利用的方式和取水建筑物的形式也不相同。根据不同的开采条件，大致可分为垂直取水建筑物（如管井）、水平取水建筑物（如坎儿井）和多向取水建筑物（如辐射井）三大类。关于各种地下水取水方式的详细内容介绍可参见本书第五章。

二、灌溉渠系规划

（一）灌溉渠系的组成和布置原则

灌溉渠系由各级灌溉渠道和退（泄）水渠道组成。灌溉渠道按其使用寿命可分为固定渠道和临时渠道两种：多年使用的永久性渠道称为固定式渠道，使用寿命小于1年的季节性渠道称为临时渠道。按其控制面积大小和水量分配层次可分为若干等级：大、中型灌区的固定渠道一般分为干渠、支渠、斗渠、农渠四级；在地形复杂的大型灌区，固定渠道的级数往往多于四级，干渠可分成总干渠和分干渠，支渠可下设分支渠，甚至斗渠也可下设分斗渠；在灌溉面积较小的灌区，固定渠道的级数较少。灌溉渠道的规划布置原则如下。

1. 总布置原则

(1) 干渠应布置在灌区的较高地带,尽可能自流控制较大的灌溉面积。

(2) 渠系布置要求总的工程量和工程费用最小,并且工程安全可靠。

(3) 灌溉渠道的位置应参照行政区划确定,以便管理。

(4) 布置时应考虑发挥灌区内原有小型水利工程的作用,并应为上、下级渠道的布置创造良好条件。

(5) 灌溉渠系布置应与排水系统规划结合进行。

2. 干支渠布置

(1) 山区、丘陵区灌区的干渠一般沿灌区上部边缘布置,大体上和等高线平行,支渠沿两溪间的分水岭布置。

(2) 平原区灌区干渠多沿等高线布置,支渠垂直等高线布置。

(3) 圩垸区灌区由于圩内地形一般是周围高、中间低,灌区干渠多沿圩堤布置,灌溉渠系通常只有干、支渠两级。

3. 斗渠布置原则

山区、丘陵区的斗渠长度较短,控制面积较小。平原地区斗渠较长,控制面积较大。我国北方地区一些大型自流灌区的斗渠长度一般为 3~5 km, 控制面积为 3 000~5 000 亩。

4. 农渠布置原则

农渠控制范围为一个耕作单元,长度根据机耕要求确定。平原区通常为 500~1 000 m,间距为 200~400 m,控制面积为 200~600 亩。丘陵区农渠的长度和控制面积较小。在有控制地下水位要求的地区,农渠间距应根据农沟间距而定。

5. 灌溉渠道和排水沟道的布置

(1) 在地形平坦或有微地形变化的地区,灌溉渠道和排水沟道交错布置,也称相间布置。

(2) 当地面有一侧倾斜,渠道只能向一侧灌水,排水沟也只能接纳一边的径流时,灌排采取相邻布置。

(二) 渠系建筑物规划布置

渠系建筑物是指为安全、合理地输配水量,为满足各部门的需要而在渠道系统上修建的建筑物,包括水闸、涵洞、桥梁、渡槽、倒虹吸、跌水、陡坡等建筑物,担负着输配水、控制渠道水位、量测渠道过水流量、宣泄灌区多余水量以及便利交通等任务。渠系建筑物布置原则如下:

(1) 应满足灌溉系统各项使用要求,包括水位、流量、泥沙、运行以及管理等的要求,以最大限度地满足作物灌水需求。

(2) 尽量采用联合枢纽布置的形式,以节省投资和管理方便。如闸与桥常联合修建,分水闸与节制闸常联合修建。

(3) 尽量采用定型设计和装配式建筑物,可简化设计,加快施工进度。

(4) 根据当地实际情况,尽量采用当地材料修建。如在山丘区建渡槽、农桥可用砌石建筑,在平原地区则宜用钢筋混凝土排架渡槽。

(5)应方便交通、航运和群众生产、生活需要。

渠系建筑物按用途可分为控制建筑物、交叉建筑物、泄水建筑物、衔接建筑物和量水建筑物等。

1. 控制建筑物

控制建筑物的作用是调节渠道水位和分配渠道水量,包括进水闸、分水闸和节制闸等。

1)进水闸

进水闸布置在干渠首端,主要从灌溉水源引水,控制进入灌区的总水量。

2)分水闸

分水闸布置在其他各级渠道的引水口处,主要是控制和调节向下级渠道的配水流量,其结构形式有开敞式和涵洞式两种。当上级渠道向下级渠道分水时,上级渠道的分水闸就是下级渠道的进水闸。斗、农渠的进水闸惯称为斗门、农门。

3)节制闸

节制闸垂直渠道中心线布置,其作用是根据需要抬高上游渠道的水位或阻止渠水继续流向下游。在下列情况下需要设置节制闸:①上游渠道水位低于下游渠道引水要求水位,影响正常引水;②下级渠道实行轮灌时,需在轮灌组的分界处设置节制闸;③在重要建筑物或险工渠段前需联合修建节制闸和泄水闸,以防止漫溢,保证建筑物和渠道的安全。

2. 交叉建筑物

当渠道穿越山岗、河沟、道路时,需要修建交叉建筑物。常见的交叉建筑物有隧洞、渡槽、倒虹吸管、涵洞、桥梁等。

1)隧洞

隧洞是穿过山丘和在地下开挖的具有封闭断面的输水或泄水建筑物。当渠道遇到山岗时,或因石质坚硬,或因开挖工程量过大,往往不能采用深挖方渠道,如沿等高线绕行,渠道线路又过长,工程量仍然较大,而且增加了水头损失。在这种情况下,可选择山岗单薄的地方凿洞而过。

2)渡槽

渡槽是输送渠道水流跨越河流、渠道、道路、山谷等障碍的架空输水建筑物,渡槽除用于输送渠道水流外,还可以供排洪和导流之用。当渠道穿过河沟、道路时,如果渠底高于河沟最高洪水位或渠底高于路面的净空大于行驶车辆要求的安全高度,可架设渡槽,让渠道从河沟、道路的上空通过。渠道穿越洼地时,如采取高填方渠道工程量太大,也可采用渡槽。

3)倒虹吸管

倒虹吸管是用敷设在地面或地下的压力管道输送穿越障碍的一种交叉建筑物。它与渡槽相比,具有造价低且施工方便的优点,不过它的水头损失较大,而且运行管理不如渡槽方便。在如下情况下可采用倒虹吸管:①渠道水位高出路面或河沟洪水位,但渠底高程却低于路面或河沟洪水位;②渠底高程虽高于路面,但净空不能满足交通要求;③修建渡槽困难,或需要高填方建渠道的场合;④在渠道水位与所跨的河流或路面高程接近时,也常用倒虹吸管。

4)涵洞

渠道与道路相交,渠道水位低于路面,而且流量较小时,常在路面下面埋设平直的管道,叫作涵洞。当渠道与河沟相交,河沟洪水位低于渠底高程,而且河沟洪水流量小于渠道流量时,可用填方渠道跨越河沟,在填方渠道下面建造排洪涵洞。

5)桥梁

渠道与道路相交,渠道水位低于路面,而且流量较大、水面较宽时,要在渠道上修建桥梁,满足交通要求。

3. 泄水建筑物

泄水建筑物的作用是宣泄渠道内余水、坡面径流或入渠洪水等威胁渠道安全运行的水量,特别是在重要建筑物和大填方段的上游以及山洪入渠处的下游,必须修建泄水建筑物,泄放多余的水量。泄水建筑物有泄水闸、退水闸和溢洪堰等。

4. 衔接建筑物

当渠道通过坡度较大的地段时,为了防止渠道冲刷,保持渠道的设计比降,就把渠道分成上、下两段,中间用衔接建筑物联结,这种建筑物常见的有跌水和陡坡。一般当渠道通过跌差较小的陡坎时,可采用跌水;跌差较大、地形变化均匀时,多采用陡坡。

5. 量水建筑物

灌溉工程的正常运行需要控制和量测水量,以便实施科学的用水管理。在各级渠道的进水口需要量测入渠水量,在末级渠道上需要量测向田间灌溉的水量,在退水渠上要量测渠道退泄的水量。可以利用水闸等建筑物的水位-流量关系进行量水,但建筑物的变形以及流态不够稳定等因素会影响量水的精度。在现代化灌区建设中,要求在各级渠道进水闸下游,安装专用的量水建筑物或量水设备。量水堰是常用的量水建筑物,三角形薄壁堰、矩形薄壁堰和梯形薄壁堰在灌区量水中广为使用。

三、田间工程规划

田间工程通常指最末一级固定渠道(农渠)和固定沟道(农沟)之间的条田范围内的临时渠道、排水小沟、田间道路、稻田的格田和田埂、旱地的灌水畦和灌水沟、小型建筑物以及土地平整等农田建设工程。

(一)田间工程的规划要求和规划原则

1. 田间工程的规划要求

田间工程要有利于调节农田水分状况、培育土壤肥力和实现农业现代化。为此,田间工程规划应满足以下基本要求:

(1)有完善的田间灌排系统,旱地有沟、畦,种稻有格田,配置必要的建筑物,灌水能控制,排水有出路,消灭旱地漫灌和稻田串灌串排现象,并能控制地下水位,防止土壤过湿和产生土壤次生盐渍化现象。

(2)田面平整,灌水时土壤湿润均匀,排水时田面不留积水。

(3)田块的形状和大小要适应农业现代化需要,有利于农业机械作业和提高土地利用率。

2. 田间工程的规划原则

(1) 田间工程规划是农田基本建设规划的重要内容,必须在农业发展规划和水利建设规划的基础上进行。

(2) 田间工程规划必须着眼长远、立足当前,既要充分考虑农业现代化发展的要求,又要满足当前农业生产发展的实际需要,全面规划,分期实施,当年增产。

(3) 田间工程规划必须因地制宜,讲求实效,要有严格的科学态度,注重调查研究,走群众路线。

(4) 田间工程规划要以治水改土为中心,实行山、水、田、林、路综合治理,创造良好的生态环境,促进农、林、牧、副、渔全面发展。

(二) 条田规划

末级固定灌溉渠道(农渠)和末级固定沟道(农沟)之间的田块叫作条田,有的地方称为耕作区。它是进行机械耕作和田间工程建设的基本单元,也是组织田间灌水的基本单元。条田的基本尺寸要满足以下要求。

1. 排水要求

为了排除地面积水和控制地下水位,需要设置排水沟,排水沟应有一定的深度和密度,农沟作为末级固定沟道,间距不能太大,一般为 100~200 m。条田的宽度应首先满足排水农沟的间距要求,对于地形平缓、土质黏重、地下水位较高和盐碱化威胁较大的地区,要求排水沟密度较大时,可在条田内部增设临时排水毛沟、小沟等,将条田分为小田块,保持条田的尺寸和形状基本不变,以满足其他方面的要求。

2. 机耕要求

机耕不仅要求条田形状方整,还要求条田具有一定的长度。若条田太短,拖拉机开行长度太小,转弯次数就多,生产效率低,机械磨损较大,消耗燃料也多。若条田太长,控制面积过大,不仅增加了平整土地的工作量,而且由于灌水时间长,灌水和中耕不能密切配合,会增加土壤蒸发损失,在有盐碱化威胁的地区还会加剧土壤返盐。根据实际测定,拖拉机开行长度小于 400 m 时,生产效率显著降低。但当开行长度大于 800 m 时,用于转弯的时间损失所占比重很小,提高生产效率的作用已不明显。因此,从有利于机械耕作这一因素考虑,条田长度以 400~800 m 为宜。

3. 田间用水管理要求

在旱作地区,特别是机械化程度较高的大型农场,为了在灌水后能及时中耕松土,减少土壤水分蒸发,防止深层土壤中的盐分向表层聚积,一般要求一块条田能在 1~2 天内灌水完毕。从便于组织灌水考虑,条田长度以不超过 500 m 为宜。

综上所述,条田大小既要考虑除涝防渍和机械化耕作的要求,又要考虑田间用水管理要求,宽度一般为 100~200 m,长度以 400~800 m 为宜。

(三) 田间渠系布置

田间渠系指条日内部的灌溉网,包括毛渠、输水垄沟和灌水沟、畦等。田间渠系布置有以下两种基本形式。

1. 纵向布置

灌水方向垂直农渠,毛渠与灌水沟、畦平行布置,灌溉水流从毛渠流入与其垂直的输水垄沟,然后再进入灌水沟、畦。毛渠一般沿地面最大坡度方向布置,使灌水方向和地面最大坡向一致,为灌水创造有利条件。在有微地形起伏的地区,毛渠可以双向控制,向两侧输水,以减少土地平整工作量。地面坡度大于 1%时,为了避免田面土壤冲刷,毛渠可与等高线斜交,以减小毛渠和灌水沟、畦的坡度。

2. 横向布置

灌水方向与农渠平行,毛渠与灌水沟、畦垂直,灌溉水流从毛渠直接流入灌水沟、畦。这种布置方式省去了输水垄沟,减小了田间渠系长度,可节省土地和减少田间水量损失。毛渠一般沿等高线方向布置或与等高线有一个较小的夹角,使灌水沟、畦和地面坡度方向大体一致,以利于灌水。

在以上两种布置形式中,纵向布置适用于地形变化较复杂、土地平整度较差的条田;横向布置适用于地面坡向一致、坡度较小的条田。

(四)稻田区的格田规划

水稻田一般都采用淹灌方法,需要在田间保持一定深度的水层。因此,在种稻地区,田间工程的一项主要内容就是修筑田埂,用田埂把平原地区的条田或山丘地区的梯田分隔成许多矩形或方形田块,称为格田。格田是平整土地、田间耕作和用水管理的独立单元。

田埂的高度要满足田间蓄水要求,一般为 20~30 cm,埂顶兼作田间管理道路,宽 30~40 cm。

格田的长边通常沿等高线方向布置,其长度一般为农渠到农沟之间的距离。沟、渠相间布置时,格田长度一般为 100~150 m;沟、渠相邻布置时,格田长度为 200~300 m。格田宽度根据田间管理要求而定,一般为 15~20 m。

四、灌溉渠道流量与流速

(一)渠道水量损失及计算

1. 渠道水量损失内容

渠道水量损失包括渠道水面蒸发损失、漏水损失和渗水损失。由于渠道水面蒸发的水量损失很小,一般不足输水损失的 5%,故可以忽略不计。漏水损失是指由于工程质量和管理方面的原因造成渠堤决口、建筑物漏水等现象,一般占输水损失的 15%,目前在渠道输水损失计算中不予考虑。渗水损失是经渠床土壤孔隙渗漏掉的水量,是渠道输水损失的重要组成部分,约占输水损失的 80%以上,故常把这部分水量认为是渠道输水损失总量。

2. 渠道水量损失计算

在灌溉工程规划设计工作中,常用经验公式或系数估算渠道输水损失水量。

1)经验公式估算损失水量

$$\sigma = \frac{A}{100Q_n^m} \tag{7-1}$$

$$Q_l = \sigma L Q_n \tag{7-2}$$

式中　σ——每千米渠道输水损失系数;

A——渠床土壤透水系数；

m——渠床土壤透水指数；

Q_n——渠道净流量，m^3/s；

L——渠道长度，km；

Q_l——渠道输水损失流量，m^3/s。

土壤透水性参数 A 和 m 可根据实测资料分析确定，在缺乏实测资料的情况下，可参考相关资料进行确定。

若灌区地下水位较高，渠道渗漏受地下水壅阻影响，实际渗漏水量比计算结果要小。在这种情况下，就要给以上计算结果乘以修正系数加以修正，即

$$Q'_l = \gamma Q_l \tag{7-3}$$

式中　Q'_l——有地下水顶托影响的渠道损失流量，m^3/s；

γ——地下水顶托修正系数；

Q_l——自由渗流条件下的渠道损失流量，m^3/s。

另外，当采取渠道衬砌护面防渗措施时，应观测研究不同防渗措施的防渗效果，以采取防渗措施后的渗漏损失水量作为确定设计流量的依据。如无试验资料，可在上述计算结果的基础上乘以经验折减系数，即

$$Q''_l = \beta Q_l \tag{7-4}$$

式中　Q''_l——采取防渗措施后的渗漏损失流量，m^3/s；

β——采取防渗措施后的渠床渗漏水量的折减系数。

2）经验系数估算损失水量

渠系水利用系数、田间水利用系数和灌溉水利用系数可反映水量损失情况，这些经验系数通过大量的水量量测资料得到，与灌区大小、渠床土质和防渗措施、渠道长度、田间工程状况、灌水技术水平以及管理工作水平等因素有关。在引用别的灌区的经验数据时，应注意这些条件要相近。选定适当的经验系数之后，就可根据净流量计算相应的毛流量和损失水量。

（二）渠道流量推算

灌溉渠道流量有设计流量、最小流量和加大流量三种。这三种流量可覆盖流量变化的范围，代表在不同运行条件下的工作流量。

1. 渠道设计流量

渠道设计流量即根据灌区的灌溉面积和单位面积上所需灌溉的净流量，按照渠道工作制度进行合理确定。

2. 渠道最小流量

渠道最小流量是指在设计标准条件下，渠道在正常工作中输送的最小流量。目前有些灌区规定渠道最小流量以不低于渠道设计流量的40%为宜；也有的灌区规定渠道最低水位等于或大于70%的设计水位，在实际灌水中，如某次灌水定额过小，可适当缩短供水时间，集中供水，使流量大于最小流量。

3. 渠道加大流量

渠道加大流量是指在短时增加输水的情况下，渠道需要通过的最大灌溉流量。它是

设计渠道堤顶高程的依据,并以此校核渠道输水能力和不冲流速。

渠道加大流量的计算是以设计流量为基础,给设计流量乘以“加大系数”,如下式

$$Q_J = JQ_d \tag{7-5}$$

式中　Q_J——渠道加大流量,m^3/s;

J——渠道流量加大系数;

Q_d——渠道设计流量,m^3/s。

(三)渠道流速

渠道中水的流速要适当,过大会引起冲刷,过小容易淤积,并可使渠道生长杂草。不致引起渠道产生冲刷的最大允许流速称为不冲流速,不致引起渠道淤积的最小流速称为不淤流速。在设计时,应使渠道流速介于上述两者之间。

五、渠道断面形状

在渠道断面设计中,为减少工程量应尽量采用水力最优断面,这样,通过同等过水断面面积的流量最大,半圆形断面即是水力最优断面,但是这种断面不一定是最经济的断面,实际中,常采用的渠道断面形状为梯形断面,它最接近水力最优断面,且便于施工,在经过不同稳定性的土壤时,可针对不同深度采用不同边坡的复式断面;矩形断面主要用于坚固的岩石中,可减少挖方量;当渠道经过狭窄地带,如两侧土壤稳定性较差,且要求渠道宽度较小时,可在两侧修建挡土墙。沿山开渠,可在外侧修建隔墙;平原地区的大断面渠道采用半挖半填断面,如图 7-2 所示,既减少了土方,又可利用弃土,一举两得。当挖方量等于填方量(考虑沉陷影响,外加 10%~30%的土方量)时,工程费用最少。挖填土方相等时的挖方深度口可按下式计算:

$$(b + mx)x = (1.1 \sim 1.3)2a\left(d + \frac{m_1 + m_2}{2}a\right) \tag{7-6}$$

式中符号的含义如图 7-2 所示,其中 m_1、m_2 为坡度。系数 1.1~1.3 是考虑土体沉陷而增加的填方量,砂质土取 1.1,壤土取 1.15,黏土取 1.2,黄土取 1.3。

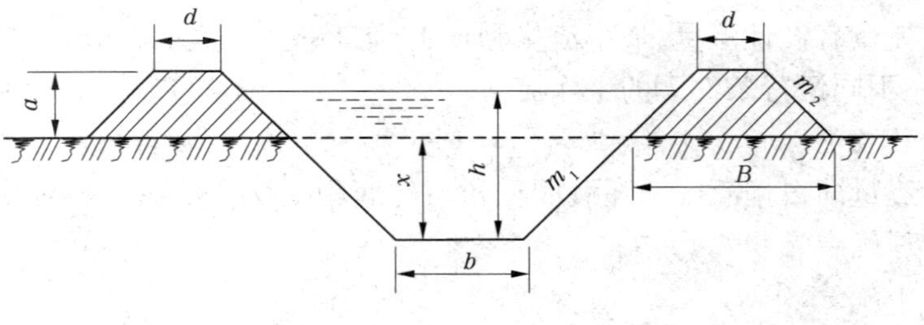

图 7-2　半挖半填断面

为了保证渠道的安全稳定,半挖半填渠道堤底的宽度应满足以下条件:

$$B \geqslant (5 \sim 10)(h - x) \tag{7-7}$$

六、渠道防渗

渠道渗漏水量占渠系损失水量的绝大部分，一般占渠首引水量的30%~50%，有的灌区高达60%~70%，不仅降低了渠系水利用系数，减少了灌溉面积，而且还引起地下水位上升，土壤易产生渍害。渠道防渗可以有效减少渠道渗漏损失，节约灌溉水量，控制地下水位，防止渍害发生；提高渠床的抗冲刷能力，防止渠坡坍塌；加大渠道流速，提高输水能力；降低灌溉成本，提高灌溉效益。

常用的渠道防渗措施有多种，包括土料防渗、砌石防渗、砖砿防渗、混凝土防渗、沥青材料防渗和塑料薄膜防渗等形式。实际应用中，可根据具体情况而定。

第三节　农业用水量计算及我国农业用水状况

一、农业用水量计算

农业用水量包括农田灌溉用水量、渔业及林果地用水量。在农业用水量计算时，应分区分类统计计算。在计算方法上基本一致。林果地用水可以认为与农田作物用水一样，通过渠系供水灌溉。渔业用水量可按单位面积净耗用水量乘以鱼塘面积计算得到。下面，仅介绍灌溉用水量计算方法。

（一）灌溉水利用效率

为了反映灌溉水的利用效率，衡量灌区工程质量、管理水平和灌水技术水平等，通常用以下四个系数来表示。

1. 渠道水利用系数

渠道水利用系数指某一渠道在中间无分水的情况下，渠道末端的净流量与进入渠道毛流量的比值，用符号 η_c 表示，它反映了某条渠道的输水损失情况，或者是某一级渠道水量损失的平均情况。

$$\eta_c = \frac{Q_n}{Q_g} \tag{7-8}$$

式中　Q_n——某渠道净流量；

　　　Q_g——某渠道毛流量。

2. 渠系水利用系数

灌区灌溉渠道往往根据灌区面积、地形条件或灌溉要求，设置不同的渠道级别，一般分为干、支、斗、农、毛五级。农渠为末级固定渠道，毛渠属于田间工程内容。因此，渠系水利用系数等于灌溉渠道系统中从末级渠道放出的净流量与渠首引进的毛流量的比值，它等于各级渠道水利用系数的乘积，反映了整个渠系的水量损失情况，同时它还反映了灌区的自然条件、工程技术状况以及灌区的管理工作水平。

$$\eta_s = \eta_{干}\eta_{支}\eta_{斗}\eta_{农} \tag{7-9}$$

3. 田间水利用系数

田间水利用系数指实际灌入田间的有效水量（旱作农田是指存在计划湿润层中的灌

溉水量;对水稻田,指蓄存在格田内的灌溉水量)和末级固定渠道(农渠)放出水量的比值,用符号 η_f 表示,它反映了田间工程状况和灌水技术水平。

$$\eta_f = \frac{A_{农} I_N}{W_{农净}} \tag{7-10}$$

式中 $A_{农}$——农渠的灌溉面积,亩;

I_N——净灌水定额,m^3/亩;

$W_{农净}$——农渠供给田间的净水量,m^3。

4. 灌溉水利用系数

灌溉水利用系数指实际灌入农田的有效水量和渠首引入水量的比值,用符号 η_g 表示,也等于渠系水利用系数与田间水利用系数的乘积,它是评价渠系工作状况、灌水技术水平和灌区管理水平的综合指标。

$$\eta_g = \frac{AI_N}{W_g} = \eta_s \eta_f \tag{7-11}$$

式中 A——某次灌水全灌区的灌溉面积,亩;

I_N——净灌水定额,m^3/亩;

W_g——某次灌水从渠首引入的总水量,m^3。

(二)灌溉用水量

计算灌溉用水量有直接法和间接法两种。

1. 直接法

任何一种作物某次灌水所需要的净灌水量,都可用下式来表示:

$$W_{净} = mA \tag{7-12}$$

式中 m——某作物某次灌水的灌水定额,m^3/亩;

A——某作物的灌溉面积,亩。

若灌区有 k 种作物,则全灌区任一时段内的净灌溉用水量是该时段内各种作物净灌溉用水量之和。

$$W_{i净} = \sum_{j=1}^{k} m_{ij} A_j \tag{7-13}$$

式中 m_{ij}——第 i 时段第 j 种作物的灌水定额,m^3/亩;

A_j——第 j 种作物的灌溉面积,亩。

净灌溉用水量求出以后,可根据下式求出毛灌溉用水量:

$$W_{i毛} = \frac{W_{i净}}{\eta_g} \tag{7-14}$$

式中 η_g——灌区灌溉水利用系数。

全生育期或全年的用水量为:

$$W_{毛} = \sum_{i=1}^{n} W_{i毛} \tag{7-15}$$

2. 间接法

间接法是通过综合灌水定额计算灌溉用水量。任何时段内全灌区的综合灌水定额等

于该时段内各种作物灌水定额的面积加权平均值,即

$$m_{综i} = \alpha_1 m_{i,1} + \alpha_2 m_{i,2} + \cdots + \alpha_n m_{i,n} = \sum_{j=1}^{k} \alpha_j m_{i,j} \tag{7-16}$$

式中　$m_{综i}$——第 i 时段内的综合净灌水定额,m^3/亩;

$m_{i,1}, m_{i,2}, \cdots, m_{i,n}$——各种作物在第 i 时段内的灌水定额,m^3/亩;

$\alpha_1, \alpha_2, \cdots, \alpha_n$——各种作物灌溉面积占全灌区灌溉面积的比例。

某时段全灌区的灌溉用水量:

$$W_{i毛} = \frac{m_{综i} A}{\eta_g} \tag{7-17}$$

全生育期或全年的用水量为:

$$W_{毛} = \sum_{i=1}^{n} W_{i毛} \tag{7-18}$$

二、我国农业用水状况

在我国各个用水部门中,农业用水始终占据相当大的比例。2014 年全国总用水量为 6 095 亿 m^3,其中农业用水量 3 870. 3 亿 m^3,占总用水量的 63. 5%。2014 年全国用水消耗总量为 3 222 亿 m^3,其中农业用水消耗量为 2 494 亿 m^3,占耗水总量的 77. 4%。2022 年全国总用水量为 5 998. 2 亿 m^3,其中农业用水 3 781. 3 亿 m^3,占总用水量的 63. 0%。2022 年全国用水消耗总量为 3 310. 2 亿 m^3,其中农业用水消耗量为 2 516. 8 亿 m^3,占耗水总量的 76. 0%。各类用水户耗水率差别较大,其中农业耗水率最大,农田灌溉是农业的主要用水和耗水对象。据预测,到 2030 年我国人口将达到 16 亿,为满足粮食需求,农业用水将有巨大缺口,水资源紧缺将成为 21 世纪我国粮食安全的瓶颈。

经济社会的发展必然促使工业生活和生态环境用水的迅速增加,农业用水不可避免地要向其他行业用水让步,因此未来农业用水不可能大幅度增长。尽管目前我国总用水量增加,但农业用水量基本保持稳定,农业用水比重在我国总用水量中已呈下降态势,由 1949 年的 97. 1%下降到 2014 年的 63. 5%,到 2022 年为 63. 0%。

目前,我国农业用水存在水资源短缺和用水浪费严重的双重危机。我国水资源时空分布不均,与农业发展的格局不相匹配。全年降水的 60%~80%集中在 6—9 月。我国耕地主要分布在东北、华北、西北以及长江中下游一带。华北、西北、东北地区,平原居多、土地肥沃、光热资源丰富,是我国重要的粮食产地。“三北”地区耕地面积约占全国耕地面积的一半,而水资源总量仅占全国水资源总量的 17%。黄淮海流域水资源量仅占全国的 8. 6%,水土资源严重失衡,亩均用水指标远低于我国平均水平。西北内陆地区不仅是我国重要的能源和粮食生产基地,而且也是今后我国经济发展的重点。由于西北内陆处于干旱半干旱气候区,尽管沃野千里,但存在着先天的水资源不足,水资源总量仅占全国水资源总量的 5. 2%左右,许多地区因干旱缺水,导致农业生产力急剧下降,严重威胁粮食安全和地区稳定。

我国南方地区水资源总量相对丰富,但土地资源相对较少。我国东南沿海地区水资源总量为 2 261. 7 亿 m^3,约占全国水资源总量的 8%,相当于黄淮海流域水资源总量。西

南地区水资源也比较丰富,但由于山区较多,水低田高,开发难度大,水资源利用率低,区域和季节性农业缺水问题比较普遍。

由于多年来采取传统的大水漫灌方式,我国 2/3 的灌溉面积采用传统灌水方式,灌溉水利用率偏低。目前我国农业用水的有效利用率仅为 50%左右,远低于欧洲等发达国家水平。国际水资源管理所的研究表明,发展中国家地表水利用效率平均为 30%左右,发达国家地表水利用效率高达 70%~80%。我国地表水利用效率约为 40%,黄河流域中游地区可达 60%。一般发展中国家地下水利用效率比地表水利用效率大约高 20%,而我国则高 30%~40%。就作物水分生产率而言,我国作物水分生产率同发展中国家相近,相当于发达国家的 40%~50%。作物水分生产率全国平均约 0.97 kg/m^3 粮食,略高于发展中国家的平均水平;而发达国家可以达到 2 kg/m^3 以上,以色列已达到 2.32 kg/m^3。

我国现代灌溉技术的应用程度还较低。现代灌溉技术是指喷灌、滴灌和微灌等。实践表明,采用现代灌溉技术可以使田间输水损失率降低到 10%以下。据有关科研机构对 16 个国家(占全世界总灌溉面积的 73.7%)灌溉状况的分析,以色列、德国、奥地利和塞浦路斯的现代灌溉技术应用面积占总灌溉面积的比例平均达 61%以上,南非、法国和西班牙在 31%~60%;美国、澳大利亚、埃及和意大利在 11%~30%;土耳其、印度、韩国和巴基斯坦在 0~10%。我国喷灌、滴灌等节水灌溉面积约占有效灌溉面积的 55%左右,占总耕地面积的 29%左右。

我国水资源短缺严重,而工业化和城镇化速度的加快必然要求大幅度增加用水,农业由于用水量大和用水浪费共存的尴尬现象,一方面要给工业、生活和生态用水让路,另一方面还要保证自身灌溉用水的发展要求。严峻的用水现实对我国未来农业发展提出了新的挑战,决定了我国农业未来发展战略方向必须走节水高效的道路,采取有效的节水措施,加大节水力度,切实提高农业用水效率,实现有限水资源条件下的农业可持续发展。

第四节　农业节水

水资源短缺已成为严重制约我国国民经济可持续发展的瓶颈。农业作为我国第一用水大户,目前占全国总用水量的 63%左右,但如此巨大的水量耗用背后却存在着严重的水资源浪费问题,不仅造成农业水资源供需矛盾突出,而且威胁到了我国国民经济的整体快速稳定发展,实施农业节水,发展节水农业不仅是建设现代农业自身的需求,更是我国建设节水型社会,促进水资源的可持续利用,保障经济社会的可持续发展的战略要求。农业节水对提高用水效率、保证粮食安全和生态安全、实现农民增产增收、维护社会稳定、发展现代农业具有十分重要的现实意义。因此,必须加大对农业节水技术体系的研究,以科技创新促进产业发展,促进我国农业可持续发展。

目前,关于农业节水的概念众说纷纭,尚无一个统一明确的概念,但一般认为,农业节水就是在充分利用降水资源的基础上,通过各种技术、工程和管理等措施,在提高农业有效经济产出量的同时,最大限度地减少供水在农业用水过程中的损失,实现农业高效用水。归根结底,农业节水的目的就是以提高农业用水效率、增加农业产出为核心,确保水资源的良性循环,维持区域用水平衡,逐步减少农业用水总量,保证农业生产健康稳定发展。

农业节水的提出必然需要相应的技术工程体系作为支撑，目前在全世界范围内，各国都在依靠科技进步和体制创新，加大对农业节水技术的研究，并逐步将其应用于农业生产实践，取得了显著的成果，这对节水型农业的发展起到了巨大的推动作用。

一、工程节水措施

工程节水措施主要是指以输配水量节约为主的节水措施。具体包括渠道衬砌、管道输水、传统地面灌水技术的改进以及各种喷灌、微灌和滴灌新灌水技术的实施。

（一）渠道衬砌

渠道衬砌是我国应用较为普遍的一项工程节水措施，主要是减少农田灌溉过程中的输水损失。我国每年因渠道衬砌而损失的水量多达上千亿立方米，几乎占了我国农业总用水量的一半。通过渠道衬砌可以有效地减少农田输水系统的损失，提高田间水利用效率，有资料表明，通过混凝土衬砌的渠道可减少渗漏量 90%～95%，水量节约效果十分显著。渠道衬砌不仅能减少输水过程中的水量损失，而且提高了渠道的抗冲刷能力，便利了输水条件，提高了灌溉保证率；减少了对地下水的补给，防止土地次生盐渍化现象的发生；减少渠道淤积，防止杂草生长，节省维护费用。

（二）管道输水

管道输水是将灌溉水通过管道直接把水送到田间进行灌溉的工程。低压管道输水灌溉系统一般由水源、水泵及动力设备、进水装置、输水管道、出水装置及管件组成。管道输水具有如下特点：

（1）节水节能。管道输水工程可有效地减少渗漏和蒸发损失，输送水的有效利用率可达 95%以上，且与土渠输水相比，井灌区管道输水能节能 20%～30%。

（2）省地省工。以管道代替渠道输水，一般能节地 2%～4%。同时，管道输水速度快，灌溉效率提高 1 倍，用工减少一半以上。

（3）管理方便。有利于适时适量灌溉，能及时满足作物生长需水要求，促进增产增收。

（4）成本低，易于推广。管道输水每亩成本在 20～100 元，且当年施工，当年见效，因此易于推广。

（三）传统地面灌水技术的改进

传统地面灌水技术的改进主要包括小畦"三改"灌水技术、长畦分段畦灌、波涌灌溉等。小畦"三改"灌水技术中的"三改"是指长畦改短畦、宽畦改窄畦、大畦改小畦。关键是使灌溉水在田间分布均匀，节约灌水时间，减少灌溉水的流失。长畦分段畦灌是把一条长畦分为若干个设有横行畦埂的小畦，用塑料软管或者地面纵向输水沟将灌溉水送入畦内，自上而下或自下而上进行灌水的方法，它可比一般长畦灌溉节水 40%～60%，田间畦埂少，省地省力，便于耕作，适合地广人稀、劳力不足，水源缺乏的地区。波涌灌溉又称间歇灌溉和涌流灌溉，它是按一定周期间歇地向沟（畦）供水，使水流呈波涌状推进到沟（畦）末端，以湿润土壤的一种节水型地面灌水新技术，具有省时、省水、节能、灌水质量高等优点，并能基本解决长畦（沟）灌水难的问题，且可对传统地面灌水系统的供水方式作适当调整,因此所需设备少,投资显著低于喷灌、微灌及低压管道输水灌溉。涌流灌溉具有明显的节水效果,已有成果表明,涌流灌溉的节水率在30%~50%,随沟畦的增长而增加。

(四)喷灌、微灌和滴灌

喷灌是利用专门的系统将水加压后送到喷灌地段,通过喷头将水喷洒在空中,并使水分散成小水滴后均匀地洒落在田间进行灌溉的一种灌溉方式。微灌是指根据作物生长需水要求,通过低压管道系统与安装在末级管道上的滴水器,将有压水变成细小的水流或水滴,把作物生长所需要的水分和养分输送到作物根区附近的灌水方法。喷灌和微灌都是新型的节水灌溉技术,与传统地面灌溉相比,具有节水节能、省地省工、操作性强、使用方便的特点。喷灌系统一般由水源工程、首部装置、输配水管道和喷头等组成,其中喷头是影响喷灌技术灌水质量的关键设备。滴灌系统由水源、首部枢纽、灌水器以及流量、压力控制部件和量测仪表等组成,灌水器是微灌设备中最关键的部件,多数由塑料材料注塑成型。

二、农艺节水

农艺节水技术是通过采取各种耕作栽培措施和化学制剂调控农田水分状况,目的是减少无效蒸发,防止水土流失、改善土壤结构,提高作物产量和水分利用率。农艺节水主要包括地面覆盖、耕作改良、水肥耦合、抗旱品种选育、采用化学制剂等。

(一)地面覆盖

常见的地面覆盖主要是薄膜覆盖和秸秆覆盖,是将不透水薄膜或秸秆覆盖在田面上,可有效地抑制土壤水分蒸发,不仅具有明显的蓄水保墒、提高地温、改善土壤、节水增产的作用,且实施技术简单,成本低廉,易于推广。试验表明,冬小麦和春玉米生育期秸秆覆盖使降水保蓄率比不覆盖时提高24%和20%,农田冬闲期秸秆覆盖可使土壤水分蒸发减少48%。

(二)耕作改良

耕作改良是通过各种耕作作业改善土壤耕层结构,蓄水保墒,增加养分供给,减少水分蒸发消耗,为作物生长发育提供一个良好的生态环境。耕作改良措施包括深松耕法和免耕少耕法等。深松耕法是只疏松土层而不反转土层的一种土壤耕作方式,该法实施后的土壤透气性好,蓄水保墒能力强。免耕少耕法是减少耕作次数或在一定年限内免除一切耕作,具有保持水土和抗旱增产的效果。免耕少耕法可使玉米增产10%~20%。

(三)水肥耦合

合理施肥是提高水分利用效率的重要途径。作物营养的基本问题是解决在有限的水资源条件下,合理施肥,培肥地力,充分发挥水肥协同效应和激励机制,提高水分利用效率和在不增加施肥量的条件下,获得最大经济效益。通过改变灌水方式、灌溉制度和作物根区的湿润方式达到有效调节根区水分养分的有效性和根系微生态系统的目的,从而最大限度地提高水分养分耦合的利用效率。

(四)抗旱品种选育

大量研究和实践证明,作物品种的水分利用效率由本身遗传特性、形态特征和生理过程所决定,并在环境条件和栽培措施的综合应用中得以体现,通过选用抗旱高产作物和品种实现高效利用水资源,具有很大的潜力。目前,在抗旱节水作物品种选育方面,发达国家已选育出了一系列抗旱、节水、优质的作物品种,如美国的棉花、加拿大的牧草等,这些品种不仅节水抗旱,而且稳定高产、品质优良。

(五)化学制剂

化学制剂节水技术的基本原理是利用化学制剂对水分的调控机能,抑制叶面蒸腾,增加蓄水、提高水分利用效率。目前常用的化学制剂包括保水剂、抗蒸腾剂等。

三、生理节水

生理节水是将作物水分生理调控机制与作物高效用水技术紧密结合形成的新型节水技术,主要是指调亏灌溉和控制性分根交替灌溉。

(一)调亏灌溉

调亏灌溉是澳大利亚持续农业研究所于 20 世纪 70 年代中期提出并研发的节水技术。它是根据作物的生理生化作用受到遗传特性或生长激素的影响,在其生长发育的某些时期施加一定的水分胁迫(有目的地使其有一定程度的缺水),即可影响作物的光合产物向不同的组织器官分配,提高所需收获的产量而舍弃营养器官的生长量和有机合成物质的总量。它是从作物生理角度出发,在一定时期主动施加一定程度的有益的亏水度,使作物经历有益的亏水锻炼后,达到节水增产、改善农产品的品质,又可控制上部的旺长,实现矮化密植、减少剪枝等工作量的目的。国际上有关调亏灌溉的研究主要是针对果树和西红柿等蔬菜作物,对大田作物的研究较少。

(二)控制性分根交替灌溉

控制性分根交替灌溉是我国西北农林科技大学科技人员提出的新概念,它与传统的概念不同。传统的灌水方法追求田间作物根系层的充分和均匀湿润,而控制性分根交替灌溉则强调利用作物水分胁迫时产生的根信号功能,即人为保持和控制根系活动层的土壤在垂直剖面或水平面的某个区域干燥,使作物根系始终有一部分生长在干燥或较干燥的土壤区域中,限制该部分的根系吸收水分,让其产生水分胁迫信号传递至叶气孔,形成最优气孔开度,减少作物奢侈的蒸腾耗水,另一部分根系区则保持湿润,维持作物正常吸水,保证作物产量,通过对不同区域根系进行交替干旱锻炼和其存在的补偿生产功能而刺激根系的生长,提高根系对水分和养分的利用率,最终达到不牺牲作物产量而大量节水的目的。

四、管理节水

管理节水是指根据作物需水规律和生长发育特点,运用现代先进的管理技术和自动化管理系统对作物用水进行科学调控,最大限度地满足作物对水分的需求,实现区域效益最佳。

建立农田土壤墒情监测预报模型,实时动态分析灌区内土壤墒情,在气象预报的基础上,进行实时灌溉预报,实现灌区动态配水计划,达到优化配置灌溉用水的目的。

开展灌区多种水源联合利用的研究,建立多水源优化配置的专家系统,提出不同水源组合条件下的优化灌溉与管理模式,合理利用和配置灌区地表水、地下水和土壤水,在最大限度满足作物生长需水的同时,达到改善农田生态环境的目的。

实现灌区用水的科学政策管理,其核心是制定合理的水价,建立适合灌区实际水情和民情的用水交互原则及相关条例,探索科学水市场的形成条件和机制,推动节水灌溉的规范化和法治化。

课程思政教育

(1)通过农业用水的概念、作物需水量和灌溉用水量的学习,引导学生深刻理解水资源对农业生产的重要性及其在保障国家粮食安全中的作用,激发学生节水和珍惜粮食的意识,培养学生在生活和工作中积极推广和实践节水措施的责任感,保障国家粮食安全和水资源安全。

(2)通过学习农业节水技术,促进学生加强了解和掌握节水技术的原理与应用,强化学生的实践能力和创新意识,鼓励学生积极探索,为我国农业水资源可持续发展作出贡献。

思考题或习题

[1]分析一下水与农作物的关系。

[2]什么是作物需水量和灌溉用水量?二者之间有何区别和联系?

[3]农业灌溉取水方式有哪些?

[4]灌溉渠系规划和田间工程规划的原则和内容是什么?应注意什么问题?

[5]农业用水量如何计算?应考虑哪些主要因素?如何考虑?

[6]主要的农业节水措施包括哪些?

第八章　工业用水

水是工业的血液。水资源短缺直接影响工业产值和财政收入,影响国民经济发展的速度。在工业生产中,水可以用来作为工作动力(如蒸汽机、水力发电),用来冷却机器和设备(如汽轮机、炼钢炉),作为原料和成品的洗涤剂(如焦化厂、煤制品、织印染厂),用于调节生产车间的温度和湿度,以及用作溶剂等。

本章专门介绍工业用水的相关知识,主要内容包括工业用水的概念、工业用水的途径、工业用水量计算以及我国工业用水状况、工业节水等。

第一节　工业用水的概念

工业用水是全球水资源利用的一个重要组成部分。工业用水取水量约为全球总取水量的1/4。工业用水的组成十分复杂,用水量的多少取决于各类工业的生产方式、用水管理水平、设备水平和自然条件等,同时取决于各国的工业化水平。

20世纪50年代至80年代初,发达国家生产迅猛发展,使得工业用水量经历了一段快速增长的过程。工业用水占总用水量的比例由8%迅速提高到28%左右。随着工业结构调整、技术进步、工业节水水平的提高,发达国家的工业用水量增长逐渐放缓,达到零增长,甚至出现负增长。日本工业用水量从20世纪60年代中期至70年代初以44%的速率猛增。70年代中期趋于稳定。70年代至80年代末,工业产值大幅度增长,淡水使用量却较为稳定,新鲜淡水补给量在逐年下降后,80年代初呈现零增长状态。而工业用水回收利用率持续提高。

发展中国家由于工业基础相对薄弱,工业经济发展水平较低,用于工业的水量占总用水量的比例偏低,大多不到10%,工业用水的增长仍具有一定的空间。用水浪费仍是发展中国家不可忽视的重要问题。

一、工业用水的含义

工业用水指工、矿企业的各部门,在工业生产过程(或期间)中,制造、加工、冷却、空调、洗涤、锅炉等处使用的水及厂内职工生活用水的总称。

工业用水是城市用水的一个重要组成部分。在城市用水中,工业用水所占比重较大,而且增长速度快,用水集中,现代工业生产尤其需要大量的水。工业生产大量用水,同样排放大量的工业废水,又是水体污染的主要污染源。世界性的用水危机首先在城市出现,而城市水源紧张主要是工业用水问题所造成的。因此,工业用水问题已引起各国的普遍重视,也是许多国家十分重视的研究课题。

水在工业生产中有多种用途,可作为传递热量的介质,也可以是工艺过程的溶剂、洗涤剂、吸收剂、萃取剂,还可以用作生产原料或反应物质的反应介质。工业部门利用水的热容量、热传导等水的物理、化学性质，从事正常生产。各项工艺需水特点不同，有的使用了水的部分有益性质，有的使用了全部有益性质。目前，没有哪个工业部门在没有水的情况下能得到发展，因此人们称“水是工业的血液”。一个城市工业用水的多少，不仅与工业发展的速度和水平有关，而且与工业的结构、工业生产的水平、节约用水的程度、用水管理水平、供水条件和水资源的多寡及气候条件等因素有关。

二、工业用水的分类

现代工业用水系统庞大，用水环节多，工矿企业不但要大量用水，而且对供水水源、水压、水质、水温等有一定的要求。

(一)按用水的作用分类

1. 生产用水

直接用于工业生产的水，称作生产用水。生产用水包括间接冷却水、工艺用水、锅炉用水。

1) 间接冷却水

在工业生产过程中，为保证生产设备能在正常温度下工作，用来吸收或转移生产设备的多余热量，所使用的冷却水(此冷却用水与被冷却介质之间由热交换器壁或设备隔开)，称为间接冷却水。

2) 工艺用水

在工业生产中，用来制造、加工产品以及与制造、加工工艺过程有关的这部分用水称为工艺用水。工艺用水包括产品用水、洗涤用水、直接冷却水和其他工艺用水。

(1) 产品用水。在生产过程中，作为产品的生产原料的那部分水称为产品用水(此水或为产品的组成部分，或参加化学反应)。产品用水在生产过程中与原料或产品掺在一起，有的成为产品的组成部分，有的则为介质存在于生产过程之中，如食品、造纸、印染、化工、电镀等工业，都有产品用水。经过使用后，水中含有大量的杂质，成为工业生产中的废水，如不加以处理，任意排放，会造成水体的严重污染。对部分污废水应处理后回收利用，做到不排放，或处理达到排放标准再排放，以免污染水体。

(2) 洗涤用水。在生产过程中，对原材料、物料、半成品进行洗涤处理的用水，称为洗涤用水。

(3) 直接冷却水。在生产过程中，为满足工艺过程需要，使产品或半成品冷却所用与之直接接触的冷却水(包括调温、调湿使用的直流喷雾水)称为直接冷却水。

(4) 其他工艺用水。产品用水、洗涤用水、直接冷却用水之外的其他用水，称为其他工艺用水。

3) 锅炉用水

为工艺或采暖、发电需要产汽的锅炉用水及锅炉水处理用水统称为锅炉用水。锅炉用水包括锅炉给水、锅炉水处理用水。

(1) 锅炉给水。直接用于产生工业蒸汽进入锅炉的水称为锅炉给水。锅炉给水由两部分水组成，一部分是回收由蒸汽冷却得到的冷凝水，另一部分是补充的软化水。

(2) 锅炉水处理用水。为锅炉制备软化水时，所需要的再生、冲洗等项目用水称为锅炉水处理用水。

2. 生活用水

厂区和车间内职工生活用水及其他用途的杂用水统称为生活用水。

以上各类水之间的关系见图 8-1。

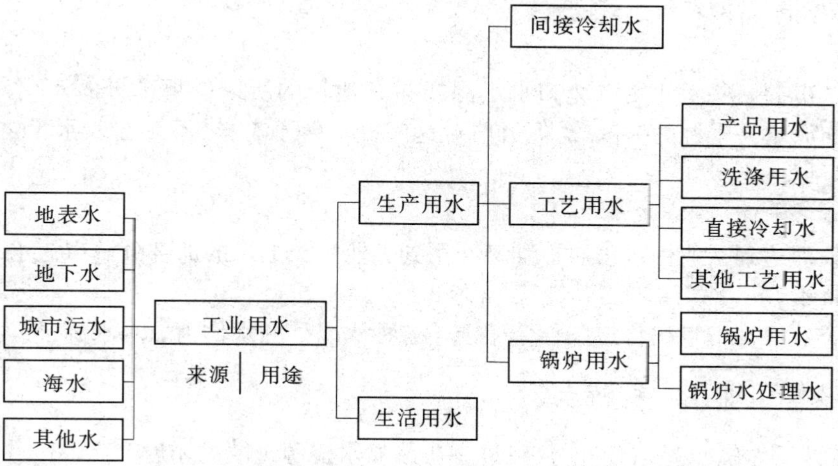

图 8-1　各类用水之间的关系

(二)按用水的过程分类

1. 总用水

总用水是指工矿企业在生产过程中所需用的全部水量,包括空调、冷却、工艺和其他用水。在一定设备条件和生产工艺水平下,其总用水量基本是一个定值,可以通过测试计算确定。

2. 取用水

取用水(或称补充水)是指工矿企业取自不同水源(江河水、湖泊或水库、地下水、自来水或海水等)的总取水量。

3. 排放水

经过工矿企业使用后,向外排放的水量。

4. 耗用水

耗用水是指工矿企业生产过程中耗用掉的水量,包括蒸发、渗漏、工艺消耗和生活消耗的水量。

5. 重复用水

重复用水是指在工业生产过程中,二次以上的用水。重复用水量包括循环用水水量和二次以上的用水量。

(三)按水源类型分类

工业生产过程所用全部淡水(或包括部分海水)的引取来源,称为工业用水水源。

1. 地表水

地表水包括陆地表面形成的径流及地表贮存的水(如江、河、湖、水库等水)。

2. 地下水

地下水包括地下径流或埋藏于地下的,经过提取可被利用的淡水(如潜水、承压水、岩溶水、裂隙水等)。

3. 自来水

由城市给水管网系统供给的水。

4. 海水

沿海城市的一些工业用作冷却水水源或为其他目的所取的那部分海水(注:城市污水回用水与海水是水源的一部分,但目前对这两种水暂不考核,不计在取水量之内,只注明使用水量以作参考)。

5. 城市污水回用水

经过处理达到工业用水水质标准又回用到工业生产上来的那部分城市污水。

6. 其他水

有些企业根据本身的特定条件使用上述各种水以外的水作为取水水源,称为其他水。

三、我国工业用水的特点

(1)工业用水需求呈增长趋势,将进一步凸显水资源短缺的矛盾。

我国工业取水量占总取水量的1/6左右,其中高用水行业取水量占工业总取水量的60%左右。随着工业化、城镇化进程的加快,工业用水量还将继续增长,水资源供需矛盾将更加突出。

(2)工业用水效率总体水平偏低。

"十一五"以来,我国工业用水效率不断提升,但总体水平较发达国家仍有一定差距。2009年我国万元工业增加值用水量为116 m^3,2014年提高到59.5 m^3,2022年提高到24.1 m^3,下降幅度很大,取得的成就显著,但仍高于发达国家平均水平。总体上看,工业节水潜力巨大。切实加强工业节水工作,对加快转变工业发展方式,建设资源节约型、环境友好型社会,增强可持续发展能力具有十分重要的意义。

(3)工业用水水平区域差异明显。

根据《2022年中国水资源公报》,31个省级行政区工业用水水平差距明显,万元工业增加值用水量变化较大,其值小于10 m^3的行政区有北京、天津、山西、陕西,其值大于50 m^3的行政区有上海、江苏、安徽、西藏。总体来看,各区域工业用水水平差异明显,与当地的水资源丰富程度和用水技术有关。

第二节 工业用水的途径

一、供水水源

作为工业用水的水源,可供利用的有河水、湖水、海水、泉水、潜流水、深井水等,种类很多。选择水源时,必须充分考虑工厂生产性质、规模与需要用水的工艺等情况,根据建设投资和维护管理费用等情况,对水量、水质等问题进行研究,从中选择合适的供水水源。

水源的利用，首先必须考虑流量与水位、水温、水质等受地形、气象条件、人类活动等的影响而发生的变化，以及取水对周围地区用户的影响等。

(一) 河流取水

从水量方面来看，河水水量一般比较丰富，而且比较可靠。但是，必须事先进行详细调查，确定河流具有可靠的水量和水质。

从水质方面来看，河水在上游地区流速较快，自净作用较大，溶解盐类也少，水质较好，但是到下游地区，由于有来自地表的污染，自净作用也降低了，所以浑浊度和有机物含量都随之增加。特别是在人口密度大的城市和工业地区周围，生活污水、工业废水、垃圾等的流入量越来越大，污染有增无减，河流本身早已丧失了自净作用，使河水作为用水的价值降低。

(二) 水库(湖泊)取水

水库以调节水量与水质为目的，对河水、泉水等进行拦蓄，由于水库的蓄水作用，水库具备沉淀、稀释和其他自净作用。但另一方面，浮游生物、藻类等生物的繁殖机会增加，有时使水产生难闻的臭味，给以后的水处理带来不良影响。因此，水库(湖泊)蓄水作用既可能改善水质，也可能恶化水质。有益影响包括：①浑浊度、色度、二氧化硅等降低；②硬度、碱度不会发生急剧的变化；③降低水温；④截留沉淀物；⑤在枯水期蓄入排放的水，有可能稀释污水等。反之，不好的影响包括：①增加藻类繁殖；②在水库的深层溶解氧减少，二氧化碳浓度增加；③在水库的底部，铁、锰和碱度增加；④由于蒸发或岩石矿物的分解，溶解固形物与硬度增加等。

水库的水越深，不同季节的水温、水质、生物的繁殖情况，在不同深度的变化就越大。详细调查这种变化，有利于从水库取到优质水。

(三) 海水取水

在沿海地区，由于地下水源在凿井和确保水量的供应方面会受到限制，单纯依靠地下水作为水源存在不足，所以可以取海水作为工业供水水源。

利用海水时要考虑的问题，原则上与一般工业用水基本一致，但在具体内容方面，利用海水作为水源有一些特殊性。

海水作为工业用水时，必须具备的条件可概括为如下几点：①具有较高保证率的必需水量；②水质良好(污染程度低，透明度良好)，而且稳定；③水温要满足使用要求；④取水设备中造成危害的生物(贝类、浮游生物、藻类及其他细菌)的发生率要小；⑤海水对金属的腐蚀性要比淡水大，所以必须采取防止腐蚀的措施；⑥海底和海岸的地形要便于进行取水、配管等的施工；⑦取水地点要选择在异常潮流、河水流入、台风等灾害少的地方；⑧离河水入海位置较远，而且要没有漂浮的垃圾和有害的工业废水；⑨有关渔业和航道等水利问题少的地方。

(四) 地下水

利用地下水作为工业用水的水源时，因为其使用目的决定了全年都处于连续工作状态，所以设计、施工都必须在充分计划、研究的基础上进行，而且还必须进行严格的管理。

地下水是在含水层中处于饱和状态的水，因重力作用而流动，不仅水质明显地受岩层性质和地下环境等的影响,而其水量也由地形、地质及其构造所决定。因此,在确定凿井地点以前应进行水文地质方面的调查。

使用井水存在水质异变的问题,特别是在沿海平原地区,常会发生地下水盐化问题,因此对于它的管理必须充分注意。

二、工业供水系统

工业供水系统包括取水工程、输水工程、水处理工程和配水工程四个部分。取用地下水多用管井、大口井、辐射井和渗渠。取用地表水可修建固定式取水建筑物,也可采用活动的浮船式和缆车式取水建筑物。水由取水建筑物经输水管道送入实施水处理的水厂。水处理过程包括澄清、消毒、除臭和除味、软化等环节。对于工业循环用水常进行冷却,对于海水和咸水还需淡化和除盐。经过处理后,合乎水质标准要求的水经配水管网送往工业用户。

工业供水系统可以是单一的仅供工业使用的供水系统,也可以是由混合供水系统分配给工业,形成工业供水分支系统。另外,为了节水,工业供水常采用循环供水方式。循环供水是将使用过的水经适当处理后,重新使用。

三、工业循环水系统

随着经济的发展,工业用水量日益增大。在大量的工业用水中,一部分使用过的水经冷却、处理后,又回到供水系统中,再次被利用,这就是工业循环水系统。在用水日益紧张的形势下,使用循环水系统是必要的,也是节水型社会建设的需要。

许多工业生产中都直接或间接使用水作为冷却介质,因为水具有使用方便、日容量大、便于管道输送和化学稳定性好等特点。据估计,工业生产中有70%~80%的用水是冷却水。工业冷却用水中70%~80%是间接冷却水。间接冷却水在生产过程中作为热量的载体,不与被冷却的物料直接接触,使用后一般除水温升高外,较少受到污染,不需要较复杂的净化处理或者无须净化处理,经冷却降温后即可重新使用。因此,实现冷却水的循环利用是工业循环水系统的重要工作。

在冷却水循环系统中,冷却水被反复多次使用。水经换热设备后温度升高,由冷却塔或其他冷却设备将水温降下来,再由泵将水送至冷却系统中重复使用,这样就大大提高了水的重复利用率,节约了大量工业用水。

根据生产工艺要求、水冷却方式和循环水的散热方式,可分为密闭式和敞开式两种。密闭式循环冷却水系统中,冷却水通过换热器冷却工艺热介质,在换热过程中冷却水温度升高成为热水,热水在另一台设备——二次冷却器中通过与空气或水间接接触而冷却,冷却后的水温度降低,再循环使用。在循环过程中,冷却水不暴露于空气中,没有蒸发、风吹飞溅和浓缩的问题,所以水量基本不消耗,补充水量很少,水中各种矿物质和离子含量一般不会发生变化。这种系统的水质处理比较简单,维护容易,而且补充水量极少,有利于水资源的节约。敞开式循环冷却水系统中,一方面,循环水带走物料、工艺介质、装置或热交换设备所散发的热量;另一方面,升温后的循环水通过冷却构筑物时与空气直接接触得以冷却,然后再循环使用。敞开式循环冷却水系统与直流冷却水系统相比,补充的新鲜水一般只是直流用水量的10%左右,可节约大量冷却水,是目前应用最广泛的一种循环冷却水系统。

四、工业废水处理系统

(一)工业废水类型

在工业生产过程中,一般要排出一定量的废水,包括工艺过程用水、机器设备冷却水、烟气洗涤水、设备和场地清洗水等。这些废水都有一定的危害,在一定的条件下会造成环境污染。

工业废水按所含的主要污染物质,通常分为有机废水、无机废水、兼含有机物和无机物的混合废水、重金属废水、含放射性物质的废水和仅受热污染的冷却废水。按产生废水的工业部门,可分为造纸废水、制革废水、农药废水、电镀废水、电厂废水、矿山废水等。

工业废水的水质因工业部门、生产工艺和生产方式的不同而有很大差别。如电厂、矿山等部门的废水主要含有无机物;而造纸和食品等工业部门的废水,有机物含量很高;造纸、电镀、冶金废水常含有大量的重金属。此外,除间接冷却水外,工业废水中都含有多种与原材料有关的物质。因此,工业废水处理比较复杂,需要针对具体情况,设计有针对性的废水处理工艺。

(二)工业废水处理方法概述

工业废水处理的过程是将废水中所含的各种污染物与水分离或加以分解并使其净化的过程。废水处理法大致可分为物理处理法、化学处理法、物理化学处理法和生物处理法。物理处理法可分为调节、离心分离、沉淀、除油、过滤等。化学处理法可分为中和、化学沉淀、氧化还原等。物理化学处理法可分为混凝、气浮、吸附、离子交换、膜分离等方法。生物处理法可分为好氧生物处理法和厌氧生物处理法。究竟选用何种方法需根据废水中污染物的类型和状态,具体分析和确定。

第三节　工业用水量计算及我国工业用水状况

一、工业用水量分类与计算

(一)工业用水量分类

按用水方式划分,工业用水量可分为用水量(总用水量)、循环水量、回用水量、重复利用水量、耗水量、排水量、取水量(或新水量)、漏失水量、补充水量等9种(见表8-1)。其单位通常为体积单位(m^3),考察的时段较短时,也可用流量单位表示,如m^3/s、m^3/h或m^3/d等。

(二)各种水量间的关系

工业用水量是工业用水系统在一定时段内用水过程中发生的水量。从表8-1中各种用水量定义可见,它们之间存在着必然的联系,同一用水系统各水量之间关系如图8-2所示。

表 8-1　工业用水量分类基本情况一览表

序号	用水量分类名称	符号	定义	备注
1	用水量(总用水量)	Q_t	一定时期内某用水系统所需的用(总)水量	包括补充水量与重复利用水量
2	循环水量	Q_{cy}	一定时期内某用水系统中循环用于同一用水过程的水量	亦称循环利用水量
3	回用水量	Q_s	一定时期内被用过的水经适当处理后再用于系统内部或外部其他用水过程的水量	包括第一次使用后被循环利用的水量(串用水量)
4	重复利用水量	Q_r	同一用水系统中的循环水量与回用水量	亦称重复水量
5	耗水量	Q_c	一定时期内某工业用水系统在生产过程中,由蒸发、吹散、直接进入产品、污泥等带走所消耗的水量	
6	排水量	Q_d	一定时期内某用水系统排放出系统之外的水量	包括生产与生活排水量
7	取水量	Q_f	一定时期内某用水系统利用的新鲜水量	
8	漏失水量	Q_l	包括漏失在内的全部未计量水量	
9	补充水量	Q_w	一定时期内用水系统取得的新水量与来自系统外的回用水量	

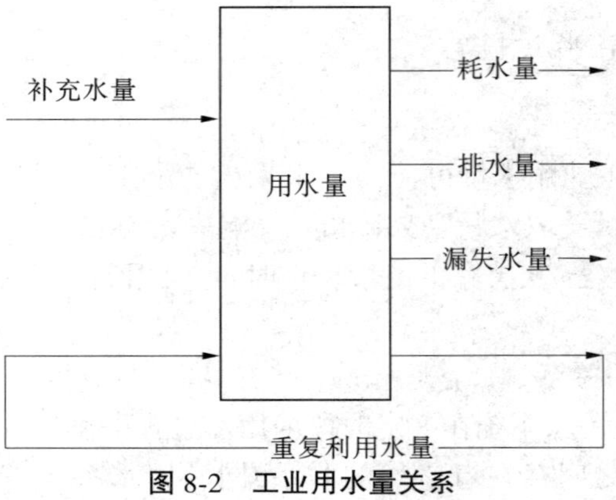

图 8-2　工业用水量关系

(1)总用水量(Q_t)等于补充水量(Q_w)与重复利用水量(Q_r)之和,而补充水量包括取

水量(Q_f)和系统外的回用水量(Q'_s)。即

$$Q_t = Q_w + Q_r \quad 或 \quad Q_t = Q_f + Q'_s + Q_r \tag{8-1}$$

从水量平衡角度考虑,总用水量也等于耗水量(Q_c)、排水量(Q_d)、漏水量(Q_l)与重复利用水量(Q_r)之和。即

$$Q_t = Q_c + Q_d + Q_l + Q_r \tag{8-2}$$

(2)重复利用水量(Q_r)等于同一用水系统中的循环水量(Q_{cy})与回用水量(Q_s)之和。即

$$Q_r = Q_{cy} + Q_s \tag{8-3}$$

(3)取水量等于耗水量、排水量、漏水量之和减去系统外的回用水量。即

$$Q_f = Q_c + Q_d + Q_l - Q'_s \tag{8-4}$$

当无系统外回用水时,取水量等于耗水量、排水量、漏水量之和。即

$$Q_f = Q_c + Q_d + Q_l \tag{8-5}$$

二、工业用水量的分析计算

关于工业用水量的计算,一般有两种途径:一是直接计算法,即根据工业用水量统计计算得到,因为工业用水一般都有比较完善的供水系统,可以控制和核算月水量大小;二是根据定额估算,即根据当地统计分析,获得万元工业增加值用水量经验数据,再由当年工业增加值计算工业用水量。设万元工业增加值用水量为 Q_{Ih}(m^3/万元),当年工业增加值为 Y_I(万元),则工业用水量 Q_{IW} 为:

$$Q_{IW} = Q_{Ih} Y_I \tag{8-6}$$

定额估算方法是一种间接估算,其关键是要通过统计得到比较准确的“万元工业增加值用水量”的经验数据,这是计算的基础。万元工业增加值用水量数据在不同地区也有比较大的差异。比如,2022 年我国平均万元工业增加值用水量为 24. 1 m^3/万元,有些城市万元工业增加值用水量已经很小,比如北京市的万元工业增加值用水量为 4. 8 m^3/万元,有些城市的万元工业增加值用水量较大,比如上海市为 58. 4 m^3/万元。

三、我国工业用水的状况

随着我国经济建设的不断推进,全国工业用水量一直逐年增加。2014 年全国总用水量 6 095 亿 m^3,工业用水量 1 356 亿 m^3,工业用水量占总用水量的 22. 2%。与 2005 年比较,全国总用水量增加 462 亿 m^3,工业用水量增加 71 亿 m^3。2022 年全国总用水量 5 998. 2 亿 m^3,工业用水量 968. 4 亿 m^3,工业用水量占总用水量的 16. 1%,比 2014 年均有所下降。尽管我国在工业节水方面取得了巨大成就,但工业用水设施总体还较落后,工业用水重复利用率与部分发达国家相比尚存在一定差距,万元工业增加值用水量还未达到发达国家的水平,因此我国工业用水还有较大的节水潜力,用水水平亟待提高。

同时,我国工业废水处理率和处理程度还偏低,带来的污染危害依然较严重。尽管在最近 20 年,我国的工业废水处理率得到大幅度提升,但仍有部分废水未被处理或处理程度不高,依然是我国江河和地下水的主要污染源。

第四节　工业节水

一、工业节水指标体系

工业用水量是全社会用水量的重要组成部分,因此工业节水指标体系是节水指标体系的重要组成部分,是从工业节水的侧面考核城市节约用水的水平。其指标体系的建立、考核指标的形成以及节水水平评判等基本原理具有城市节水指标的共性,但工业节水指标以具体的工业用水系统为对象,从微观上考察用水与节水过程,节水指标又具有特殊性。

工业节水指标体系由工业用水率度指标和工业节水水量指标组成。其中工业用水率度指标包括工业用水循环利用率、新水利用系数、水的损耗率、循环比、回用率、重复利用率、比差率等;工业节水水量指标一般由万元工业产值取水量、工业用水定额指标组成。

(一)工业用水率度指标

1. 新水利用系数

新水利用系数 K_f 是指用水系统新水量 Q_f 与排水量 Q_d 之差与新水量的比值,计算公式为:

$$K_f = \frac{Q_f - Q_d}{Q_f} \tag{8-7}$$

2. 工业用水循环利用率

工业用水循环利用率 R_{cy} 是指一定期间循环用水系统中循环水量 Q_{cy} 所占的比例。计算公式为:

$$R_{cy} = \frac{Q_{cy}}{Q_{cy} + Q_f} \times 100\% \tag{8-8}$$

工业用水循环利用率反映循环水系统水被循环利用的效率,但它的大小受总用水量的影响很大,加之不同工业行业因用水性质不同导致可循环利用的程度不同,因此该指标并不能完全反映同类工业企业,尤其是不同类型工业企业的用水和节水水平。但是,提高工业用水的重复利用率是工业节水的重要途径之一,通过提高重复利用率,可以减少工业企业取水量,并减少工业企业的外排水量。

3. 水的损耗率

水的损耗率 R_l 是指循环水系统中耗水量 Q_c 与漏失水量 Q_l 所占的比例,计算公式为:

$$R_l = \frac{Q_c + Q_l}{Q_{cy} + Q_f} \times 100\% \tag{8-9}$$

4. 循环比

循环比 P_{cy} 是指用水系统总用水量 Q_t 与新水量 Q_f 的比值,反映了新水的循环利用次数。计算公式为:

$$P_{cy}=\frac{Q_t}{Q_f} \tag{8-10}$$

5. 回用率

回用率 R_s 是指用水系统循环水量 Q_{cy} 为零时,系统内部回用水量 Q_{sl} 所占的比例。计算公式为:

$$R_s=\frac{Q_{sl}}{Q_{sl}+Q_f}\times 100\% \tag{8-11}$$

6. 重复利用率

重复利用率 R_r 是指重复利用水量 Q_r 占用水系统中总用水量的比例。反映同时具有循环用水与回用水系统中水的有效程度。计算公式为:

$$R_r=\frac{Q_r}{Q_t}\times 100\% \tag{8-12}$$

由于 $Q_t=Q_r+Q_w$,$Q_r=Q_{cy}+Q_{sl}$,则式(8-12)可改写为:

$$R_r=\frac{Q_r}{Q_r+Q_w}\times 100\% \tag{8-13}$$

$$R_r=\frac{Q_{cy}+Q_{sl}}{Q_{cy}+Q_{sl}+Q_w}\times 100\% \tag{8-14}$$

当无系统外部回用水时,$Q_f=Q_w$,于是有

$$R_r=\frac{Q_r}{Q_r+Q_f}=\frac{Q_{cy}+Q_{sl}}{Q_{cy}+Q_{sl}+Q_f}\times 100\% \tag{8-15}$$

7. 比差率

比差率 R_v 是指工业的实际取水量 V'_f 与该城市工业的对比取水量 V''_f 之比。计算公式为:

$$R_v=\frac{V'_f}{V''_f} \tag{8-16}$$

其中城市工业的对比取水量是在进行比较的范围内按各工业行业平均万元产值取水量计算的工业平均取水量,即

$$V''_f=\sum_{i=1}^{n}C_iV_{fi} \tag{8-17}$$

式中　V_{fi}——比较范围内第 i 个工业行业的平均万元产值取水量,m^3/万元;

C_i——城市第 i 个工业行业的产值,万元;

n——比较范围内的工业行业数。

R_v 值大于 1 时,说明该城市的实际工业万元产值取水量高于比较范围内的万元工业产值取水量的平均水平,其节水水平低于相应范围内的平均节水水平。该指标消除了城市间不同工业结构对万元工业产值取水量的影响,克服了万元工业产值取水量指标这方面的缺点,是进行城市间横向比较的工业节水指标。

(二)工业节水水量指标

1. 万元工业产值取水量

万元工业产值取水量是指报告期内工业取水量与工业产值之比。计算公式为:

$$V_v = \frac{V_f}{C} \tag{8-18}$$

式中 V_v——万元工业取水量,m^3/万元;

V_f——报告期内同一范围的工业取水量,m^3;

C——相应的工业产值,万元。

该指标反映水资源投入与产出的关系,是一项绝对的综合经济效果的水量指标,它反映了工业用水的宏观水平。可针对工业行业的节水水平评价,同时可从宏观上评价城市、国家等大范围的节水水平,可作为城市尤其是同行业工业企业之间用水(节水)水平的粗略比较。但万元工业产值取水量受产品结构、产业结构、产品价格、工业产值计算、产品加工深度等因素的影响很大,作为横向比较的指标时应注意限制条件。

2. 工业用水定额

工业用水定额,特别是企业用水基础定额和行业用水定额是一种绝对的经济效果指标,因此它是衡量企业内部、地区、工业行业与企业用水(节水)水平的主要考核指标,是进行工业用水(节水)水平横向、纵向比较的统一尺度,其可比性、指导性强。

目前我国企业用水定额主要限于工业企业内部。制定具有对比性和指导性的行业用水定额,需要有良好的节水工作基础、足够大的样本容量,而且影响因素多、工作情况复杂、工作量大、工作周期较长,因此是今后工业节水管理的努力方向。

二、工业节水措施

在目前我国水资源严重短缺的形势下,有效地开展工业节水工作,不仅能够保证企业正常的生产用水,而且可减少城市水资源的开发,并能有效地减少工业废水的排放量,减轻废水对环境的污染,是一举多得的事情。

自20世纪80年代以来,我国已大力推行城市节约用水工作,各城市以工业企业节水为重点,制定了与生产过程用水紧密联系的一系列节水措施,并在实践中逐步形成了一定的经验。具体节水措施有以下几方面:

(1)调整产品结构,改进生产工艺,建立节水型工业。生产过程所需的用水量是由产品和生产工艺决定的。对于本身耗水量较大产品的新建项目,应充分论证与当地水资源及可供水量的协调关系。对已建的项目,要根据可供水量调整结构。利用先进的生产工艺降低生产用水是较容易被企业接受的节水措施。但生产工艺的改进往往会导致原材料、操作、设备等方面的较大变动,牵涉面较大,因此必须结合原、辅材料的供应、产品的数量和质量的支持。目前较常见的工艺改进包括生产主要过程中少用水或无水生产工艺技术、顺流洗涤改为逆流洗涤工艺技术、直接冷却改为间接冷却技术、水冷却改为非水冷却等。

(2)强化节水技术、开发节水设备,努力降低节水设施投资。借助循环系统技术,可将使用过的水经过适当处理后重新用于同一生产用水过程。如循环冷却水系统,大部分间接冷却水使用后除水温升高外,较少受到污染,一般不需要较复杂的净化处理,经冷却后即可重新使用。借助回用水系统技术,将使用后的排水量经处理达到生产过程的水质要求后,再用于生产过程,不仅增加了用水系统的部分供水量,而且减少了工业废水的排放量,减轻了废水对周围环境的污染。此外,海水淡化技术可将海水的水盐分离、淡化海水,作为工业新水量直接供给用水系统。因此,需要不断地研制和开发新的配套节水设备,提高节水设备的经济效益,调动企业的节水积极性。

(3)加强企业用水行政管理,逐步实现节水的法治化。设立专门的、代表政府行政的节水管理机构,建立必要的用水管理制度,努力实现用水(节水)的科学化管理。节水工作与企业的切身利益密切相关。为提高节水效率,企业往往需投入大量的资金配套节水设施和改进工艺。需要依法促进企业节水,加强企业用水行政管理,真正做到依法行政。只有这样才能推动工业节水事业的健康发展。

(4)提高工业生产规模,发挥规模经济效应。在用水(节水)方面,不同行业中单位产品取水量或万元产值取水量先进与落后的指标值相差数倍。主要原因是小企业的经济实力限制了其产品结构调整、工艺节水改造的实现,从而无法进入节水指标先进的行列。通过企业自身改革、联合或重组等形式形成规模化生产,不仅可有效地实现企业资源的合理配置,而且可为生产过程的优化创造良好的条件,从而实现低耗(包括耗水、耗能及原料等)高效的生产,提高企业的市场竞争力,同时也会促进企业节水目标的实现。

课程思政教育

(1)通过学习工业用水的含义、分类以及我国工业用水的特点,使学生认识到工业用水的重要性和对环境可能产生的影响,激发学生资源节约和绿色可持续发展意识。

(2)通过介绍国内外在工业节水领域的差距,激发学生的爱国情怀和勇于进取的奋发精神,在学习中加入爱国主义教育和国际视野等思政元素。

思考题或习题

[1]简述我国工业用水的特点。

[2]简述工业用水量的分析计算方法。

[3]简述工业节水的途径和措施。

[4]学会工业用水量的分析计算方法,并能计算某一工业系统的用水量。

第九章 水资源规划

水资源规划是水利部门的重点工作内容之一,对水资源的开发利用起着重要的指导作用。水资源合理配置则是水资源规划的重要基础工作。通过对区域水资源进行合理配置和科学规划,可以有效地促进区域水资源的可持续利用,保障经济社会的可持续发展。

本章内容主要包括水资源规划的概念,水资源规划的原则与指导思想、工作流程,水资源需求分析及预测、供需平衡分析,水资源合理配置,水资源规划方案的比选与制订等内容。

第一节 基本概念

一、水资源规划的概念及意义

水资源规划起源于人类有目的、有计划的防洪抗旱以及流域治理等水资源开发利用活动,它是人类与水斗争的产物,是在漫长的水利生产实践中形成的,且随着经济社会与科学技术的不断发展,其内容也不断得到充实和提高。

美国的古德曼(A. S. Goodman)教授认为:水资源规划就是在开发利用水资源的活动中,对水资源的开发目标及其功能在相互协调的前提下做出的总体安排。我国学者陈家琦认为:水资源规划是指在统一的方针、任务和目标的约束下,对有关水资源的评价、分配、供需平衡分析与对策,以及方案实施后可能对经济、社会和环境的影响等方面而制定的总体安排。左其亭则认为:水资源规划是以水资源利用、调配为对象,在一定区域内为开发水资源、防治水患、保护生态环境、提高水资源综合利用效益而制定的总体措施计划与安排。可见,水资源规划的概念和内涵随着研究者的认识、侧重点和实际情况的不同而有所不同。

我国有水利规划与水资源规划之分,水资源规划是水利规划的重要组成部分。水利规划是指为防治水旱灾害、合理开发利用水土资源而制定的总体安排,具体内容包括确定研究范围,制定规划方针、任务和目标,研究防治水害的对策,综合评价流域水资源的分配与供需平衡对策,拟定全局部署与重要枢纽工程的布局,综合评价规划方案实施后对经济、社会和环境的可能影响,提出为实施这些目标需采用的重要措施及程序等。

结合上述有关水资源规划的论述,可以总结出水资源规划的一般概念。水资源规划就是指在统一的方针、任务和目标指导下,以水资源承载力为基础,以自然规律为准则,通过调整水资源的天然时空分布,协调防洪抗旱、开源节流、供需平衡以及发电、通航、水土保持、景观与环境保护等方面的关系,以提高区域水资源的综合利用效益和效率,实现水资源、经济社会、生态环境协调可持续发展,达到以水生态文明为目标而制定的总体计划与安排,并就规划方案实施后可能对经济、社会和环境产生的潜在影响进行评价。

水资源规划的意义主要体现在以下几方面：①有效地促进水资源评价及其合理配置；②通过有计划地开发利用水资源，可保障经济社会的稳步发展，进一步改善或保护区域环境，促进区域人口、资源、环境和经济社会的协调可持续发展，达到水生态文明；③有效地保护水资源，缓解水资源短缺、洪涝灾害和水环境恶化带来的多种社会矛盾。

二、水资源规划的类型

根据规划的区域和对象，水资源规划可分为以下几种类型。

(一)区域水资源规划

区域水资源规划是指以行政区或经济区、工程影响区为对象的水资源规划。区域水资源规划所研究的内容包括国民经济发展、自然资源与环境保护、地区开发、社会福利与人民生活水平的提高以及与水资源有关的其他问题。研究对策一般包括防洪、灌溉、排涝、航运、供水、发电、养殖、旅游、水环境保护与水土保持等内容。规划的重点视具体的区域和水资源服务功能的不同而有所侧重。例如，干旱缺水地区的水资源规划应以水资源合理配置、水资源节约及水资源科学管理为重点；而洪灾多发地区的水资源规划则应以防洪排涝为重点来实施。

进行区域水资源规划时，既要把重点放到研究区域上，又要兼顾研究区域所在流域的水资源总体规划，统筹局部利益和整体利益，实现大流域与小区域之间的相互协调与全局最优。

(二)流域水资源规划

流域水资源规划是以整个江河流域为对象的水资源规划，也称流域规划。流域规划的研究区域一般是按照地表水系的空间地理位置来划分的，即以流域分水岭为区域边界。研究内容和对策基本与区域水资源规划相近。同样，对于不同的流域，其规划的侧重点也有所不同。例如，塔里木河流域规划的重点是生态保护，黄河流域规划的重点是水土保持，淮河流域规划的重点是水资源保护。

(三)跨流域水资源规划

跨流域水资源规划是将一个以上的流域作为对象，以跨流域调水为目的的水资源规划。例如，为实施“引黄济青”“引青济秦”“引黄入呼”等工程而进行的水资源规划，为实施南水北调工程而进行的水资源规划等。跨流域调水工程涉及的流域较多，每个流域的经济社会发展、水资源利用和环境保护等问题都应包含在内。因此，与单个流域水资源规划相比，跨流域水资源规划所要考虑的问题更多、更广泛、更深入，既要探讨由于水资源的时空再分配可能给每个流域带来的经济社会和环境影响，也要探讨整个对象领域水资源利用的可持续性和对后代人的影响及相应对策等。

(四)专门水资源规划

专门水资源规划是以流域或地区某一专门任务为研究对象或为某一特定行业所做的水资源规划。有灌溉规划、水资源保护规划、防洪规划、水力发电规划、城市供水规划、航运规划以及某一重大水利工程规划(如小浪底工程规划、三峡工程规划)等。该类规划针对性较强，除重点考虑某一专门问题外，还要考虑规划方案实施后可能对区域或流域产生的影响以及区域或流域水资源状况和开发利用的总体战略等。

第二节　水资源规划的原则与指导思想

一、水资源规划的原则

水资源规划是全面落实国家或地区实施可持续发展战略的要求，适应经济社会发展和水资源的时空动态变化，着力缓解水资源短缺、水环境恶化等水问题的一项重要工作。它是根据国家或地区的社会、经济、资源和环境总体发展规划，以区域水文特征及水资源状况为基础来进行的。

水资源规划的制定是国家或地区国民经济发展中的一件大事，它关系到国计民生、经济社会发展与环境保护等诸多方面，因此应高度重视并尽可能利用有限的水资源，按照最严格水资源管理制度要求，满足各方面的需水，以较小的投入获取较高的社会、经济和环境效益，促进人口、资源、环境和经济的协调可持续发展。

水资源规划一般应遵循以下几方面原则：

(1)坚持依法治水，遵守有关法律法规。水资源规划是区域水资源开发利用的一个指导性文件，因此在制定水资源规划时，应坚持依法治水，贯彻执行国家有关法律和规范，诸如《中华人民共和国水法》《中华人民共和国水土保持法》《中华人民共和国环境保护法》《中华人民共和国水污染防治法》《江河流域规划编制规范》等。

(2)以人为本，保障安全。经济社会发展带来的水问题多样且复杂，在进行水资源规划时，应以人为本，重点解决人民群众最关心、最直接、最现实的问题，保障供水安全、饮水安全及水生态安全。

(3)全面规划，统筹兼顾。水资源规划是对天然水资源时空分布的再分配，因此应将不同类型的水资源载体及其转化环节看作是一个复合系统，在时空尺度上进行统一调配，根据经济社会发展需要、环境保护规划及水资源开发利用现状，对水资源的开发、利用、调配、节约、保护与管理等做出总体安排。要坚持开源节流与污染防治并重，兴利与除害相结合，并妥善处理好上下游、左右岸、干支流、城市与农村、流域与区域、开发与保护、建设与管理、近期与远期等方面的关系。

(4)系统分析与综合开发利用。水资源规划涉及因素复杂、内容广泛、行业与部门众多，供需较难一致，因此在进行水资源规划时，应首先进行系统分析，在此基础上给出综合措施，做到一水多用、一物多能、综合开发利用，最大限度地满足各方面的需求，使水资源利用效益和效率协调最优。

(5)因时、因地制宜制定规划。水资源系统是一个动态系统，它无时无刻不在发生着变化；加之经济社会也是不断地向前发展的，因此应根据不同时期区域水资源状况与经济社会发展条件，确定适合本地区不同时期的水资源开发利用与保护的模式和对策，提出各类用水的优先次序，明确水资源开发、利用、调配、节约、保护与管理等方面的重点内容和环节，以便满足不同地区、不同时间对水资源规划的需要。

(6)科学治水。要运用先进的技术、方法、手段和规划思想，科学配置水资源，缓解当前和未来一段时期内可能发生的主要水资源问题，应用先进的信息技术、方法与手段，科学管理水资源,制定出具有高科技水平的水资源规划。

(7)实施的可行性。实施的可行性包括时间上的可行性、技术上的可行性和经济上的可行性,在选择水资源规划方案时,既要考虑方案的经济效益,也要考虑方案实施的可行性,只有考虑这一原则,制定出的规划方案才可实施。

二、水资源规划的指导思想

水资源规划的指导思想可概括为以下几点:

(1)水资源规划要综合考虑社会、经济、环境效益,确保经济社会发展与水资源开发利用、环境保护相协调。

(2)考虑水资源的动态承载能力或可再生性及用水总量控制管理,不同阶段严格控制水资源开发利用量在区域或流域用水总量控制线以内(对于无用水总量控制线的,应控制在可利用量以内),确保水资源的永续利用。

(3)考虑各行业、区域总体用水水平状况及经济社会发展变化,不断提高用水效率,将用水效率控制在区域或流域控制线以上。

(4)严格水功能区管理,控制入河排污总量在区域或流域控制线以内。

(5)水资源规划的实施要与经济社会发展水平相适应,确保水资源规划方案是可行的。

(6)从区域或流域整体的角度出发,考虑不同水平年流域上、下游以及不同区域、不同部门用水间的平衡,确保区域或流域经济社会的协调可持续发展。

(7)与经济社会发展密切结合,注重全社会公众的广泛参与,注重从社会发展的根源上来寻求解决水问题的途径,同时也配合采取一些经济手段,确保人水和谐。

(8)统筹协调生活、生产、生态用水,合理配置地表水与地下水、当地水与跨流域调水、工程供水与其他水源供水。开源与节流、保护与开发并重,不断强化水资源的节约与保护。

第三节　水资源规划的工作流程

一、水资源规划的目标

任何一种规划都有自己特定的目标,都应在支撑上级系统总体目标实现的前提下定义自己的功能和实现的目标。水资源规划是国民经济发展总体规划的重要组成部分和基础支撑规划,它是在经济社会发展总体目标的要求下,根据自然条件和经济社会的发展趋势,制定出不同规划水平年水资源开发利用与管理的措施,以保障人类社会的生存发展及其对水的需求,促进社会、经济、资源和环境的协调发展。

水资源规划的目标是为国家或地区水资源可持续利用和管理提供规划基础,要在进一步查清区域水资源及其开发利用现状、分析和评价水资源承载能力的基础上,根据经济社会可持续发展和环境保护对水资源的要求,提出水资源合理开发、优化配置、高效利用、有效保护和综合治理的总体布局及实施方案,促进我国人口、资源、环境和经济的协调发展。

由上述目标可总结出,水资源规划的目标实际上包括整治和兴利两类。整治的目标就是通过对河道、水库、湖泊、渠道、滩涂、湿地等天然和人工水体的污染、淤积、萎缩和退化等问题的治理,进行生态保护和修复;兴利的目标就是通过修建各种水利工程,调节水资源的时空分布,使得水资源得到充分利用,最大限度地满足用水需求。

二、水资源规划的主要内容

水资源规划的主要内容:①水资源调查评价;②水资源开发利用情况调查评价;③节约用水;④水资源保护;⑤需水预测;⑥供水预测;⑦水资源合理配置;⑧总体布局与实施方案;⑨规划实施效果评价。

三、水资源规划编制的总体思路

水资源规划编制的总体思路是根据地区国民经济和社会发展总体部署,以水资源承载力及水资源管理"三条红线"为基础,以自然规律为准则,确定水资源可持续利用的目标和方向、任务和重点、模式和步骤、对策和措施,统筹水资源的开发、利用、调配、节约和保护,规范水事行为,促进水资源可持续利用和环境保护。

四、水资源规划的工作流程

根据水资源规划的主要内容、各组成部分的编辑次序及其逻辑关系,整理出水资源规划的工作流程,如图9-1所示。各步骤的主要内容介绍如下。

(一)现场查勘,收集、整理资料,分析问题,确定规划目标

1. 现场查勘

了解研究区实际情况,进行有关水资源评价及其开发利用现状调查评价等方面的基础工作,观测河道流量、地下水水位,进行抽水试验、水文地质试验、水质取样与化验,调查各行业用水效率及排水情况、供水工程情况等。

2. 收集、整理资料

主要收集经济社会、水文气象、地质与水文地质、水资源开发利用与水利工程、水资源管理等方面的基础资料。整理资料就是从时间和空间上使资料更符合工作需要。

3. 分析问题

初步分析对象领域现状供用水存在的问题,初步确定进一步开发利用水资源的基本要求。

4. 确定规划目标

根据现状供用水存在的问题、开发利用水资源的基本要求、水资源动态承载力及水资源管理"三条红线"要求,拟定规划目标,作为制定规划方案或措施的依据。

(二)水资源及其开发利用情况调查评价

评价对象领域地下、地表及其他水源的水资源量,同时对对象领域水资源开发利用情况进行调查评价,包括对对象领域供用水量情况、用水效率情况及其存在的问题进行系统的分析。

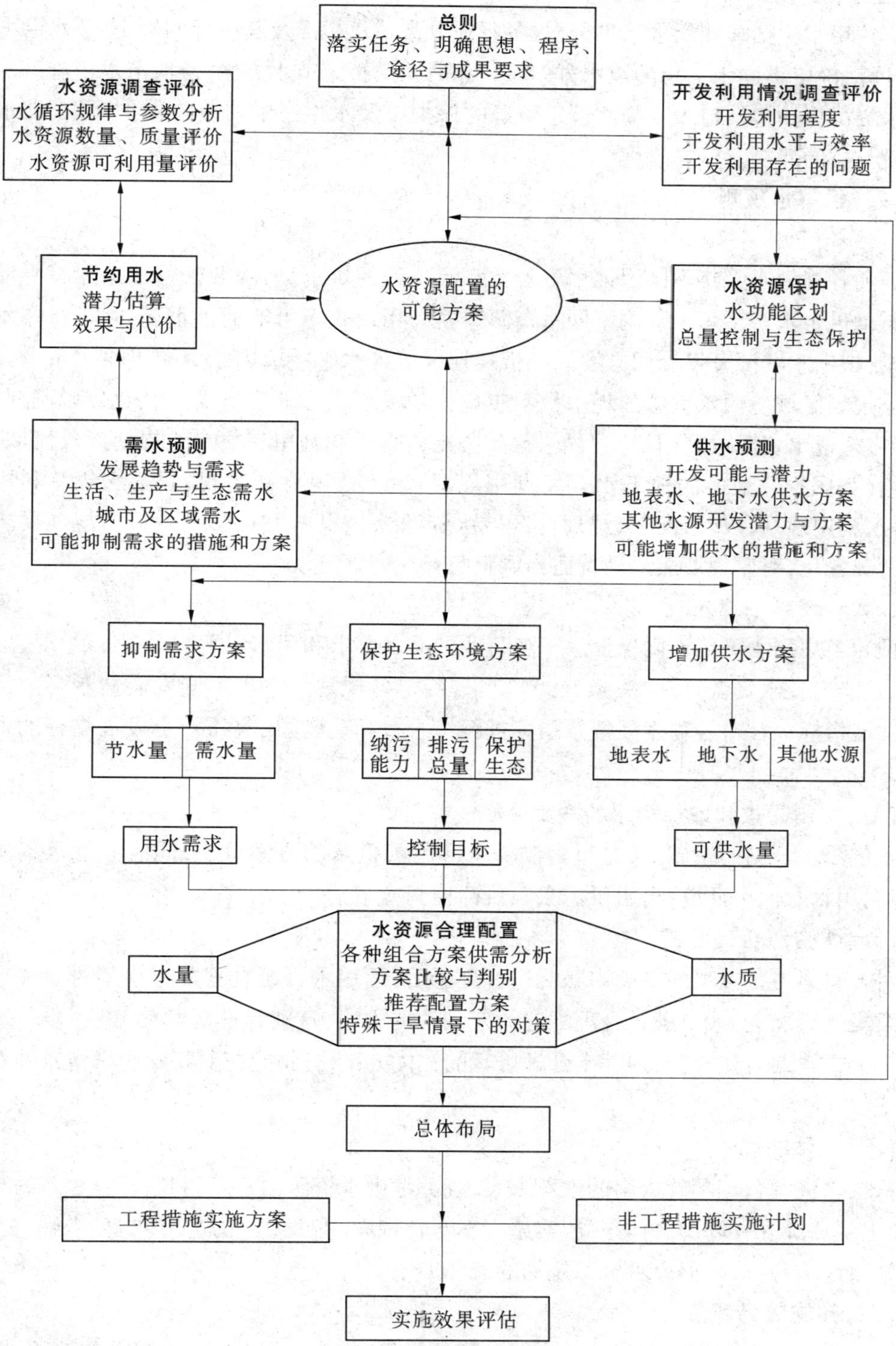

图 9-1　水资源规划工作流程示意图

(三)节约用水与水资源保护

节约用水包括现状用水水平分析,各行业分类节水标准及其指标的确定,节水潜力分析与计算,确定不同水平年的节水方向、重点和目标,拟定节水方案,落实节水措施。

水资源保护包括地表水与地下水资源的保护以及水生态的修复与保护对策,即水资源的量与质的保护。

(四)供需水预测

1. 供水预测

预测各规划水平年不同保证率下各类水源工程的供水量,水源工程包括原有水源工程和新增供水水源工程。预测不同水资源开发利用模式下可能的供水量,并进行技术经济比较,拟定水资源开发利用方案。分析规划区域各水平年境内水资源可供水量及其耗水量。规划区域境内水资源的耗水量不应超过区域用水总量控制线(无用水总量控制线的,不应超过水资源可利用量)。供水预测要充分吸收和利用有关专业规划以及流域、区域规划(如国家或地区的地下水开发利用规划、污水处理再利用规划、雨水集蓄利用规划、海水利用规划,以及各流域规划与区域水资源综合规划等)成果,并根据规划要求和新的情况变化,对原规划成果进行适当调整与补充完善。

2. 需水预测

预测各规划水平年不同保证率下各行业的需水要求和用水水平。根据区域水资源条件、承载能力及水资源管理"三条红线"要求,确定各规划水平年不同发展情景下的经济社会发展指标。在对各种发展情景指标进行综合分析后,提出经济社会发展指标的推荐方案。

(五)抑制需求和增加供水的方案分析

在供需水预测的基础上,进行抑制需求和增加供水的方案分析,同时考虑水资源保护、节约用水及保护环境,提出供需水及目标控制方案集。

(六)水资源合理配置

对方案集内各方案的供需水状况进行分析后,运用水资源合理配置模型对前述形成的方案集进行优选,找出满足合理配置约束条件的方案,这就是非劣解集,进一步通过对非劣解集方案的对比分析,推荐出合理可行的较优方案,并拟定应对特殊干旱情景的对策和措施。

(七)总体布局

依据水资源合理配置提出的推荐方案,统筹考虑水资源的开发、利用、调控、节约与保护,提出水资源开发利用总体布局、实施方案与管理方式。总体布局要使工程措施与非工程措施紧密结合,最终形成水资源规划的总体方案。

(八)实施效果评估

综合评估推荐规划方案实施后可能达到的经济、社会、环境的预期效果与效益,以及资源、环境、经济社会发展的协调可持续性。

第四节　水资源需求分析及预测

水资源是经济社会发展的基础资源,经济社会的发展需要水资源作保障,然而水资源的供给并不能完全满足经济社会发展的需要。一方面,经济社会发展过快会造成对水资源的需求急剧增加,有限的水资源不能满足其需求;另一方面,经济条件过差,对水资源的开发利用能力不足,也会使水资源得不到充分利用,不能满足经济社会的进一步发展。因此,经济社会发展与水资源紧密联系、互相制约。

一、水资源需求变化的影响因素分析

随着经济社会的发展,对水资源的需求也产生相应的变化,这种变化主要来源于经济增长的需要和水资源的开发利用程度两个方面,具体驱动和制约水资源需求增长的因素可总结为以下几点。

(一)驱动水资源需求增长的因素

驱动水资源需求增长的因素主要有人口的增加和城镇化进程、经济发展以及环境保护与建设 3 个方面。

1. 人口的增加和城镇化进程

随着人口的不断增加,不断地改变着环境,发展着经济。从本质上说,人类及其生存环境用水都可归结为人的用水。只要人口在不断增加,人类对水资源的需求量也就不断增长。

城镇化进程也会驱动需水的增长。随着经济社会的发展和人类生活水平的不断提高,城镇化进程也在逐步加快,城镇化率不断提高,这种提高使得对水资源的需求量进一步加大。例如,我国是一个传统的农业大国,1978 年我国城镇化率仅为 18%,2000 年上升到 36%,2014 年已上升到 54. 77%,2022 年达到 65. 22%。即使这样,与世界发达国家相比,我国的城镇化水平仍然较低。随着改革开放的进一步深入,特别是经济社会的飞速发展,我国的城镇化程度将越来越高,对水资源的需求也会越来越大。从水资源供需分析来看,与广大农村、牧区相比,人口大量集中于较狭小的城镇,用水也比较集中,宜建设集中供水设施,提高供水效率。城镇居民的生活用水水平也明显高于农村居民,从水资源消耗上来看,城镇人口越多,其所消耗的水资源量也就越多。不同时期、不同区域的人均用水量是不一样的。但是在相当长的发展时期,需水的增长仍将取决于人口的增加,人口的增加和城镇化进程作为需水的驱动因素将长期存在。

2. 经济发展

经济发展是人类社会永恒的主题。随着人类经济活动的日益增多,经济发展所消耗的水资源量也越来越多。人类经济活动所消耗的水资源主要包括农业灌溉、工业用水和其他生产用水等。为了满足不断增加的人口对粮食的需求,需大量开发土地和发展灌溉农业,致使灌溉用水量持续增长。从发展的角度看,在今后相当长的一段时期内,全球经济发展总需水量仍会呈增长的趋势,经济发展是需水量继续增长的主要驱动因素之一。但这种增长具有阶段性,当经济发展进入工业化后期或后工业化阶段(如西欧许多国家和日本等),经济活动用水量则有可能进入稳定甚至出现所谓的“零增长”阶段,而且随着节水水平的不断提高和先进工艺的广泛采用,经济发展需水有可能呈下降趋势。

3. 环境保护与建设

随着可持续发展战略的进一步实施,环境保护与建设的不断深入,生态用水也将驱动未来区域需水的增长。作为发展中国家,我国正日益面临着经济社会发展用水与生态用水的激烈竞争。这主要是我国水资源时空分布极不均匀,导致许多地区在发展经济和维持人口生命用水的需求过程中,牺牲了部分生态对水资源的需求,带来一些问题,如北方地区部分河流断流、地下水位下降、沿海地区海水入侵、河流湖泊受到污染、部分河流泥沙含量增大等。面对这些问题,国家正在实施高质量发展战略、生态文明建设、美丽中国建设,从水资源利用的角度来看,未来环境保护的水资源需求必将有较大的增长。水是生态系统的重要因子,没有良好的水源作保证,环境保护就无从谈起。也就是说,环境保护在今后一段时期内,将是驱动需水增长的重要因素之一。

(二)制约水资源需求增长的因素

水资源的需求具有有限性和客观性,驱动需水增长的各类因素具有阶段性,需水不是无限制地增长的,而是受到水资源状况及总量控制管理、水价与水市场、水利工程条件以及节水与水资源管理水平等因素的影响和制约。

1. 水资源状况及总量控制管理

一个区域在不同阶段的水资源量呈现出动态有限性,在没有外区域水量调入的情况下,其所能利用的最大水量一般不能超过可利用水资源量,需水不可能脱离水资源的可利用量而无限度地增长,这就产生了需水增长的资源制约性。当需水量超过可利用量时,将会破坏水循环规律,引起环境和资源负效应,危及水循环的稳定和生态的安全,如我国北方地区部分城市由于地下水过度超采,已经形成大面积的地下水降落漏斗,引起地面不同程度的沉降,沿海许多地区也由于超采地下水引发海水倒灌等。这种负面影响一旦形成,在短期内是很难消除的。另外,我国目前正在实施最严格水资源管理制度,“三条红线”是其核心内容,各区域或流域均有不同水平年用水总量控制线。因此,需水增长受水资源条件及用水总量控制线的制约。

2. 水价与水市场

在经济不断发展的条件下,对水的需求增长将受到水价的抑制,较高的水价一般有利于减少无谓的浪费,并可促进节水工作的有序开展,这就体现出市场机制对供需关系的调整作用。然而,水价的调整对通货膨胀、居民家庭支出结构和产品成本构成都有一定的影响,尤其是农业灌溉水价的调整,其影响面更为广泛。所以,水价调整还有一个承受力的问题。而且根据我国宪法,水资源与其他自然资源一样,都属于国家所有,供水具有较强的区域垄断性和公益性,也不能完全由市场来决定水价。目前,尽管一些地区已经出现了水市场的雏形,但其尚未形成完全意义上的“市场机制”。因此,水市场对需水的抑制作用尚待实践和探索,但水价与水市场对需水的影响是毫无疑问的。

3. 水利工程条件

受经济社会发展水平和科学技术发展水平的影响,在社会发展的某个阶段,水资源的开发利用量是有限度的。从供需平衡分析来看,区域内的用水量不能超过其可能的供水量。从预测的角度来看,由于水资源规划的超前性和安全性,通常情况下需水量的预测值会超过当地供水工程的供水能力,但其又不能与可能的供水量相差太大。也就是说,需水的增长受制于当地的水利工程条件。从科学技术发展的角度来看,许多地区的缺水问题是可以通过兴建水利工程来解决的,但这些工程应具有经济和技术上的可行性。在大型的跨流域、跨区域调水工程没有实施以前,规划区的需水量显然会受到水利工程条件的制约。即便是实施了跨流域、跨区域的调水工程,受水区的需水量预测也会受到投资和技术条件的制约。

4. 节水与水资源管理水平

节水是有效地抑制需水增长的重要措施,特别是用水效率控制红线的实施,更是要求各行业必须不断提高用水效率。通过采取调整产业和产品结构、建设节水型社会、加大节水投入、实施工程措施节水、加强用水管理、提高水价、实行定额管理制度、发展节水技术和培育节水产业、加强节水教育、培养公众节水意识等各类工程措施和非工程措施,可以取得明显的节水效果。如农业灌溉用水量较大的地区,可通过大面积发展节水灌溉,提高节水效果。水资源管理政策对水需求的影响也非常大,面向可持续发展的最严格水资源管理制度,如用水总量控制制度、用水效率控制制度、水功能区限制纳污制度、水资源管理责任和考核制度、取水许可制度等的实施,能够有效地影响社会对水的需求。

二、需水预测

需水预测是在充分考虑资源约束、总量控制和节约用水、效率控制等条件下,研究各规划水平年,并按生活、农业、工业、建筑业、第三产业和生态用水口径进行分类,同时区分城镇与农村、河道内与河道外、高用水行业与一般用水行业,分别进行各行业净需水量与毛需水量的预测。需水预测时,需要考虑市场经济条件下对水需求的抑制,当地的水资源状况及“三条红线”、水利工程条件、用水管理与节水水平、水价及水市场因素对需水的调节作用。充分研究节水技术的不断发展及其对需水的抑制效果。需水预测是一个动态预测过程,与节约用水及水资源配置不断循环反馈。需水量的变化与经济发展速度、国民经济结构、城乡建设规模、产业布局等诸多因素有关。需水预测是水资源规划和供水工程建设的重要依据。

(一)需水预测原则

需水预测既要考虑科技进步对未来用水的影响,又要考虑水资源紧缺对经济社会发展的制约作用,使预测符合当地实际发展情况。

需水预测应以区域不同水平年的经济社会发展指标为依据,有条件时应以投入产出表为基础建立宏观经济模型。从人口与经济驱动需水增长的两大内因入手,结合具体的水资源状况及“三条红线”、水利工程条件以及过去多年来各部门需水增长的实际过程,分析其发展趋势,采用多种方法进行计算,并论证所采用指标和数据的合理性。需水预测应着重分析评价各项用水定额的变化特点、用水结构和用水量的变化趋势,并分析计算各项耗水量指标。

需水预测应遵循以下几项原则:

(1)以各规划水平年经济社会发展指标为依据,贯彻可持续发展的原则,统筹兼顾社会、经济、生态和环境等各部门发展对水的需求。

(2)考虑市场经济对需水增长的作用和科技进步对未来需水的影响,分析研究工业结构变化、生产工艺改革和农业种植结构变化等因素对需水的影响。

(3)考虑水资源紧缺及"三条红线"对需水增长的制约作用,全面贯彻节水方针,分析研究节水技术、措施的采用与推广等对需水的影响。

(4)重视现状基础资料调查,结合历史情况进行规律分析和合理的趋势外延,使需水预测符合区域特点和用水习惯。

(二)需水预测方法

需水预测按生活、农业、工业、建筑业、第三产业和生态用水口径进行划分,也可按生活、生产和生态用水口径进行划分,如表9-1所示。生活需水包括城镇居民生活用水和农村居民生活用水。生产需水是指有经济产出的各类生产活动所需要的水量,包括第一产业的种植业和林牧渔业,第二产业的高用水工业、一般工业、火(核)电工业和建筑业,以及第三产业等。生态用水分河道外和河道内两种情况,对于如水电、航运等河道内生产用水,因其用水主要是利用水的势能和生态功能,一般不消耗水资源的数量或污染水质,故属于非耗损性清洁用水。此外,河道内的生产活动用水具有多功能的特点,在满足主要用水需求的同时,可兼顾满足其他用水的需求。因此,通常情况下,河道内生产用水与河道内生态需水一并取外包线统一作为河道内需水考虑;生态需水分为维护生态功能和生态建设两类,并按河道内与河道外用水来划分。

需水预测时,应按近期、中期、远期设定不同的规划水平年,各水平年设定时,应结合经济社会发展规划、流域规划、城市规划、农业规划、工业规划、水利规划与生态建设规划等相关发展建设规划,经综合分析后加以确定。

实际上,需水量=指标量值×用水定额。因此,各行业需水预测的关键就是确定各规划水平年的指标量值和用水定额。

1. 指标量值的预测方法

按是否采用统计方法分为统计方法和非统计方法。

按预测时期长短分为即期预测、短期预测、中期预测和长期预测。

按是否采用数学模型方法分为定量预测法和定性预测法。

常用的定量预测方法有趋势外推法、多元回归法和经济计量模型。

1)趋势外推法

根据预测指标时间序列数据的趋势变化规律建立模型,并用以推断未来值。这种方法从时间序列的总体进行考察,体现出各种影响因素的综合作用。当预测指标的影响因素错综复杂或有关数据无法得到时,可直接选用时间 t 作为自变量,综合替代各种影响因素,建立时间序列模型,对其未来的发展变化作出大致的判断和估计。该方法只需要预测指标历年的数据资料,因而工作量大大减少,应用也比较方便。该方法根据建模原理的不同又可分为多种方法,如平均增减趋势预测、周期叠加外延预测(随机理论)与灰色预测等。

表 9-1　用水户分类口径及其层次结构

一级	二级	三级	四级	说明
生活	生活	城镇生活	城镇居民生活	城镇居民生活用水(不包括公共用水)
		农村生活	农村居民生活	农村居民生活用水(不包括牲畜用水)
生产	第一产业(农业)	种植业(农田)	水田	水稻等
			水浇地	小麦、玉米、棉花、蔬菜、油料等
		林牧渔业	灌溉林果地	果树、苗圃、经济林等
			灌溉草场	人工草场、灌溉的天然草场、饲草料基地等
			牲畜	大、小牲畜用水
			鱼塘	鱼塘补水
	第二产业	工业	高用水工业	纺织、造纸、石化、冶金等
			一般工业	采掘、食品、木材、建材、机械、电子、其他[包括电力工业中非火(核)电部分]
			火(核)电工业	循环式、直流式
		建筑业	建筑业	建筑业
	第三产业	商饮业	商饮业	商业、饮食业
		服务业	服务业	货运邮电业、其他服务业、城市消防、公共服务及城市特殊用水
生态	河道内	生态功能	河道基本功能	基流、冲沙、防凌、稀释净化、水生生物的保护与利用等
			河口生态	冲淤保港、防潮压碱、河口生物等
			通河湖泊与湿地	通河湖泊与湿地等
			其他河道内	根据具体情况设定
	河道外	生态功能	湖泊湿地	湖泊、湿地、沼泽、滩涂等
		生态建设	美化城市景观	绿化用水、城镇河湖补水、环境卫生用水等
			生态建设	地下水回补、防沙固沙、防护林草、水土保持等

2)多元回归法

该方法通过建立预测指标(因变量)与多个主相关变量的因果关系来推断指标的未来值,所采用的回归关系方程多为单一方程。它的优点是能简单定量地表示因变量与多个自变量间的关系,只要知道各自变量的数值就可简单地计算出因变量的大小,方法简单,应用也比较多。

3)经济计量模型

该模型不是一个简单的回归方程,而是两个或多个回归方程组成的回归方程组。这种方法揭示了多种因素相互之间的复杂关系,因而对实际情况的描述会更准确些。

2. 用水定额的预测方法

通常情况下,需要预测的用水定额有各行业的净用水定额和毛用水定额,可采用定量预测方法,包括趋势外推法、多元回归法与参考对比取值法等。其中,参考对比取值法可以结合节水分析成果,考虑产业结构及其布局调整的影响,并可参考有关省(区、市)相关部门和行业制定的用水定额标准,再经综合分析后确定用水定额,因此该法较为常用。

(三)用水定额、需水预测结果的影响因素

1. 用水定额的影响因素

在确定各行业的用水定额之前,应首先了解其影响因素。限于篇幅,下面重点介绍工业用水定额和农业灌溉定额的影响因素。

1)工业用水定额的影响因素

工业用水定额可采用万元增加值用水量、万元产值用水量或单位产品用水量等指标。影响工业用水定额的主要因素有:

(1)生产性质与产品结构。不同行业的用水构成不同,用水特性也不同,造成用水定额的明显差异。通常火电、纺织、造纸、冶金、石化等行业的用水定额相对较大,属于高用水行业;而采掘、机械、电子等行业的用水定额相对较小,属于一般用水行业。高用水行业和一般用水行业的用水定额往往相差几十倍甚至几百倍。对于同类行业,由于其产品结构的不同,用水定额也有一定的差异。

(2)生产工艺、生产设备与技术水平。生产工艺、生产设备等技术条件,不仅影响工业产品的产量和质量,而且对其用水定额也有较大的影响。技术装备好、生产工艺先进的企业,不仅产量高、质量好,而且用水定额也相对较小;技术装备差、生产工艺落后的企业,不仅产量低、效益差,而且用水定额也相对较大。

(3)生产规模。生产规模对企业单位产品用水量影响较大。通常,生产规模越大,其用水量也越大,水费成本也就越高,大企业比小企业更重视节水。

(4)用水水平与节水程度。工业用水重复利用率是反映工业用水和节水水平高低的一个重要指标。重复利用率越高,企业用水水平和节水程度就越高,相应的用水定额就越低。

(5)用水管理水平与水价。在企业生产规模相同、生产工艺相近的情况下,用水管理水平会直接影响单位产出取水量的大小。管理水平较高(如计量设施装置较齐全、设有专门管水的部门和人员、有日抄表记录、将耗水列入成本核算、超罚节奖)的企业,其用水水平也高。水价对用水定额的影响也很明显,水价较高地区的企业用水定额比水价较低地区的同类企业明显偏低。

(6)自然因素与供水条件。通常情况下,夏季炎热、气温较高,用水定额相对较高;而冬季寒冷、气温较低,用水定额则相对较低。供水条件对企业用水定额的影响也很大,如同样是火电企业,直流式(惯流式)供水方式比起循环式供水方式,其用水定额要高几十倍甚至几百倍。

2)农业灌溉定额的影响因素

农业灌溉包括农田灌溉、牧草地灌溉与林果地灌溉等,其用水定额通常选用亩均灌溉用水量,即灌溉定额,有时也采用单位农产品取水量、万元增加值或万元产值取水量等指标。影响灌溉定额的主要因素有作物需水量、有效降水量、作物生育期内的地下水补给量等。

2. 需水预测结果的影响因素

需水预测结果的主要影响因素有：①不同经济社会发展情景；②不同产业结构和用水结构；③不同用水定额和节水水平。

(四)各行业需水预测

如前所述，各行业需水预测的关键就是确定各规划水平年的指标量值和用水定额。确定指标量值可采用不同的方法，而确定用水定额时，一般采用参考对比取值法或趋势外推法。下面分别叙述各行业需水的预测方法。

1. 生活需水预测

生活需水分为城镇居民生活需水和农村居民生活需水两类，城镇(或农村)生活需水的增长速度是比较有规律的，通常在一定的范围内，因而可以采用趋势外推法来预测，包括用该法来预测用水人口和人均日用水量。或以计划部门不同水平年的用水人口预测数及其增长率为基准来预测。而需水定额以现状用水调查数据为基础，并分析其历年变化情况，考虑不同水平年城镇(或农村)居民生活水平的改善及提高程度，拟定其相应的人均日用水量，这种方法也称人均日用水量法，或简称定额法。生活需水的预测方法如下。

生活净需水量为

$$W_{Ln}^{t} = 0.365P^{t}Q_{L}^{t} \tag{9-1}$$

$$P^{t} = P^{t_0}(1+\varepsilon_{L}^{t})^{t-t_0} \quad 或 \quad P^{t_2} = P^{t_1}(1+\varepsilon_{L}^{t_2})^{t_2-t_1} \tag{9-2}$$

生活毛需水量为

$$W_{Lg}^{t} = W_{Ln}^{t}/\eta_{L}^{t} = 0.365P^{t}Q_{L}^{t}/\eta_{L}^{t} \tag{9-3}$$

式中 t——规划水平年序号；

t_0——现状水平年；

t_1、t_2——第 t_1、第 t_2 规划水平年，下同；

W_{Ln}^{t}——第 t 规划水平年城镇(或农村)生活净需水量，万 m^3；

P^{t}——第 t 规划水平年城镇(或农村)的用水人口，万人；

Q_{L}^{t}——第 t 规划水平年城镇(或农村)生活需水定额，即人均日用水量，L/(d·人)；

P^{t_0}——现状水平年用水人口数，万人；

ε_{L}^{t}、$\varepsilon_{L}^{t_2}$——现状水平年 t_0 到第 t 规划水平年、第 t_1 到第 t_2 规划水平年间城镇(或农村)人口平均增长率(%)；

$t-t_0$、t_2-t_1——现状水平年 t_0 到第 t 规划水平年、第 t_1 到第 t_2 规划水平年之间的年数，下同；

W_{Lg}^{t}——第 t 规划水平年城镇(或农村)生活毛需水量，万 m^3；

η_{L}^{t}——第 t 规划水平年城镇(或农村)生活供水系统水利用系数，由供水系统规划成果确定。

2. 农业需水预测

农业需水包括农田灌溉需水预测和林牧渔业需水预测。

1) 农田灌溉需水预测

农田灌溉需水受自然地理条件的影响,在时空分布上变化较大,同时还与农作物的品种和组成、灌溉方式和技术、管理水平、土壤、水源以及工程设施等具体条件有关。

农田灌溉需水的预测通常采用定额法。考虑到不同地区灌溉条件相差较大,农田灌溉需水预测应分区来进行,各分区需水量之和即为整个区域农田灌溉需水量。每一类型作物的灌溉需水预测主要涉及 3 个关键指标,即净灌溉定额、灌溉水利用系数和灌溉面积。各水平年针对每一类型作物的这 3 个指标,通常根据当地现状农业生产水平、发展要求和发展趋势来拟定,有时也采用趋势外推法加以确定。定额法的计算公式为

$$W^t_{\mathrm{Ag}} = \sum_{i=1}^{D^t} \sum_{j=1}^{T^t} A^t_{\mathrm{A},ij} \times m^t_{\mathrm{A},ij} / \eta^t_{\mathrm{A},i} \tag{9-4}$$

式中 W^t_{Ag}——第 t 规划水平年农田灌溉毛需水量,万 m^3;

$A^t_{\mathrm{A},ij}$——第 t 规划水平年第 i 分区第 j 种农作物的灌溉面积,万亩;

$m^t_{\mathrm{A},ij}$——第 t 规划水平年第 i 分区第 j 种农作物的净灌溉定额,m^3/亩;

$\eta^t_{\mathrm{A},i}$——第 t 规划水平年第 i 分区灌区斗口以上渠系水综合利用系数,无量纲,对于井灌区其值等于 1;

D^t、T^t——第 t 规划水平年灌区分区数和农作物种类数。

2) 林牧渔业需水预测

林牧渔业需水包括林果地灌溉需水预测、草场灌溉需水预测、渔业需水预测和牲畜需水预测等 4 项。

(1) 林果地灌溉需水预测、草场灌溉需水预测与农田灌溉需水预测类似,可采用定额法。但一般而言,计算林果地灌溉需水量和草场灌溉需水量时可不进行分区计算。

(2) 渔业需水量为鱼塘补水量,是维持鱼塘一定水面面积和相应水深以及渔业养殖功能所需要补充的水量及换水水量。渔业需水量包括养殖水面蒸发、渗漏所消耗水量的补充量和换水量。可按下式计算:

$$W^t_{\mathrm{Fg}} = \left(\sum_{i=1}^{M^t} R^t_{\mathrm{F},i} + \sum_{j=1}^{L^t} S^t_{\mathrm{F},j} \right) / \eta^t_{\mathrm{F}} \tag{9-5}$$

式中 W^t_{Fg}——第 t 规划水平年渔业毛需水量,万 m^3;

$R^t_{\mathrm{F},i}$——第 t 规划水平年第 i 次充水量,万 m^3;

$S^t_{\mathrm{F},j}$——第 t 规划水平年第 j 次换水量,万 m^3;

η^t_{F}——第 t 规划水平年鱼塘引水管道系统(或渠系)水综合利用系数,无量纲,对于就地打井补水鱼塘其值等于 1;

M^t、L^t——第 t 规划水平年鱼塘补水、换水次数。

此外,渔业需水量也可按定额法进行预测,即用渔业面积乘以单位面积补换水定额便得到渔业需水量。单位面积补换水定额可根据鱼塘渗漏量及水面蒸发量与降水量的差值、换水次数与每次换水量加以确定。

(3) 牲畜需水预测与生活需水预测类似,可采用畜均日用水量法来预测。

3. 工业需水预测

工业需水预测一般分为电力行业、高用水工业与一般工业等行业类别来进行。工业需水与产品种类、工业用水重复利用率、生产规模、生产设备、生产工艺与用水工艺等因素有关。

有条件的地区可采用对逐个工业用水户进行统计的方法,以获取可靠的数据作为预测的基础。预测时应充分考虑产业结构的调整和各种节水措施的采用对需水量的影响。有时视实际情况可将行业进一步细分,根据各行业的发展趋势分别选用不同的方法来预测,最后将各行业的需水预测值求和即为整个区域的工业需水量。

工业需水量预测涉及的因素较多。尽管正确地估算未来工业需水量还有诸多困难,但在研究工业用水的发展史、分析工业用水的现状和未来工业用水的发展趋势以及需水水平的变化之后,可从中总结出一些变化规律。工业需水量预测的常用方法有重复利用率提高法、趋势法、相关法、水平衡计算法、工业用水综合定额法等。这些方法有的可直接推断工业需水量,有的通过推断工业用水定额(万元增加值取水量,或万元产值取水量、单位产品取水量),再计算工业需水量。即

$$W_{\mathrm{In}}^{t} = X_{\mathrm{I}}^{t} Q_{\mathrm{I}}^{t} \tag{9-6}$$

$$W_{\mathrm{Ig}}^{t} = W_{\mathrm{In}}^{t} / \eta_{\mathrm{I}}^{t} \tag{9-7}$$

式中 W_{In}^{t}——第 t 规划水平年工业净需水量,万 m^3;

X_{I}^{t}——第 t 规划水平年工业发展指标(如增加值、产值、产煤量与发电量等产品产量),万元、万 t 或万 kW·h 等;

Q_{I}^{t}——第 t 规划水平年工业用水定额,m^3/万元、m^3/万 t 或 m^3/万 kW·h 等;

W_{Ig}^{t}——第 t 规划水平年工业毛需水量,万 m^3;

η_{I}^{t}——第 t 规划水平年工业供水系统水利用系数,根据工业供水规划和工业节水方案经分析后拟定。

以下以重复利用率提高法和水平衡计算法为例进行介绍。

(1)重复利用率提高法。

该方法的计算公式为

$$Q_{\mathrm{I}}^{t_2} = (1-\alpha^{t_2})^{t_2-t_1} \frac{1-\zeta^{t_2}}{1-\zeta^{t_1}} Q_{\mathrm{I}}^{t_1}$$

或

$$Q_{\mathrm{I}}^{t_2} = (1-\alpha) \frac{1-\zeta^{t_2}}{1-\zeta^{t_1}} Q_{\mathrm{I}}^{t_1} \tag{9-8}$$

式中 $Q_{\mathrm{I}}^{t_1}$、$Q_{\mathrm{I}}^{t_2}$——第 t_1、第 t_2 规划水平年工业用水定额(万元增加值取水量或万元产值取水量、单位产品取水量),m^3/万元、m^3/万 t 或 m^3/(万 kW·h)等;

ζ^{t_1}、ζ^{t_2}——第 t_1、第 t_2 规划水平年工业用水重复利用率(%);

α^{t_2}、α——第 t_1 到第 t_2 规划水平年之间拟定的年均综合影响系数、综合影响系数,也称工业技术进步系数,包括科技进步、产业结构等因素的综合影响,随行业类型而变化,一般取 0.02~0.05。

(2)水平衡计算法(工业用水定额法)。

水平衡计算法也称工业用水定额法,该方法根据工业企业水平衡计算公式 $W_{用水}=W_{取水}+W_{重复}$ 和工业用水重复利用率、工业用水定额的概念,可导出如下公式

$$Q_{\mathrm{I}}^{t_2}=\frac{1-\zeta^{t_2}}{1-\zeta^{t_1}}Q_{\mathrm{I}}^{t_1} \tag{9-9}$$

式中符号意义同前。

这里的工业用水定额同样可以选用万元增加值用水量、万元产值用水量,也可选用单位产品用水量等。该法直观、可靠、简便实用。其前提假定条件是工业生产设备和工艺在预测时段内保持不变,然而就某一工业产品而言,其产值相同,需水量相同,但生产工艺和设备总是不断地发展和进步的,所以该法预测的需水量存在一定的误差。为了改善该法的预测效果,在式(9-9)中引入修正系数 k,将其改写为

$$Q_{\mathrm{I}}^{t_2}=k\frac{1-\zeta^{t_2}}{1-\zeta^{t_1}}Q_{\mathrm{I}}^{t_1} \tag{9-10}$$

式中 k——修正系数,$k=(1-r_{\mathrm{I}}^{t_2})^{t_2-t_1}$;

$r_{\mathrm{I}}^{t_2}$——第 t_1 到第 t_2 规划水平年之间工业用(需)水定额的年均下降率(%)。

将 $k=(1-r_{\mathrm{I}}^{t_2})^{t_2-t_1}$ 代入式(9-10),得

$$Q_{\mathrm{I}}^{t_2}=(1-r_{\mathrm{I}}^{t_2})^{t_2-t_1}\frac{1-\zeta^{t_2}}{1-\zeta^{t_1}}Q_{\mathrm{I}}^{t_1} \tag{9-11}$$

水平衡计算法(工业用水定额法)和重复利用率提高法的计算公式基本相同,主要区别在于 $r_{\mathrm{I}}^{t_2}$ 和 α^{t_2} 这两个系数的定义和选取上,$r_{\mathrm{I}}^{t_2}$ 为工业取水定额的年均下降率,多根据趋势外推法来给定,而 α^{t_2} 为年均综合影响系数,可考虑科技进步、工艺改进等方面的综合影响,经合理分析后确定。

水平衡计算法是目前工业需水量预测的常用方法。工业用水定额能综合反映一个地区的节约用水水平、城市缺水程度、效益低的耗水工业数量和工业发展水平等。水平衡计算法适用范围广,它既考虑了工业用水定额与工业用水重复利用率的内在联系,又具有明确的物理概念,尤其是加入修正系数 k 的式(9-10)、式(9-11),综合考虑了生产设备更新、工艺流程改进等因素的影响,从而使需水量预测更加科学、合理。

4.建筑业需水预测

建筑业需水预测一般采用单位建筑面积用水定额法,其基本公式为

$$W_{\mathrm{Cg}}^{t}=A_{\mathrm{C}}^{t}Q_{\mathrm{C}}^{t}/\eta_{\mathrm{C}}^{t} \tag{9-12}$$

$$A_{\mathrm{C}}^{t}=A_{\mathrm{C}}^{t_0}(1+\varepsilon_{\mathrm{C}}^{t})^{t-t_0}\quad 或\quad A_{\mathrm{C}}^{t_2}=A_{\mathrm{C}}^{t_1}(1+\varepsilon_{\mathrm{C}}^{t_2})^{t_2-t_1} \tag{9-13}$$

式中 W_{Cg}^{t}——第 t 规划水平年建筑业毛需水量,万 m^3;

A_{C}^{t}——第 t 规划水平年建筑面积,万 m^2;

Q_{C}^{t}——第 t 规划水平年拟定的建筑业综合净需水定额,m^3/m^2;

η_{C}^{t}——第 t 规划水平年建筑业供水系统水利用系数,无量纲;

$A_C^{t_0}$——现状水平年竣工建筑面积，万 m^2；

ε_C^t——现状水平年到第 t 规划水平年之间建筑面积的年均增长率(%)。

此外，建筑业需水预测有时也采用万元增加值(或产值)用水定额法来进行。

5. 第三产业需水预测

第三产业需水预测与生活需水预测类似，预测公式为

$$W_{Tg}^t = 0.365P^t Q_T^t / \eta_T^t \tag{9-14}$$

式中　W_{Tg}^t——第 t 规划水平年第三产业毛需水量，万 m^3；

P^t——第 t 规划水平年用水人口，计算方法参见生活需水预测部分，万人；

Q_T^t——第 t 规划水平年拟定的第三产业综合净需水定额，L/(d·人)；

η_T^t——第 t 规划水平年第三产业供水系统水利用系数，由供水系统规划成果确定。

此外，第三产业需水预测有时也采用万元增加值(或产值)用水定额法来进行。

6. 生态需水预测

通常，按水资源的补给功能将流域划分为河道外和河道内两部分，并以此分别计算各部分的生态需水量。河道外生态需水量为水循环过程中扣除本地有效降水后，需要占用一定水资源量以满足植被生存耗水的最基本水量。它主要针对不同的植被类型，分析其生态耗水机制，求出生态系统改善后的所需水量。河道内生态需水量是维系河流或湖泊、湿地生态平衡的最小水量。它主要从实现河流的功能以及考虑不同水体这两个角度出发，包括非汛期河道的基本需水量，汛期河流的输沙需水量，以及防止河道断流、湖泊和湿地萎缩等的需水量。

1)河道外生态需水量计算方法

河道外生态需水量计算步骤：首先，依据一定的标准，如地形、地质差异，径流与人为影响因子，土地利用单元等，将河道外的生态系统进行逐级分区，并识别出不同生态分区中植被(林、灌、草等)覆盖的土地类型面积；其次，参考相关国家生态实验站的草地需水实验、林地需水实验等文献资料，确定不同区域不同植被类型的蒸发量或需水定额；最后，根据不同植被类型的空间分布情况，扣除其消耗的有效降水量后，确定其消耗的水资源量或需水量，即为现状条件下各种植被的河道外生态需水量。河道外生态需水量的计算方法有直接计算方法和间接计算方法。直接计算方法以某一区域某一类型植被的面积乘以其生态需水定额，然后将各种类型需水量相加计算得到的水量即为区域生态需水量。间接计算方法根据不同地区不同植被类型的蒸腾量 E_{Ti}，估算出当地的河道外生态需水量，其计算公式为：

$$W_{out} = \sum_{i=1}^{n} [A_i(E_{Ti} - P)]/10 \tag{9-15}$$

式中　W_{out}——河道外生态需水量，万 m^3；

A_i——第 i 种植被对应的面积，km^2；

E_{Ti}——第 i 种植被的年总蒸发量，mm；

P——年降水量，mm；

n——植被类型数量。

2)河道内生态需水量计算方法

河道内生态需水量包括河道基本生态需水量、河道输沙需水量、生物栖息地维持水量、环境纳污需水量、城市河湖需水量等,由于河道内用水在满足某一种主要需水目标时,还可兼顾其他用水要求,因此河道内的生态需水量不是上述各项分量的简单累加,而要根据它们在水循环过程中的相互关系来综合计算。我国南北方各地区由于实际情况不同,采用的计算方式也不同,如目前北方常以河流年最小月径流量的多年平均值乘以年径流月数加以确定,或采用多年平均径流量的某一百分比值。下面以河道基本生态需水量为例进行介绍。

从生态保护的角度出发,为了维持河流的基本生态功能不受破坏,一年内不同时期尤其是枯水期的水量必须维持在一定水平,以防止出现诸如断流等可能导致河流生态功能受损现象的发生,这部分需水量称为河道基本生态需水量。其计算方法到目前还没有统一,比较常用的是标准流量设定法,具体又包含7Q10法、蒙大拿法、月(年)保证率设定法等。

7Q10法是常用的计算河流最小生态需水量的方法之一,即采用90%保证率最枯连续7 d的平均水量作为河流最小流量设计值。该方法自20世纪70年代传入我国,主要用于计算污染物允许排放量,已在许多大型水利工程的环境影响评价中得到了广泛应用。由于该标准要求比较高,鉴于我国的经济发展水平还比较落后,一般河流采用最近10年最枯月平均流量或90%保证率最枯月平均流量作为最小生态需水量。

蒙大拿法是以预先确定的河流年平均流量的百分数作为生态需水量估算的标准。该方法通常在研究优先度不高的河段中作为河流流量推荐值时使用,或作为其他方法的一种检验。对于设有水文站点的河流,年平均流量的估算可以从历史监测资料中获得;而对于没有水文站点的河流,可通过水文分析计算方法求得。在美国弗吉尼亚地区的河流中证实:10%的年平均流量是退化的或贫瘠的栖息地条件;20%的年平均流量提供了保护水生生物栖息地的适当标准;在小河流中,定义30%的年平均流量接近最佳生物栖息地标准。

月(年)保证率设定法是7Q10法和蒙大拿法的一种演化算法。它主要根据水文系列统计资料,在不同的月(年)保证率(如50%、75%、90%)前提下,以不同的天然径流量百分比作为河道生态需水量的等级,分别计算不同保证率、不同等级下的月(年)河道基本生态需水量。

7. 需水预测成果的合理性分析

需水预测成果的合理性分析包括发展趋势分析、结构分析、用水效率分析与人均指标分析,以及与国内外同类地区、类似发展阶段的对比分析等。尤其是应根据当地水资源承载能力,分析经济社会发展指标和需水预测成果与当地水资源条件及“三条红线”、供水能力的协调发展关系,验证预测成果的合理性与现实可能性。

第五节　水资源供需平衡分析

水资源供需平衡分析的基础是各规划水平年供水量和需水量的预测成果,上一节系统地介绍了需水的预测方法,本节在介绍供水预测的基础上,介绍水资源的供需平衡分析。

一、供水预测

(一)可供水量的概念

可供水量是指在考虑用水总量控制管理及需水要求的情况下,各水平年、不同保证率下已建或拟建供水工程可能提供的水量。可供水量具有如下特点与要求:

(1)考虑需水要求就是把供水和需水联合起来加以考虑,不能被用户利用的水量和各类供水工程的弃水量都不能算作可供水量。

(2)各水平年反映出水资源的开发利用程度,表现在供水工程上则为供水工程的组成、工程管理水平及其状况等。

(3)不同保证率是指丰、平、枯等不同来水情况,同时也间接地表示了供水工程对用户供水的保证程度。同一供水工程在不同保证率下所提供的水量是不同的。

(4)可供水量必须是通过供水工程为用户提供的。供水工程包括地表水源供水工程、地下水源供水工程和其他水源供水工程,有时也包括临时供水工程。未通过供水工程直接为用户利用的水量,诸如农作物根系吸收的包气带土壤水分和地下水等不能作为可供水量。

(5)可供水量不同于供水工程的实际供水量和供水工程的最大供水能力。最大供水能力是指供水工程充分发挥作用时可以提供的最大水量,它没有考虑需水要求,可供水量只是最大供水能力中可以并允许被用户利用的那部分水量。而实际供水量是指供水工程实际提供的水量,实际供水量既没有考虑需水要求,也未必全部被用户所利用。

(6)可供水量可用于近期、中期、远期不同规划水平年水资源的供需分析中,可以反映不同水平年水资源的余缺程度。

(二)影响可供水量的因素

影响可供水量的因素主要有以下几种。

1. 来水特点

受季风影响,我国大部分地区水资源的年际、年内变化较大。南方地区,最大年径流量与最小年径流量的比值多在2~4变化,汛期径流量占年总径流量的60%~70%。北方地区,最大年径流量与最小年径流量的比值多在3~8变化,干旱地区甚至超过100倍,汛期径流量占年总径流量的80%以上。可供水量的计算与年来水量及其年内变化有着密切的关系,年际间以及年内不同时间和空间上的来水变化,都会使可供水量的计算结果不一致。

2. 供水工程

我国大部分地区,天然水资源的年际、年内变化很大,同时与用水需求的变化不一致,很难直接满足各类用户的需要。因此,需要修建各类供水工程来调节天然水资源的时空分布,蓄丰补枯,以便满足用户的需水要求。供水量总是与供水工程相联系的,各类供水工程的改变,例如现有工程参数的变化,不同的调节运用方式以及不同发展时期新增水源工程等情况,都会使计算所得的可供水量有所不同。

3. 用水总量控制管理

用水总量控制是我国最严格水资源管理制度的核心内容，地区、阶段不同，用水总量控制线不同，可供水量亦不同。

4. 用水条件

不同规划水平年的用水结构、用水要求、用水分布与用水规模等特性，以及节约用水、合理用水情况的不同，都会导致所计算出的可供水量不同。此外，不同用水条件之间也相互影响、互为制约，例如，河道冲淤、河口生态等用水要求，有时会影响到河道外直接供水户的可供水量；而河道上游的用水要求可能影响到下游的可供水量等。

5. 水质状况

不同规划水平年供水水源的水质状况、水源的污染程度等都会影响可供水量的大小，例如，高矿化度地下水，未经处理，不能供生产使用，更不能用于生活。

(三)供水预测及其类型

供水预测就是预测不同规划水平年新增供水水源工程达到供水能力后，与原有工程一起可提供的供水量，其中新增供水水源工程包括现有工程的挖潜配套、污水处理回用、开源节流、海水利用、微咸水利用及雨水利用等工程。

1. 供水能力

供水能力是指区域或供水系统能够提供给用户的供水量大小。它反映了区域内由所有供水工程组成的供水系统，依据系统的来水条件、工程状况、需水要求及相应的运行调度方式和规则，提供给用户不同保证率下的供水量大小。

2. 供水预测分类

根据供水工程的类型，供水预测可分为地表水源供水预测、地下水源供水预测、其他水源供水预测。其他水源主要包括可集蓄雨水、微咸水、中水(污水处理再利用)、海水和深层承压水等。

3. 供水量

对应于供水工程的类型，供水量包括地表水可供水量、浅层地下水可供水量、其他水源可供水量。

地表水可供水量包括蓄水工程供水量、引水工程供水量、提水工程供水量以及外流域调入的水量。一般而言，供需分析时需考虑总量控制管理计算各地表水源工程长系列的可供水量，然而，当需要进行不同保证率下的供需分析时，还需计算各规划水平年不同保证率下的可供水量。

浅层地下水可供水量一般根据地下水源地的富水性、补排特点、地下水可开采资源量和总量控制线以及不同水平年的技术经济条件加以确定，由于地下水系统具有蓄积、调节、延时、传输和平滑等作用，因此地下水源的供水保证率较高，一般可取97%~98%，有时甚至直接取作100%，调蓄能力较大的地下水源地可供水量的数值一般取用多年平均值。

其他水源可供水量包括深层承压水可供水量、微咸水可供水量、雨水集蓄利用工程可供水量、污水处理再利用水量、海水利用量，这里的海水利用量包括折算成淡水的海水直接利用量和海水淡化量。其中，深层承压水可供水量、微咸水可供水量、海水利用量的供水保证率较高，一般可取97%~98%，有时直接取作100%；雨水集蓄利用工程与地表水源工程类似，不同保证率下的可供水量是不相同的，通常情况下可根据不同频率下的降水量计算结果加以分析确定；污水处理再利用水量（中水）多来源于城镇居民生活污水量、第三产业污水排放量和达标排放的工业废水量，城镇污水处理回用水量通常较稳定，其供水保证率可取95%。

4. 开发利用潜力分析与可供水量估算

在对现有供水工程的布局、供水能力、运行状况以及水资源开发利用程度与存在问题等方面进行调查分析的基础上，可分析水资源的开发利用前景和开发利用潜力。水资源开发利用潜力是指通过对现有工程的加固配套和更新改造、新建工程的投入运行和非工程措施实施后，分别以地表水可供水量、地下水可供水量和其他水源可供水量，与现状条件相比最大可能提高的供水能力。

可供水量估算要充分考虑技术经济因素、水质状况、对环境的影响以及开发不同水源的有利和不利条件，预测不同水资源开发利用模式下可能的供水量，并进行技术经济比较，拟定水资源开发利用方案。要分析各规划水平年利用当地水资源的可供水量及其耗水量。通过对当地水资源耗用量的分析计算，以水资源可利用量为控制上限，检验当地水资源开发利用潜力的合理性；以用水总量控制线为上限，检验可供水量预测成果的合理性，一个地区水资源的耗水量不应超过该地区用水总量控制线。

（四）供水工程的安排

在供水预测中，不同规划水平年要合理安排新水源工程，安排的原则主要有以下5点：①在流域或地区水利规划以及供水规划中明确推荐的工程优先安排；②利用当地水资源的工程优先安排；③配套挖潜的工程优先安排；④具有综合利用功能的二程优先安排；⑤开发利用地表水、收集疏干水、污水处理回用、雨水集蓄利用的工程优先安排。

（五）地表水源供水预测

地表水资源开发既要考虑续建配套、更新改造现有水利工程后可能增加的供水能力以及相应的技术经济指标，又要考虑规划的水利工程，其重点是规划拟建的大中型水利工程的供水规模、对象和范围，以及工程的主要技术经济指标，还要考虑总量控制管理，经综合分析提出不同工程方案的可供水量、投资和效益。

地表水可供水量计算，一般以一个完整的河流水系中各类供水工程以及各供水区所组成的供水系统为调算主体，运用水库径流调节的计算方法，按照自上游到下游、先支流后干流的顺序逐级进行调节演算。对于大型水库以及控制面积大、可供水量大的中型水库，应采用长系列资料进行调节计算，结合用水总量控制线，得到各规划水平年不同保证率下的可供水量，然后再将其分解，分配到不同的计算分区上，最后确定其供水范围、供水用户、供水目标与控制条件等；对于其他中型水库、小型水库和塘坝工程，可简化计算，其中中型水库可采用典型年法进行调节计算，小型水库和塘坝可用兴利库容乘以复蓄系数来估算。

引提水工程可供水量应根据取水口处河道径流量及用水总量控制线、引提水工程的引水、提水能力以及用户需水要求来计算，公式如下

$$W_{SS}^t = \sum_{i=1}^{N} \min(Q_{S,i}^t, H_{S,i}^t, W_{S,i}^t) \tag{9-16}$$

式中　W_{SS}^t——第 t 规划水平年地表水可供水量,万 m^3;

$Q_{S,i}^t$——第 t 规划水平年 i 时段取水口可引(提)水量,等于取水口可引(提)水流量乘以 i 时段长,万 m^3;

$H_{S,i}^t$——第 t 规划水平年 i 时段引(提)水工程的引(提)水能力,等于引(提)水工程的设计引(提)水流量乘以 i 时段运行时间,万 m^3;

$W_{S,i}^t$——第 t 规划水平年 i 时段用户需要由地表水供水系统供给的需水量,万 m^3;

N——计算时段数。

规划供水工程要考虑与现有供水工程的联系,与现有供水工程组成新的供水系统,按照新的供水系统进行可供水量的计算。对于双水源或多水源用户,联合调节计算时要避免重复计算可供水量。

在省际河流上布设新的供水工程,应符合流域综合规划,并充分考虑工程实施后对流域下游、对岸水量及供水工程的影响。以统筹兼顾上下游、左右岸各方利益为原则,合理布置新增水资源开发利用工程。

计算可供水量时,应预测不同规划水平年供水工程状况的变化趋势,既要考虑现有工程经更新改造和续建配套后新增的可供水量,又要估算工程老化、水库淤积以及因上游用水增加造成来水量减少等方面对工程供水能力的影响。

(六)地下水源供水预测

地下水源供水预测以矿化度不大于 2 g/L 的浅层地下水资源可开采量结合用水总量控制线分析成果,作为地下水可供水量估算的依据。对于浅层地下水资源可开采量,应考虑相应规划水平年由于地表水开发利用方式和节水措施的变化所引起的地下水补给条件的变化,并相应地调整各水资源分区的地下水资源可开采量,同时以调整后的各分区地下水资源可开采量结合用水总量控制线分析成果作为地下水可供水量估算的控制条件。此外,还应根据地下水布井区的地下水资源可开采量并结合用水总量控制线分析成果作为估算的依据。

由于地下水资源量、地下水可开采量和地表水的利用情况直接相关,因此在评价地下水资源量、地下水可开采量时,应根据现状水平年和各规划水平年的具体情况分别加以计算。有条件的地下水开采区应规划人工补给工程,以便将地表水源工程无法控制的地表水尽可能多地转化为地下水,此时,在计算地下水可供水量时就应考虑这一额外的补给源。

应结合实际地下水开采情况、地下水资源可开采量以及天然和开采后地下水的动态特征,经综合分析,确定尚有开采潜力的地下水分布范围和新增可开采资源量,结合用水总量控制线进行分析,提出在现状开采水平的基础上可进一步增加的地下水源供水区和可供水量。

地下水可供水量与当地地下水资源可开采量及用水总量控制线、机电井的提水能力、开采范围和用户的需水量等因素有关。其计算式为

$$W_{GS}^{t}=\sum_{i=1}^{N}\min(H_{G,i}^{t},Q_{G,i}^{t},W_{G,i}^{t}) \tag{9-17}$$

式中　W_{GS}^{t}——第 t 规划水平年地下水可供水量,万 m^3;

$H_{G,i}^{t}$——第 t 规划水平年 i 时段机电井提水能力,等于机电井设计出水能力乘以 i 时段设计运行时间,万 m^3;

$Q_{G,i}^{t}$——第 t 规划水平年当地地下水资源可开采量结合用水总量控制线分析成果,万 m^3;

$W_{G,i}^{t}$——第 t 规划水平年 i 时段用户需要由地下水供水系统供给的需水量,万 m^3;

N——计算时段数。

在预测区域地下水可供水量的同时,应对区域地下水超采区进行单独的供水预测。根据超采程度以及引发的环境灾害情况,可将地下水超采区划分为严重、较严重、一般三类。禁采、压采、限采是控制、管理地下水超采区的具体措施。禁采措施一般在严重超采区实施,属终止一切开采活动的举措;压采、限采措施一般在较严重超采区实施,属于强制性压缩、限制现有实际开采量的举措;一般超采区,要采取措施,严格控制地下水的开采量。禁采区、压采区、限采区以及严格控制区与相应的超采区范围是一致的。

地表水和地下水之间存在着复杂的转换关系,有些地区地下水的开发利用,将增加地表水向地下水的补给量(如坎儿井、山丘区侧向补给、傍河河川径流补给)。这些地区只有在地下水开采量超过当地地下水可开采量与增加的地表水补给量之和时,才为超采地下水。

在供水预测中,还应充分考虑当地政府已经和将要采取的措施,对于近期无其他替代水源的一般超采区(或压采、限采区),在保持地下水环境不再继续恶化或逐步有所改善的前提下,近期可适当开采一定数量的地下水。

划定地下水供水区和确定地下水供水量后,在现有地下水工程的基础上,应提出对现有地下水工程的更新改造、续建配套,以及规划地下水工程的规划成果,并提出相应的布局、安排和投资建议。

(七)其他水源供水预测

其他水源利用主要是指参与水资源供需分析的雨水集蓄利用、微咸水利用、污水处理回用、海水利用与深层承压水利用等。

1. 雨水集蓄利用

雨水集蓄利用工程主要是指收集和储存屋顶、场院、道路与坡田等场所的降水或径流的微型蓄水工程,包括水窖、水窑、水池、水柜与水塘等,也称集雨工程。通过调查,分析现有集雨工程的供水量及其对当地河川径流的影响,可提出对象领域不同水平年集雨工程的可供水量。

雨水集蓄利用工程一般包括汇集、蓄存和利用三部分,这三个方面互相衔接,构成完整的雨水集蓄利用系统。

雨水集蓄利用技术与工程主要有城市雨水集蓄利用工程、人畜饮水工程和农业灌溉利用技术与屋顶集水技术等。

1)城市雨水集蓄利用工程

城市雨水集蓄利用工程由汇集工程、蓄水工程、处理工程(简单处理)和利用工程组成。该工程可利用雨水资源量的主要影响因素有降水量、集水面积、集流效率、城市管网雨水收集率和雨水回用可利用率。

由于一定降水的发生都有不同频率,与此相对应也有不同频率下的雨水集蓄量,据此总结出城市雨水集蓄利用工程可利用雨水资源量的计算公式:

$$W_{\mathrm{OSR},i}^{t} = 0.1\xi_{\mathrm{R},i}A_{\mathrm{R}}^{t}P_{i}\alpha_{\mathrm{R1}}^{t}\alpha_{\mathrm{R2}}^{t} \tag{9-18}$$

式中 $W_{\mathrm{OSR},i}^{t}$——第 i 种降水频率下第 t 规划水平年城市雨水集蓄利用工程年可利用雨水资源量,万 m^3;

P_i——第 i 种降水频率下的年降水量,mm;

A_{R}^{t}——第 t 规划水平年的集水面积,km^2;

$\xi_{\mathrm{R},i}$——第 i 种降水频率下的集流效率,无量纲;

α_{R1}^{t}——第 t 规划水平年城市管网雨水收集率,无量纲;

α_{R2}^{t}——第 t 规划水平年雨水回用可利用率,无量纲。

根据对象领域的实际情况,合理确定现状与各规划水平年的集水面积、集流效率、城市管网雨水收集率、雨水回用可利用率等参数。

2)人畜饮水和农业灌溉利用技术

其主要是农村小型人畜饮水工程和农业灌溉技术,其可利用雨水资源量与城市雨水集蓄利用工程计算方法类似。

3)屋顶集水技术

屋顶集水技术是一个古老而又崭新的话题,在很多情况下,人们利用石板瓦、镀锌铁皮、黏土瓦、铅瓦与石棉瓦等做成的屋顶收集相对洁净的雨水,但这也只是相对的,一般水质很难保证。

2. 微咸水利用

微咸水(矿化度2~3 g/L)一般可用作农业灌溉用水的补充,在一些淡水特别缺乏的地区,对于矿化度超过3 g/ L的咸水有时也可与淡水混合利用。我国北方的部分平原地区,广泛分布着微咸水,可利用水量也较大,合理有效地开发利用这些地区的微咸水对缓解区域水资源紧缺具有积极的作用。

在对微咸水的分布及其可采区域和需求进行调查分析的基础上,综合评价微咸水的开发利用潜力,进而提出各地区不同水平年微咸水的可利用量。其预测方法同地下水源供水预测方法。

3. 污水处理回用

城市污水经集中处理后,在满足一定水质要求的情况下,可用于农业灌溉或生态建设等方面。对缺水较严重的城市,污水处理回用对象可扩大到水质要求不高的工业用水、生态用水和市政用水,如工业冷却用水、城市绿化和冲洗马路用水、河湖补水等。

针对各规划水平年,应结合各行业需水预测结果,考虑到不同水平年污水回收、处理和利用水平的逐步提高,综合计算污水可回用量。城镇主要污水源有生活污水、工业废水、建筑业废水、第三产业污水和城市绿化(河道外生态用水)废水。

污水处理回用量计算公式为：

$$W_{OSP}^{t}=\alpha_{P2}^{t}\beta_{P}^{t}\alpha_{P1}^{t}\xi_{P}^{t}Q_{PT}^{t} \tag{9-19}$$

式中　W_{OSP}^{t}——第 t 规划水平年污水处理回用量，万 m^3；

Q_{PT}^{t}——第 t 规划水平年污水排放源总用水量，万 m^3；

ξ_{P}^{t}——第 t 规划水平年污水产出率，无量纲；

α_{P1}^{t}——第 t 规划水平年污水回收率，无量纲，主要取决于污水管网的建设完善程度；

β_{P}^{t}——第 t 规划水平年污水处理厂污水处理率，无量纲；

α_{P2}^{t}——第 t 规划水平年污水可利用率，无量纲。

4. 海水利用

海水利用包括海水淡化和海水直接利用两种方式，应分别进行统计分析和预测，其中海水直接利用量应折算成淡水替代量。

预测海水可利用量时，应首先摸清海水利用的现状、具备的条件和各种技术经济指标，在此基础上，进一步了解国内外海水利用的进展和动态，并估计未来科技进步的作用和影响，根据需求和具备的条件分析不同地区、不同时期海水利用的前景和潜力。一般而言，可根据需要和可能，提出各规划水平年两套海水利用方案：一套是正常发展情景下的海水利用量，简称基本利用方案；另一套是考虑科技进步、增加投资力度、加大海水利用程度情景下的海水利用量，简称加大海水利用方案。海水利用多以有条件的沿海城市或极其缺水的地区为单位进行分析计算，并按计算分区进行汇总。

5. 深层承压水利用

深层承压水利用应在分析深层承压水分布、补给和循环规律的基础上，综合评价其可开采潜力。在严格控制其可开采资源量和可开采范围的基础上，提出各规划水平年深层承压水的可供水量。

（八）总供水量预测成果

不同规划水平年各分区的总供水量为原有供水工程和新增水源工程中扣除供水工程之间相互调用水量后所能提供的供水总量。新增水源工程中挖潜配套所增加的供水量不能直接作为对象领域总供水量的增加值，必须在扣除供水工程之间的相互调用水量后，经调节计算重新核定可供水量，方能与分区的其他供水量相加。

二、水资源供需平衡分析

（一）概念及基本思想

水资源供需平衡分析就是综合考虑社会、经济、环境和水资源的相互关系，分析不同发展时期、各种规划方案的水资源供需状况。供需平衡分析就是采取各种措施使水资源供水量和需求量处于平衡状态。

水资源供需平衡的基本思想是开源节流。开源就是增加水源，包括开辟新的水源、海水利用、非常规水资源的开发利用、虚拟水等；节流就是通过各种手段抑制需求，包括通过技术手段提高水资源利用率和利用效率，如通过挖潜减少水资源的需求、改革管理机制、调整产业结构等。

水资源供需分析以流域或区域水量平衡为基本原理,对流域或区域内水资源的供、用、耗、排等进行长系列调算或典型年分析,得出不同水平年各流域(区域)的相关指标。供需分析计算一般应采用2~3次供需分析的方法。

(二)具体要求和注意事项

(1)分析流域或区域内计算分区或控制节点的水资源供、用、耗、排之间的相互联系,并概化出水资源系统网络图,系统网络图应能反映各计算分区间的水力联系,这是水资源供需分析的第一步工作。水资源系统网络图应反映影响供需分析中各主要因素的内在联系,它是构建供需分析计算的基础。

(2)对于一个较大的水资源系统(如一级流域、省级区),要考虑系统内不同区域之间的差异。供需分析中,各项需水量、地表水可供水量、地下水可供水量,供、用、耗、排水量和污水处理回用、微咸水利用、海水利用等应按计算分区分别统计,并提供流域(区域)主要控制节点的相应成果;跨流域调水要明确供水范围及可供水量。

(3)根据系统网络图按照流域或区域水资源供需调配原则,采用水资源系统分析原理,选择合适的供需计算方法,进行不同方案的水资源供需分析。一般可采用常规计算和模型计算两种方法。具体采用哪种计算方法取决于对象领域的具体情况、以往的工作基础、人员素质和资料条件,同时要考虑计算成果对客观条件扰动的灵敏度。应综合分析水资源系统的特征,在比较不同计算方法的适应条件和优缺点的基础上,考虑现有技术条件,对水资源供需分析方法做出恰当选择。采用模型计算的,应利用已有资料对模型进行率定。

(4)原则上,水资源供需分析应进行长系列调节计算,并给出各分区、控制节点、蓄水工程的供需分析计算月系列成果,以及按不同来水保证率做出的不同供水保证率下各分区的供需分析成果。以此为基础,提出供水组成、水资源利用程度、污水处理回用、水资源地区分配、缺水量、弃水量等成果,以及发电、航运、冲沙、生态、入海等河道内用水量成果。

(5)如按来水保证率采用典型年法进行供需分析,也应给出各分区和总控制出口按不同来水保证率的供需分析计算结果。对年调节水库的始、末库容一般应设置为兴利库容的50%;对多年调节水库,也不能将多年调节库容完全用于某一个典型年,不同典型年可使用相应分配份额的多年调节库容量。

(6)当拟定的供水不能满足需水预测时,应按优先保证生活、河道内生态环境用水,统筹考虑工业和农业用水的原则,针对各种可能发生的情况,提出有利于当地经济社会可持续发展的对策和措施,并作为反馈信息供进一步制定和修改国民经济发展规划时的参考依据。

(7)在供需平衡分析中,当分区缺水量过大时,应调整供需方案或调整国民经济发展指标,使供需基本协调。有些地区,经济社会发展指标经调整后仍无法平衡,这时,应留有缺口并提出有关措施,同时分析计算因缺水可能造成的经济损失,供有关部门参考。

(三)三次平衡分析方式

通常,供需平衡分析采用三次平衡分析方式,主要内容如下:

(1)一次平衡。需水分析时,应考虑人口的自然增长速度、城镇化程度、经济社会发展和人民生活水平的提高程度等方面;供水分析时,应考虑到流域水资源的开发利用现状及其格局，并能充分发挥现有供水工程的潜力。

(2)二次平衡。应强化节水意识，提高污水处理回用力度，注意挖潜配套相结合；以合理提高水价、调整产业结构等方式来有效抑制各用水方的需求，同时也要注重环境的改善。

(3)三次平衡。应加大产业结构和布局的调整力度，进一步强化群众的节水意识；当具有跨流域调水的可能性时，可通过跨流域调水来解决水资源供需平衡问题。

(四)成果检验

对水资源供需分析的计算成果要检验其合理性和精度。通过综合研究与分析，结合各流域或区域特点制定一套合理的成果检验方法，并建立相应的指标体系，对主要成果进行分析计算和统计，评价成果的可靠性。

第六节　水资源合理配置

一、水资源合理配置的目标与原则

水资源合理配置的最终目标是保障水资源可持续利用和区域可持续发展。水资源合理配置的原则概括为以下几点：

(1)可承载原则。社会、经济、资源和环境协调发展的前提是不破坏地球上生命支撑系统(如空气、水、土壤等)，即发展应处于资源可承载的最大限度之内或社会管理所设定的限度内，以便保证人类福利水平至少处在可生存的状态之中。

(2)可持续性原则。水资源合理配置应体现可持续原则，不仅应考虑到当代人，而且要顾及后代人，即维持自然生态系统的更新能力，实现水资源的可持续利用。

(3)人口、土地、生态环境用水优先保障原则。人是经济社会发展的主体推动者，土地是农业生产保障人类生存基本口粮的根本，人类的生存离不开粮食，离不开生态环境，保障人、土地、生态环境用水是根本，必须放在优先保障的位置。

(4)开源与节流并重原则。开源和节流是解决水资源需求的两条基本途径，在建立水资源合理配置模型时，要统筹兼顾开源和节流并重的原则。过去，人们对开源比较重视，常常靠兴修水利工程和设施、开发新水源来增加水源的供给能力。但在水资源相对贫乏、现状水资源开发利用率很高的地区，水资源开发利用潜力已不大，尤其是对供水能力已超过水资源可承载能力的地区，此时开源已不可能，只能靠节流。

(5)开发和保护相结合原则。在制订水资源配置方案时，应尽可能将废污水的排放减少到最低程度，将其保持在污染物排放总量控制线之内，实现水资源开发和保护相结合。

(6)兴利和除弊相结合原则。在进行水资源合理配置的同时，一定要关注历史和现在的水灾情况，并与未来可能出现的水灾情况相结合。

(7)综合效益协调最优原则。水资源合理配置应以水资源承载力及总量控制管理为基础，以自然规律为准则，保护自然环境，改善和提高生活质量，实现资源、环境、经济社会协调可持续发展，追求经济、社会效益与环境效益的协调最优。

二、水资源合理配置的内容及流程

水资源合理配置的内容较多,其主要内容有:①水资源供需初步分析;②水资源配置方案的生成;③水资源合理配置模型及其求解; ④特殊干旱期应急对策。

水资源合理配置的程序复杂,其一般的工作流程如图 9-2 所示。根据该流程,以下将分述水资源合理配置的主要内容。

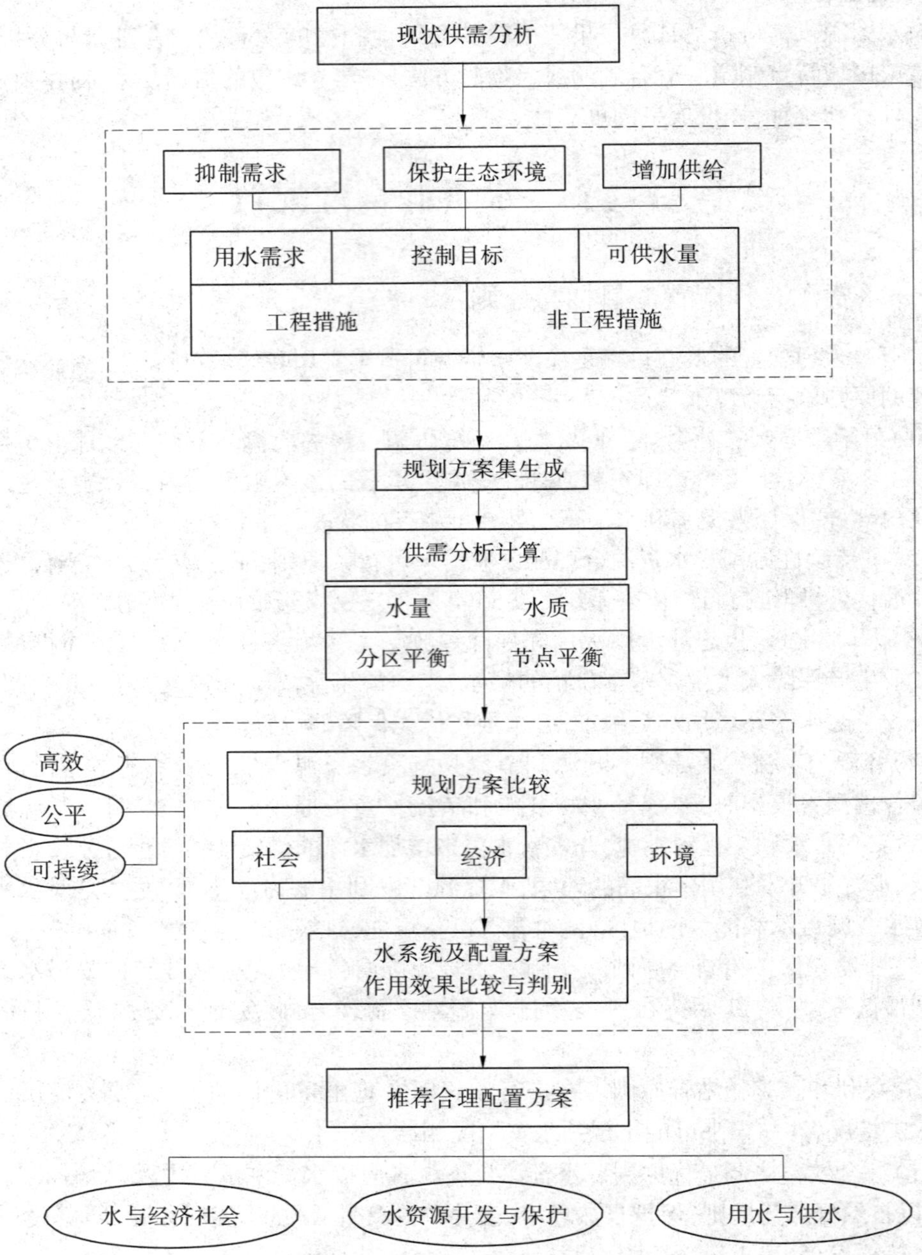

图 9-2　水资源合理配置工作流程

(一)水资源供需初步分析

通过对基准年和未来各规划水平年水资源供需的初步分析,可以弄清水资源开发利用过程中存在的主要问题,合理地调整水资源的供需结构和工程布局,确定需水满足程度、余缺水量、缺水程度与水环境状况等指标。辨识各分区内挖潜增供、治污、节水与外调水边际成本的关系,明确缺水性质(资源性、工程性和环境性缺水)和缺水原因,确定解决缺水的措施及其实施的优先次序,为水资源配置方案的生成提供基础信息。

(二)水资源配置方案的生成

1. 方案可行域

根据各规划水平年的需水预测、供水预测、节约用水与水资源保护等成果,以供水预测的零方案和需水预测的基本方案相结合作为方案集的下限;以供水预测的高方案和需水预测的强化节水方案相结合作为方案集的上限。方案集上、下限之间为方案集的可行域。

方案设置在方案集可行域内,针对不同流域或区域存在的供需矛盾等问题,如工程性缺水、资源性缺水和环境性缺水等,结合现实可能的投资状况,以方案集的下限为基础,逐渐加大投入,逐次增加边际成本最小的供水与节水措施,提出具有代表性、方向性的方案,并进行初步筛选,形成水资源供需分析计算方案集。方案的设置应依据流域或区域的社会、经济、生态和环境方面的具体情况,有针对性地选取增大供水、加强节水等各种措施组合。如对于资源性缺水地区,可以偏重采用加大节水以及扩大其他水源利用量的措施,提高用水效率和效益;对于水资源丰沛的工程性缺水地区,可侧重加大供水投入;对于因水质较差而引起的环境性缺水,可侧重加大水处理或污水处理回用的措施和节水措施。可以考虑各种可能获得的不同投资水平,在每种投资水平下,根据不同侧重点的措施组合得到不同方案,但对加大各种供水、节水和水处理、治污力度时所得方案的投资需求应与可能的投入大致相等。

2. 方案调整

在水资源供需分析及其计算方案比选过程中,应根据实际情况对原设置的方案进行合理的调整,并在此基础上继续进行相应的供需分析计算,通过反馈最终得到较为合理的推荐方案。方案调整时,应依据计算结果,将明显存在较多缺陷的方案予以淘汰;对存在某些不合理因素的方案可给予一定有针对性的修改。修改后的新方案再进行供需分析计算,若结果仍有明显不合理之处,则通过反馈再进行调整计算。

(三)水资源合理配置模型及其求解

水资源系统是一个复杂而又庞大的系统。在人类活动未触及之前,它是一个天然系统,其降水补给、产流、汇流、径流过程以及地表水与地下水转化等作用都是按照自然规律来进行的。此时的水资源系统是一个自然的水循环过程。而在人类活动的逐步影响作用下,水资源系统(包括水资源系统结构、径流过程以及作用机制等)被人为改变了,这就使原来的水资源系统更加复杂。

按照水资源系统过程,可将其分为水资源配置系统和水资源循环系统。

水资源配置系统以人类的水事活动为主体,它是自然、社会诸多过程交织在一起的统一体,其沟通了自然的水资源系统与经济社会系统之间的联系。水资源配置系统一般由

4部分组成:①供水系统,包括地表水供水系统、地下水供水系统和其他水源供水系统;②输水系统,包括输水河道、输水渠道、输水管道等;③用水系统,包括生活用水、农业用水、工业用水与生态用水等;④排水系统,包括生活污水排放、工业废水排放、农业灌溉排水及其他排水等。

水资源循环系统以生态系统为主体,它包括水资源的形成、转化等过程,是水资源系统能够为人类提供持续不断的水资源的客观原因。

水资源合理配置就是运用系统工程理论,将区域或流域水资源在不同规划水平年各子区、各用水部门间进行合理分配,也就是要建立一个有目标函数、有约束的优化模型。

首先,需要划分子区,确定水源途径、用水部门。设对象领域划分成K个子区,$k=1,2,\cdots,K$;k子区有$I(k)$个独立水源、$J(k)$个用水部门。对象领域内有M个公共水源,$c=1,2,\cdots,M$。公共水源c分配到k子区的水量用D_c^k表示。其水量和其他独立水源一样,需要在各用水户之间进行分配。因此,对于k子区而言,是$I(k)+M$个水源、$J(k)$个用水户的水资源合理配置问题。

其次,要确定模型的目标。通常情况下,水资源合理配置模型追求社会、经济和环境综合效益协调最优。根据目标函数建立方法的不同,可以分为多目标模型和单目标模型。

最后,列出模型的所有约束条件。由于水资源系统的复杂性、与经济社会的紧密联系性以及水资源合理配置的多目标性,水资源合理配置模型的约束条件很多,只有将约束条件考虑全面,才能建立合理的模型,所得结果才可行。对于约束条件的选取,一方面要从水资源配水系统的各个环节分别进行分析,另一方面可从社会、经济和环境协调方面进行分析。比如,约束条件有供水总量控制约束、供水系统的供水能力约束、输水系统的输水能力约束、用水系统的供需变化约束、用水效率约束、排水系统的水质约束、非负约束以及其他约束。每个对象领域都有自己的实际情况,对于上述约束条件未涉及的情况,可根据具体情况另增加其他约束条件,如经济社会规模约束、环境约束、风险约束、投资约束、河道最小流量约束、湖泊与湿地最低水位约束、地下水位最低约束等。

目标函数和约束条件组合在一起便形成了水资源合理配置模型。该模型是一个十分复杂的多目标、多水源、多用户的优化模型,模型的求解可采用大系统理论方法、遗传算法和计算机模拟技术等。最后通过计算即可得出不同方案的可行配置结果,进而生成可行配置方案集。

第七节　水资源规划方案的比选与制订

一、规划方案比选与制订的基本要求

规划方案的比选与制订是水资源规划工作的最终要求,规划方案多种多样,每个方案都产生自己的效益,方案之间效益不同,优缺点也各异,到底采用哪种方案,一般需要结合实际情况经综合分析来确定。因此,水资源规划方案的比选与制订是一项十分重要而又复杂的工作,在比选与制订过程中,应考虑满足以下基本要求:

(1)必须满足技术可行的要求。水资源规划方案中,规划了许多工程措施,这些工程

只有在技术上得以保障实施,才可以达到规划方案的效益。如有部分工程在技术上不可行,导致实施困难或不可实施,就会影响规划方案的整体效益,使规划方案得不到完全实施。

(2)必须满足经济可行的要求。水资源规划方案中,工程的实施需要经济条件的保障,工程投资过大,超过区域经济可承受能力,就会导致工程得不到实施。因此,必须将工程投资限定在区域经济可承受范围之内。

(3)规划方案应能满足不同发展阶段经济发展的需要。在制订水资源规划方案时,应针对地区实际情况和具体问题采取相应的措施。如对于工程性缺水,则主要解决工程问题,尽最大限度地把水资源转化为生产部门可以利用的可供水源;对于资源性缺水,则主要解决资源问题,可实施跨流域调水工程等,以增加本区域的水资源量。

(4)要协调好水资源系统空间分布与水资源合理配置空间不协调之间的矛盾。水资源系统在空间上的分布随区域地形、地貌、水文地质及水文气象等条件的变化而变化,并有较大的差异。而区域经济的发展状况多与水资源系统的空间分布不一致,因此在进行水资源合理配置时,必然会出现两者不协调的矛盾,这就要求在制订水资源规划方案时予以考虑。

只有在满足上述基本要求后,制定出的水资源规划方案才合理可行。但规划方案不止一个,而是有很多个方案,这些方案都满足上述条件,都是合理可行的,因此需要在这些方案之中选择一个较优方案,到底选择哪一个,需要深入分析和研究。选择较优方案的途径主要是通过建立和求解水资源合理配置模型,最后从合理可行的众多方案中选择综合效益最大的方案。

二、规划方案涉及的内容

水资源规划的研究内容广泛,最终的规划方案涉及众多方面的内容,总结起来,规划方案应该涉及社会发展规模、经济结构调整与发展速度、水资源配置方案、水资源保护规划等方面。

(一)社会发展规模

水资源规划不仅仅针对水资源系统本身,实际上它还涉及社会、经济、环境等多方面。关于这一点,已在前文有详细论述。在以往的流域规划中,常常要求对规划流域和有关地区的经济社会发展与生产力布局进行分析预测,明确各方面发展对流域治理开发的要求,以此作为确定规划任务的基本依据。不同规划水平年的经济社会发展预测应在国家和地区国土资源规划、国民经济发展规划和有关行业中长期发展规划的基础上进行。要求符合地区实际情况,并与国家对规划地区的治理开发要求和政策相适应。简单地讲,也就是在制订水资源规划方案时,考虑规划区域经济社会发展规划,以适应经济社会发展的需求。

而实际上却并非如此简单,经济社会发展与水资源利用、生态系统保护之间相互交叉、相互促进、互为因果。需要通过水资源优化配置模型来制订一个涉及社会、经济、水资源、生态的系统方案。

1. 人口规划

人口是构成一个地区或一个社会的根本因素,也可以说,人口是研究任何一个地区或社会所有问题的一个非常重要的驱动因子。因此,人口规划是社会发展规划中的一个基础性工作。我国是一个人口大国,人口密度较大,人口问题一直是影响经济社会可持续发展的主要因素。在水资源规划中,适度控制人口增长,不仅可以减小社会发展对水资源产生的压力,而且会促进区域经济社会的可持续发展和改善环境质量。

人口规划,是以水资源规划前期工作——经济社会发展预测成果为基础,根据水资源配置方案的要求,对经济社会发展预测成果进行合理调整,从而制定合理的人口规划。另外,也可以通过水资源优化配置模型直接得到。这种方法是依据一定的人口预测模型,并在一定约束条件下,满足经济社会可持续发展的目标要求和条件约束。也就是说,在水资源优化配置模型中,包括人口预测子模型,通过模型求解得到人口发展规划方案。

2. 农村发展规划

农村是经济社会区域内农业占主要地位的活动场所,在经济活动中,它是构成国民经济第一产业的主要部分。农村发展规划的主要内容有农业生产布局、农村土地利用和农业区划、农村乡镇企业规划。

3. 城镇发展规划

城市作为人口和经济高度集中的地区,在整个经济社会发展中起到了重要的作用。研究城市的发展趋势并做好城市发展规划工作,将带动整个区域经济的发展。因此,城镇发展规划是一项十分重要的工作,其主要内容包括城市化进程、城市土地利用和城市体系建设。

(二)调整经济结构与发展速度

我国已经根据社会生产活动的历史发展顺序,划分出三类产业,即第一产业(农业)、第二产业(工业和建筑业)和第三产业。

第一产业:农业。农业作为基础生产力,不仅是农村生活的保障,而且是广大城镇人民所需粮食、蔬菜等基本生活资料的来源,是社会生活安定的基本保障。农业又是工业原料的重要来源,也是国民经济积累的重要来源。

第二产业:工业和建筑业。工业是国民经济的支柱,是国家财政的主要来源,是国民经济综合实力的标志。建筑业创造不可移动的物质产品,可以带动建材工业及其他许多相关产业的增长。

第三产业:第一、第二产业以外的其他部门。第三产业为物质生产部门提供支持,为提高人民生活质量提供服务,为经济发展提供良好的社会环境,是国民经济中越来越重要的组成部分。

在进行水资源规划时,按照国家编制的统计资料,并结合地区和行业不同特点,可以重新对行业进行归并和划分,分别统计分析,以满足用水行业配水的要求。

对于水资源规划工作,最终报告要提出的关于经济规划部分的相关成果,至少要包括以下内容:

(1)对三类产业的总体规划。主要确定三类产业在国民经济建设中的比重,指出重点发展哪些产业,重点扶持哪些产业。明确三类产业的总体布局和结构,实现经济结构合理的发展模式。

(2)对各行业发展速度进行宏观调控。对部分行业或部门(如对低耗水、低污染行业)进行重点支持,合理提高发展速度;对部分行业或部门(如对高耗水、高污染行业)实行限制发展或取消,以逐步适应发展需要。例如,在有些生态系统破坏严重的地区,要限制农业耕作面积的扩大,甚至要求退耕还林还草;而有些行业又要鼓励加强,如旅游业,特别是生态旅游在许多地区很受欢迎。

调整经济结构和发展速度的基础,应是在水资源规划总体框架下,通过水资源优化配置,在一定约束条件下,满足社会、经济、环境综合效益最大的目标。因此,调整经济结构和发展速度规划的一般步骤如下:

(1)合理划分经济结构体系,也就是产业类型及行业划分,并分别统计和分析,作为选择水资源规划模型决策变量的依据,这也是调整经济结构和发展速度的参考因素。

(2)建立经济发展模型,并与社会发展模型相耦合,建立经济社会发展预测模型。作为系统结构关系约束条件,嵌入到水资源优化配置模型中。

(3)依据水资源优化配置模型的求解结果,按照经济系统的决策变量,并参考本地区国民经济和社会发展计划,合理调整经济结构和各行业发展规模与速度。

(三)水资源配置方案

水资源配置方案确定,是水资源规划的中心内容。一方面,其内容是为水资源配置方案的选择及制订服务;另一方面,又通过水资源配置方案的制订来间接调控经济社会发展和生态系统保护。这是可持续发展目标下的水资源规划的研究思路,与以往的水资源规划有所不同。

本章已介绍了建立水资源合理配置模型的方法,这是制订水资源配置方案的基础模型。其基本的研究思路和过程如下:

(1)根据研究区的实际情况,制订水资源规划的依据、具体任务、目标和指导思想。重点要体现可持续发展的思想。

(2)了解经济社会发展现状和发展趋势,建立由经济社会主要指标构成的经济社会发展预测模型,对未来不同规划水平年的发展状况进行科学预测。

(3)分析研究区水资源数量、水资源质量和可供水资源量,并建立水量水质模型,以作为研究的基础模型。

(4)依照本章介绍的方法,建立水资源合理配置模型。经济社会发展预测模型、水量水质模型均应包括在水资源优化配置模型中。

(5)通过合理配置模型的求解和优化方案的优选,来制订水资源规划的具体内容。

制订水资源配置方案是水资源规划的重要工作。它应该是在水资源优化配置模型的基础上,结合研究区实际,制订分区、分行业、分部门、分时段(根据解决问题的深度不同来选择详细程度)的配置方案。

(四)水资源保护规划

由于人类不合理地开发利用水资源,在水资源保护问题上重视不够,导致目前水资源问题十分突出。就是在这种情况下,迫使人们重视水资源的保护工作,也使水资源保护规划工作从开始重视到逐步实施,以至目前成为水资源规划必不可少的一部分。

总体来看,水资源保护规划是在调查、分析河流、湖泊、水库等水体中污染源分布、排放现状的基础上,与水文状况和水资源开发利用情况相联系,利用水量水质模型,探索水质变化规律,评价水质现状和趋势,预测各规划水平年的水质状况,划定水功能区范围及水质标准,按照功能要求制定环境目标,计算水环境容量和与之相对应的污染物削减量,结合污染物入河总量控制线,将其分析成果分配到有关河段、地区、城镇,对污染物排放实行总量控制。同时,根据流域(或区域)各规划水平年预测的供水量和需水量,计算实施水资源保护所需要的生态需水量,最终提出符合流域(或区域)经济社会发展的综合防治措施。这一工作已成为维系水资源可持续利用的关键。有关水资源保护的详细内容可参见本书第十章。

水资源保护规划的目的在于保护水质,合理地利用水资源,通过规划提出各种措施与途径,使水体不受污染,以免影响水资源的正常用途,从而保证满足水体主要功能对水质的要求,并合理、充分地发挥水体的多功能用途。

进行规划时,必须先了解被规划水体的种类、范围、使用要求和规划的任务等,并把水资源保护目标纳入水资源优化配置模型中,再通过配置模型的求解和优化方案的选择,可以得到水资源保护规划的具体方案,从而制定水资源保护规划。

课程思政教育

(1)通过对水资源规划工作的学习,熟悉水资源规划应遵循的原则及指导思想,让学生理解水资源规划需要坚持一定的、先进的指导思路,学生们在学习中、以后的工作和为人处世中也需要坚持一定的原则和先进的思想,不断提升自己。

(2)通过学习水资源规划的重点内容和工作流程,培养学生从事水资源工作的分析问题能力、辩证思维能力,提升学生为水利现代化建设贡献力量的信心和决心。

思考题或习题

[1]水资源规划与水资源配置之间的关系是什么?

[2]简述水资源规划的原则、主要内容和工作流程。

[3]举例说明经济社会发展与水资源之间的相互作用关系。

[4]通常在做水资源规划时,要进行经济社会发展预测,同时要参考地区经济社会发展规划,如果预测结果与规划结果差距较大,即相应需水量预测结果相差较大,如何处理这个矛盾?

[5]选择一个地区,通过收集相关资料,分析该地区各行业水资源开发利用现状,并进行未来规划水平年供需水预测,最后进行水资源供需平衡分析。

[6]简述水资源合理配置的内容及流程。

[7]选择某一地区,收集相关资料,完成该地区的水资源合理配置工作。

第十章　水资源保护

人类所能利用的水资源是有限的,有限的水资源还很容易被污染等破坏,因此人类必须倍加珍惜和保护这一有限的水资源。水资源保护,就是通过行政、法律、工程、经济等手段,保护水资源的质量和供应,防止水污染、水源枯竭、水流阻塞和水土流失,以尽可能地满足经济社会可持续发展对水资源的需求。

本章将介绍有关水资源保护方面的基本知识,主要内容包括水污染特征分析,水功能区划分,污染源调查和预测,水环境容量的计算与分配,水资源保护的内容、步骤和措施,地表水资源保护,地下水资源保护。

第一节　水污染特征分析

一、水体中污染物的来源

(一)水体

水体是一个自然生态综合体,是水集中的场所,包括自然水、水体底质、水生生物和水体边界。这里的自然水是指水(H_2O)及其所包含的气体成分(CO_2 和 O_2)、主要离子(Cl^-、$SO_4{}^{2-}$、$HCO_3{}^-$、$CO_3{}^{2-}$、Na^+、K^+、Ca^{2+} 和 Mg^{2+})、特殊微量元素(Li^+、Ba^{2+}、Mn^{2+}、Fe^{2+}、F^-、Br^-、$HSiO_3$ 和 H_3PO_4 等)、有机物及悬浮固体物质(生物残体、生活代谢物质)。水体底质是水体底部的沉积物质(淤泥),是水体中非可溶性物质及超量溶解物质的沉积产物,包括水环境中的碎屑物质、胶体物质、生物残体、各种有机质和无机化学沉积物及水中生物的代谢产物。水生生物包括漂浮生物(水浮莲、浮萍)、浮游生物(硅藻、绿藻)、底栖生物和自游生物(鱼、虾)。水体边界通常由隔水或相对隔水的固体物质组成,随着水体的演变,其存在状态也发生变化。

水体是一个开放系统,在其形成和演变的过程中与外界发生着复杂的物质和能量的交换作用,不断改变自身的状态和环境特征。自然界的水在地球引力和太阳辐射的作用下,通过蒸发、水汽流动、凝结、降水、入渗、径流进行着从海洋到陆地的水分大循环以及海洋(陆地)范围的小循环。水中的各种溶解和运载物质也随之循环。在蒸发过程中,水汽很少携带盐分和其他成分,而在水汽凝结和降水过程中,大气中的气体及凝结核是降水中的主要成分,构成了自然界水中的原始物质成分,这些物质使降水具有弱酸性,使其具有较强的氧化和溶解能力。降水在到达地表产生地表径流及深入岩层形成地下径流的过程中,将其所遇到的可溶性物质冲刷淋溶并带走。水中的溶解物质在随水迁移的过程中,受水热条件和物理化学环境的制约,伴随着溶解和沉淀、胶溶和凝聚、氧化与还原及吸附离子简化等物理化学作用,以及生物的吸收、代谢分解等生物化学作用,使水质在时间和空间上进行演变。

(二)水体污染物的来源

依据《中华人民共和国水污染防治法》定义,水污染是指水体因某种物质的介入,而导致其化学、物理、生物或者放射性等方面特性的改变,从而影响水的有效利用,危害人体健康或者破坏生态环境,造成水质恶化的现象。

由于人类活动的影响和参与,引起天然水体污染的物质来源,称为污染源。它包括向水体排放污染物的场所、设备和装置等(通常也包括污染物进入水体的途径)。

一般来说,形成水体污染物质的来源主要包括以下几个方面。

1. 工业废水

工业废水指的是工业企业排出的生产中使用过的废水,是水体产生污染的最主要的污染源。工业废水的量和成分是随着生产及生产企业的性质而改变的,一般来说,工业废水种类繁多,成分复杂,毒性污染物最多,污染物浓度高,难以净化和处理。工业废水大多未经处理直接排向河渠、湖泊、海域或渗排进入地下水,且多以集中方式排泄,为最主要的点污染源。

工业废水的性质往往因企业采用的工艺过程、原料、药制、生产用水的量和质等条件的不同而有很大的差异。根据污染物的性质,工业废水可分为以下几类:①含无机物废水,如水力电厂的水力冲灰废水,采矿工业的尾矿水以及采煤炼焦工业的洗煤水等;②含有机物废水,如食品工业、石油化工工业、焦化工业、制革工业等排放的废水中含有碳水化合物、蛋白质、脂肪和酚、醇等耗氧有机物,炼油、焦化、煤气化、燃料工业等排放的含有稠多环芳烃和芳香胺等致癌有机物;③含有毒的化学性质物质废水,如电镀工业、冶金工业、化学工业等排放的废水中含有汞、镉、铅、砷等元素;④含有病原体的工业废水,如生物制品、制革、屠宰厂,特别是医院污水含有伤寒、霍乱等病原菌,医院的废水中含有病毒、病菌和寄生虫等病原体;⑤含放射性物质废水,如原子能发电厂、放射性矿、核燃料加工厂排放的冷却水,倾倒的核废料;⑥生产用冷却水,如热电厂、钢铁废水。

2. 生活污水

生活污水是人们日常生活产生的各种污水的总称,它包括由厨房、浴室、厕所等场所排出的污水和污物。其来源除家庭生活污水外,还有各种集体单位和公用事业单位等排出的污水。生活污水源主要来自城市,其中99%以上是水,固体物质不到1%,多为无毒的无机盐类(如氯化物、硫酸盐、磷酸和Na、K、Ca、Mg等重碳酸盐)、需氧有机物(如纤维素、淀粉、糖类、脂肪、蛋白质和尿素等)、各种微量金属(如Zn、Cu、Cr、Mn、Ni、Pb等)、病原微生物及各种洗涤剂。生活污水一般呈弱碱性,pH值为7.2~7.8。

3. 农业污水

农业污水包括农业生活污水、农作物栽培、牲畜饲养、食品加工等过程排出的污水和液态废物等。在作物生长过程中喷洒的农药和化肥,含有氮、磷、钾和氨,这些农药、化肥只有少部分留在农作物上,绝大多数都随着农业灌溉、排水过程及降雨径流冲刷进入地表径流和地下径流,造成水体的富营养化污染。除此之外,有些污染水体的农药半衰期(指有机物分解过程中,浓度降至原有值的一半时所需要的时间)相当长,如长期滥用有机氯农药和有机汞农药,污染地表水,会使水生生物、鱼贝类有较高的农药残留,加上生物富集,如食用会危害人类的健康和生命。牲畜饲养场排出的废物是水体中生物需氧量和大肠杆菌污染的主要来源。农业污水是造成水体污染的面源,它面广、分散,难以收集、难于治理。

4. 大气降落物(降尘和降水)

大气中的污染物种类多,成分复杂,有水溶性和不溶性成分、无机物和有机物等,它们主要来自矿物燃烧和工业生产时产生的二氧化硫、氮氧化物、碳氢化合物以及生产过程排除的有害、有毒气体和粉尘等物质,是水体面源污染的重要来源之一。这种污染物质可以自然降落或在降水过程中溶于水中被降水挟带至地表水体内,造成水体污染。例如酸雨及其对地表水体的酸化等。

5. 工业废渣和城市垃圾

工业生产过程中所产生的固体废弃物随工业发展日益增多,其中冶金、煤炭、火力发电等工业排放量大。城市垃圾包括居民的生活垃圾、商业垃圾和市政建设、管理产生的垃圾。这些工业废渣和城市垃圾中含有大量的可溶性物质或在自然风化中分解出许多有害的物质,并滋生大量病原菌和有害微生物,绝大多数未经处理就任意堆放在河滩、湖边、海滨或直接倾倒在水中,经水流冲洗或随城市暴雨径流汇集进入水体,造成水体污染。

6. 其他污染源

油轮漏油或者发生事故(或突发性事件)引起石油对海洋的污染,因油膜覆盖水面使水生生物大量死亡,死亡的残体分解可造成水体再次污染。

二、水污染的分类

(一)按照污染物的性质分类

水污染可分为化学型污染、物理型污染和生物型污染三种主要类型。化学型污染是指随废水及其他废弃物排入水体的酸、碱、有机和无机污染物造成的水体污染。物理型污染包括色度和浊度物质污染、悬浮固体污染、热污染和放射性污染。色度和浊度物质来源于植物的叶、根、腐殖质、可溶性矿物质、泥沙及有色废水等;悬浮固体污染是由生活污水、垃圾和一些工农业生产排放的废物泄入水体或农田水土流失引起的;热污染是将高于常温的废水、冷却水排入水体造成的;放射性污染是开采、使用放射性物质,进行核试验等过程中产生的废水、沉降物泄入水体造成的。生物型污染是将生活污水、医院污水等排入水体,随之引入某些病原微生物造成的。

(二)按照污染源的分布状况分类

水污染可分为点源污染和非点源污染。点源污染就是污染物由排水沟、渠、管道进入水体,主要指工业废水和生活污水,其变化规律服从工业生产废水和城镇生活污水的排放规律,即季节性和随机性。非点源污染,在我国多称为水污染面源。污染物无固定出口,是以较大范围形式通过降水、地表径流的途径进入水体。面源污染主要指农田径流排水,具有面广、分散、难以收集、难以治理的特点。据统计,农业灌溉用水量约占全球总用水量的70%左右。随着农药和化肥的大量使用,农田径流排水已成为天然水体的主要污染来源之一。资料表明,一个饲养1.5万头牲畜的饲养场雨季时流出的污水中,其BOD相当于一个10万人口的城市的排泄量。面源污染的变化规律主要与农作物的分布和管理水平有关。

(三)按照受污染的水体分类

1. 河流污染

河流是陆地上分布最广、与人类关系最密切的水体,一般大的工业区和城市多建立在滨河或近河地带,利用河渠供水,又向河流排泄废水和废物。所以,河系又称为陆地上最大的排污系统。

污染物进入河流后,不能马上与河水均匀混合,而是先呈带状分布,随后在河流的水动力弥散作用和河水自净的作用下,逐渐扩散、混合、运移和稀释,直到一定距离后,才会达到全部河流断面上均匀混合和水体水质的净化。该距离的长短与河流流量、流速大小及河流断面特征、排污量及污染物质的性质、排污方式和位置等因素有关。

河水的污染程度是由河流的径流量与排污量的比值(径污比)决定的。河流的流量大,稀释条件好,相应污染程度低;反之,污染严重。河流污染对人的影响很大,可直接通过饮用水、水生生物,也可间接通过灌溉农田,危害人体健康。但因河水交替快、自净能力强、水体范围较小,其污染相对易于控制。

2. 湖泊、水库污染

湖泊、水库是水交替缓慢的水体,水面广阔,流速小,沉淀作用强,稀释、混合能力较差,污染物主要来源于汇水范围内的面流侵蚀和冲刷、汇湖河流污染物、湖滨和湖面活动产生的污染物直接排入等。

湖泊、水库大多地势低洼,通过暴雨径流汇集流域内的各种工农业废水、废渣和生活污水。污染物多在排污口附近沉淀、稀释,浓度逐渐向湖心减小,形成浓度梯度。污染物在湖流和风浪作用下能与湖水均匀混合。湖泊、水库的水温随季节明显变化,夏季出现分层现象,底部因水流停滞水温低,微生物活动因含氧量不足形成厌氧条件,使底层铁、二氧化碳、锰、硫化氢含量增加。湖泊的污染造成藻类的大量繁殖,生物代谢和繁衍产生大量的有机物,有机物分解常使水体产生大量的还原性气体,水体形成恶臭,需氧生物死亡,水质恶化,底质物质发育,加速湖泊老化。

3. 地下水污染

地下水赋存于分散细小的岩土层空隙系统中,地下水流动一般都非常缓慢,因此地下水污染过程也较缓慢,且不易察觉。地下水污染的主要作用有水动力弥散、分子扩散、过滤和离子交换吸附、生物降解作用等。

地下水污染途径有直接与间接两种。前者是指污染物随各种补给水源和渗漏通道集中或面状直接渗入使水体污染,有间歇入渗(污染物随雨水或灌溉水间断地渗入蓄水层)、连续入渗(污水聚集地或受污染的地表水体连续向含水层渗漏)、越流型(污染物从已受污染的含水层转移到未受污染的含水层)和径流型(污染物通过地下水径流进入含水层污染潜水或承压水)四种污染方式。后者是指污染过程改变了地下水的物理化学条件,使地下水在含水层介质中发生新的地球化学作用,产生原来水中没有的新污染物,使地下水污染。

地下水污染埋藏深,较难净化复原,应以预防为主,最根本的保护措施是尽量减少污染物进入地下水。

三、水污染的主要危害

（一）化学性污染

1. 酸碱污染

酸碱污染会改变水体的pH值，抑制细菌和其他微生物的生长，影响水体的生物自净作用，还会腐蚀船舶和水下建筑物，影响渔业，破坏生态平衡，并使水体不适于作饮用水水源或其他工农业用水。

酸、碱污染物不仅能改变水体的pH值，而且可大大增加水中的一般无机盐类和水的硬度，原因是酸碱中和可产生某些盐类，酸、碱与水体中的矿物质相互作用也产生某些盐类。水中无机盐的存在能增加水的渗透压，对淡水生物和植物生长有不良影响。世界卫生组织规定的饮用水标准中pH值的合适范围是7.0~8.5，极限范围是6.5~9.2，在渔业水体pH值一般不低于6.0或不高于9.2；pH值为5.0时，其他某些鱼类的繁殖率下降，某些鱼类死亡。对于农业用水pH值在4.5~9.0。世界卫生组织规定的饮用水标准中无机盐总量最大合适值是500 mg/L，极限值是1 500 mg/L。对农业用水来说，无机盐总量一般以低于500 mg/L为好。

2. 重金属污染

重金属是指比重大于或等于5.0 g/cm^3的金属。重金属在自然环境的各部分均存在着本底含量，在正常的天然水中含量均很低。重金属对人体健康及生态环境的危害极大，重金属污染物最主要的特性是：不能被生物降解，有时还可能被生物转化为毒性更大的物质（如无机汞被转化成甲基汞）；能被生物富集于体内，既危害生物，又能通过食物链，成千上万倍地富集，从而达到对人体相当高的危害程度。在环境污染方面所说的重金属主要指Hg、Cd、Pb、Cr等生物毒性显著的重金属元素，还包括具有重金属特性的Zn、Cu、Co、Ni、Sn等。

Hg（汞）具有很强的毒性，人的致死剂量为1~2 g，Hg浓度0.006~0.01 mg/L可使鱼类或其他水生动物死亡，浓度0.01 mg/L可抑制水体的自净作用。甲基汞能大量积累于脑中，引起乏力、动作失调、精神错乱甚至死亡。最著名的例子就是1953—1968年日本水俣病事件。

Cd（镉）是一种积累富集型毒物，进入人体后，主要累积于肝、肾内和骨骼中。能引起骨节变形、自然骨折、腰关节受损，有时还引起心血管病。这种病潜伏期十多年，发病后难以治疗。Cd浓度0.2~1.1 mg/L可使鱼类死亡，浓度0.1 mg/L时对水体的自净作用有害，如1955—1968年日本富山痛痛病事件。

Pb（铅）也是一种积累富集型毒物，如摄取Pb量每日超过0.3~1.0 mg，就可在人体内积累，引起贫血、肾炎、神经炎等症状。Pb对鱼类的致死浓度为0.1~0.3 mg/L，Pb浓度达到0.1 mg/L时，可破坏水体自净作用。

3. 非金属毒物污染

这类物质包括毒性很强且危害很大的氰化物、As、有机氯农药、酚类化合物、多环芳烃等。

氰化物是剧毒物质，一般人只要误服0.1 g左右的KCN或NaCN便立即死亡。含氰废水对鱼类有很大毒性,当水中 CN^- 含量达 0.3~0.5 mg/L 时,鱼可死亡,世界卫生组织定出了鱼的中毒限量为游离氰 0.03 mg/L;生活饮水中氰化物不许超过 0.05 mg/L;地表水中最高容许浓度 0.1 mg/L。

As(砷)是传统的剧毒物,As_2O_3 即砒霜,对人体有很大毒性。长期饮用含 As 的水会慢性中毒,主要表现是神经衰弱、腹痛、呕吐、肝痛、肝大等消化系统障碍,并常伴有皮肤癌、肝癌、肾癌、肺癌等发病率增高现象。

水体中的酚浓度低时能影响鱼类的繁殖,酚浓度为 0.1~0.2 mg/L 时鱼肉有酚味,浓度高时引起鱼类大量死亡,甚至绝迹。酚有毒性,但人体有一定解毒能力。如经常摄入的酚量超过解毒能力,人会慢性中毒,从而发生呕吐、腹泻、头疼头晕、精神不安等症状。酚浓度超过 0.002~0.003 mg/L 时,如用氯法消毒,消毒后的水有氯酚臭味,影响饮用。根据酚在水中对人的感官影响,一般规定饮用水挥发酚浓度为 0.001 mg/L,作为水源的水中最大允许浓度可以是 0.002 mg/L,地表水最高容许浓度为 0.01 mg/L。

4. 需氧性有机物污染(耗氧性有机物污染)

有机物在无氧条件下,在厌氧微生物作用下转化,主要产物为 CH_4、CO_2、H_2O、H_2S、NH_3 等,其产物既有毒害作用,又有恶臭味,严重影响环境卫生,会造成公害。

有机物在有氧分解过程中要消耗水体或环境中的溶解氧,会使水中溶解氧的含量下降,当水中溶解氧降低至 4 mg/L 以下时,鱼类和水生生物将不能在水中生存。如果完全缺氧,则有机物将转入厌氧分解。

5. 营养物质污染

N、P 等物质过量排入湖泊、水库、港湾、内海等水流缓慢的水体,会造成藻类大量繁殖,导致水质恶化,水体外观呈红色或其他色泽,通气不良,溶解氧含量下降,鱼类死亡,严重的还可导致水草丛生,湖泊退化。1972 年 8 月 17—21 日,日本濑户内海一次严重的"赤潮",死鱼达 1 420 万尾,损失达 71 亿日元。另外,硝酸盐超过一定量时有毒性,当亚硝酸盐进入人体后,有致畸、致癌的危险。

(二)物理性污染

1. 悬浮物污染

悬浮物污染造成的危害主要有提高水的浊度,增加给水净化工艺的复杂性;降低光的穿透能力,减少水的光合作用;水中悬浮物,可能堵塞鱼鳃,导致鱼的死亡;吸附水中的污染物并随水漂流迁移,扩大污染区域。

海洋石油污染的最大危害是对海洋生物的影响。水中含油 0.1~0.01 ml/L 时对鱼类及水生生物就会产生有害影响。油膜和油块能粘住大量鱼卵和幼鱼,或使鱼卵死亡,更使破壳出来的幼鱼畸形,并使其丧失生活能力。

2. 热污染

热污染主要来源于工矿企业向江河排放的冷却水,当温度升高后的水排入水体时,将引起水体水温升高,溶解氧含量下降,微生物活动加强,某些有毒物质的毒性作用增加等,对鱼类及水生生物的生长有不利的影响。

3. 放射性污染

放射性物质是指各种放射性元素,如铀 238、镭 236 和钾 40 等。这类物质通过自身的衰变而放射具有一定能量的射线，如 α、β 和 γ 射线，能使生物和人体组织因电离而受到损伤，引起各种放射性病变，最易产生病变的组织有血液系统和造血器官、生殖系统、消化系统、眼睛的水晶体及皮肤等。引起的病变有白血病和再生障碍性贫血，诱发癌症如肝癌、血癌、皮肤癌等，胚胎畸形或死亡，免疫功能破坏加速衰老，肠胃系统失调，出血及白内障等畸形或慢性病变。

(三)生物性污染

生物性污染主要指致病病菌及病毒的污染。生活污水，特别是医院污水和某些工业(如生物制品、制革、酿造、屠宰等)废水污染水体，往往可带入一些病原微生物，它们包括致病细菌、寄生虫和病毒。常见的致病细菌是肠道传染病菌，如伤寒、霍乱和细菌性疾病等，它们可以通过人畜粪便的污染而进入水体，随水流而传播。一些病毒(常见的有肠道病毒和肝炎病毒等)及某些寄生虫(如血吸虫、蛔虫等)也可通过水流传播。这些病原微生物随水流迅速蔓延，给人类健康带来极大威胁。如印度新德里市 1955—1956 年发生了一次传染性肝炎，全市 102 万人口，将近 10 万人患肝炎，其中黄疸性肝炎 29 300 人。

第二节　水功能区划分

一、水功能区划的目的和意义

水是重要的自然资源。随着我国经济社会的发展和城市化进程的加快，水资源短缺、水污染严重已经成为制约国民经济可持续发展的重要因素。2013 年在全国 20.8 万 km 评价河长中，水质为Ⅳ类及劣于Ⅳ类的占 31.4%，一些城市的供水水源地水质恶化，直接影响到人民身体健康。造成这些现象的原因，主要是工业及生活废污水大量增加、废污水不经达标处理直接排放、水域保护目标不明确、入河排污口不能规范管理、污水随意排放等。

为了解决目前水资源开发利用和保护存在的不协调，保护珍贵的水资源，使水资源能够持续利用，需要根据流域或区域的水资源状况，同时，考虑水资源开发利用现状和经济社会发展对水量和水质的需求，在相应水域划定具有特定功能、有利于水资源的合理开发利用和保护的区域，如将河流源头设置为水资源保护区、将经济较发达的区域设置为水资源开发利用区、考虑经济社会的发展前景设置水资源保留区等，使水资源充分合理利用，发挥最大的效益。同时，通过水功能区划，实现了水资源利用和水资源保护的预先协调，极大地避免了水资源"先使用后治理"的问题。

水功能区划的内容是依据国民经济发展规划和水资源综合利用规划，结合区域水资源开发利用现状和社会需求，科学合理地在相应水域划定具有特定功能、满足水资源合理开发利用和保护要求并能够发挥最佳效益的区域(水功能区)；确定各水域的主导功能及功能顺序，制定水域功能不遭破坏的水资源保护目标；科学地计算水域的水环境容量，达到既能充分利用水体自净能力、节省污水处理费用，又能有效地保护水资源和生态系统、满足水域功能要求的目标；进行排污口的优化分配和综合整治，将水资源保护的目标管理落实到污染物综合整治的实处，从而保证水功能区水质目标的实现；通过各功能区水资源保护目标的实现,保障水资源的可持续利用。因此,水功能区划是全面贯彻《中华人民共和国水法》,加强水资源保护的重要举措,是水资源保护措施实施和监督管理的依据,对实现以水资源的可持续利用保障经济社会可持续发展的战略目标具有重要意义。

二、水功能区划指导思想及原则

(一)指导思想

水功能区划是针对水资源三级区内的主要河流、湖库、国家级及省级自然保护区、跨流域调水及集中式饮用水水源地、经济发达城市水域,结合流域、区域水资源开发利用规划及经济社会发展规划,根据水资源的可再生能力和自然环境的可承受能力,科学、合理地开发和保护水资源,既满足当代和本区域对水资源的需求,又不损害后代和其他区域对水资源的需求。促进经济、社会和生态的协调发展,实现水资源可持续利用,保障经济社会的可持续发展。

(二)区划原则

1. 前瞻性原则

水功能区划应具有前瞻性,要体现社会发展的超前意识,结合未来经济社会发展需求,引入本领域和相关领域研究的最新成果,为将来高新技术发展留有余地。如在工业污水排放区,区划的目标应该以工艺水平提高、污染治理效果改善后工业潜在的污染为区划的目标,减少排放区污染物浓度,减少水资源保护的投入,增大水资源的利用量。

2. 统筹兼顾,突出重点的原则

水功能区划涉及上下游、左右岸、近远期以及经济社会发展需求对水域功能的要求,应借助系统工程的理论方法,根据不同水资源分区的具体特点建立区划体系和选取区划指标,统筹兼顾,在优先保护饮用水水源地和生活用水前提下,兼顾其他功能区的划分。

3. 分级与分类相结合的原则

水资源开发利用涉及不同流域、不同的行政区,大到一个流域、一个国家,小到一条河、一个池塘。水功能区的划分应在宏观上对流域水资源的保护和利用进行总体控制,协调地区间的用水关系;在整体功能布局确定的前提下,再在重点开发利用水域内详细划分各种用途的功能类别和水域界线,协调行业间的用水关系,建立功能区之间横向的并列关系和纵向的层次体系。

4. 便于管理,实用可行的原则

水资源是人们赖以生存的重要的自然资源,水资源质和量对地区工业、农业、经济的发展起着重要的作用。如一些干旱地区,没有灌溉就没有产量;城市如果缺水可能导致社会的不安定。为了合理利用水资源,杜绝"抢""堵""偷"等不正当的水资源利用现象,也为了便于管理,实现水资源利用的"平等",水功能的分区界限尽可能与行政区界一致。利用实际使用的、易于获取和测定的指标进行水功能区划分。区划方案的确定既要反映实际需求,又要考虑技术经济现状和发展,力求实用、可行。

5. 水质、水量并重的原则

水功能区划分,既要考虑对水量的需求,又要考虑对水质的要求,但常规情况下对水资源单一属性(数量和质量)要求的功能不做划分,如发电、航运等。

三、水功能区划步骤和依据

我国江、河、湖、库水域的地理分布、空间尺度有很大差异，其自然环境、水资源特征、开发利用程度等具有明显的地域性。对水域进行的功能划分能否准确反映水资源的自然属性、生态属性、社会属性和经济属性，很大程度上取决于功能区划体系（结构、类型、指标）的合理性。水功能区划体系应具有良好的科学概括、解释能力，在满足通用性、规范性要求的同时，类型划分和指标值的确定与我国水资源特点相结合，是水功能区划的一项重要的标准性工作。

遵照水功能区划的指导思想和原则，通过对各类型水功能内涵、指标的深入研究、综合取舍，我国水功能区划采用两级体系，见图10-1，即一级区划和二级区划。

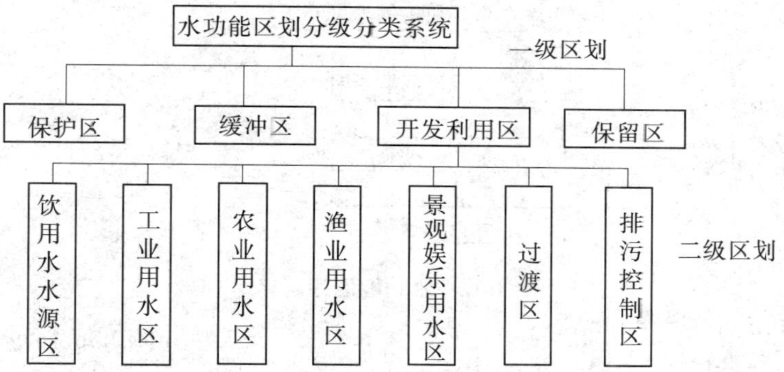

图10-1　水功能区划分级分类体系

水功能一级区分4类，即保护区、缓冲区、开发利用区、保留区；水功能二级区划在一级区划的开发利用区内进行，共分7类，包括饮用水水源区、工业用水区、农业用水区、渔业用水区、景观娱乐用水区、过渡区、排污控制区。一级区划宏观上解决水资源开发利用与保护的问题，主要协调地区间的关系，并考虑发展的需求；二级区划主要协调用水部门之间的关系。

水功能区划的一级区划在收集分析流域或区域的自然状况、经济社会状况、水资源综合利用规划以及各地区的水量和水质的现状等资料的基础上，按照先易后难的程序，依次划分规划保护区、缓冲区和开发利用区及保留区。二级区划则首先确定区划的具体范围，包括城市现状水域范围和城市规划水域范围，然后收集区域内的资料，如水质资料、取水口和排污口资料、特殊用水资料（鱼类产卵场、水上运动场）及城区规划资料，初步确定二级区的范围和工业、饮用、农业、娱乐等水功能区分布，最后对功能区进行合理检查，避免出现低功能区向高功能区跃进的衔接不合理现象，协调平衡各功能区位置和长度，对不合理的功能区进行调整。水功能区划程序如图10-2所示。

（一）水功能一级区分类及划分指标

1. 保护区

保护区指对水资源保护、饮用水保护、生态环境及珍稀濒危物种的保护具有重要意义

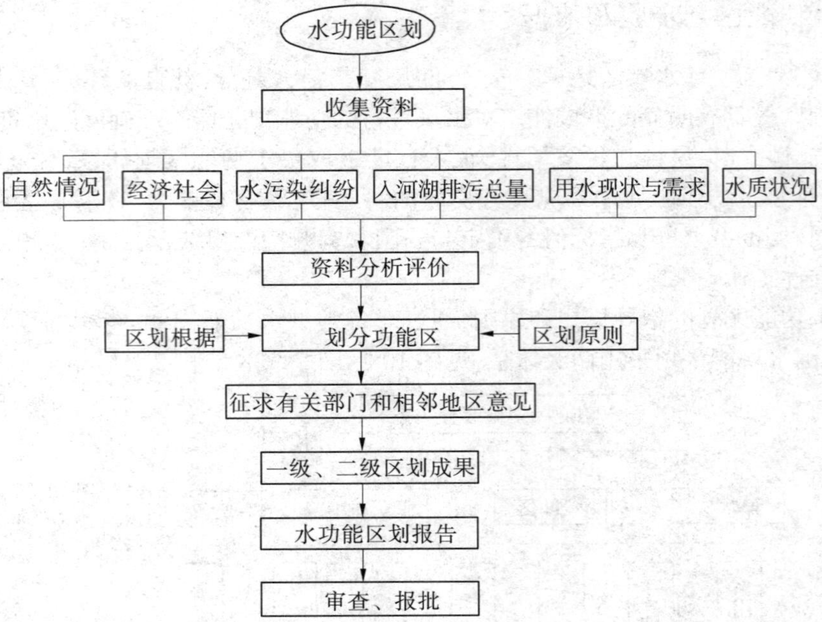

图 10-2　水功能区划程序

的水域。

具体划分依据:①源头水保护区,即以保护水资源为目的,在主要河流的源头河段划出专门涵养保护水源的区域,但个别河流源头附近如有城镇,则划分为保留区;②国家级和省级自然保护区范围内的水域;③已建和规划水平年内建成的跨流域、跨省区的大型调水工程水源地及其调水线路,省内重要的饮用水水源地;④对典型生态、自然生境保护具有重要意义的水域。

2. 缓冲区

缓冲区指为协调省际、矛盾突出的地区间用水关系;协调内河功能区划与海洋功能区划关系;以及在保护区与开发利用区相接时,为满足保护区水质要求需划定的水域。

具体划分依据:跨省级行政区域河流、湖泊的边界水域,省际边界河流、湖泊的边界附近水域,用水矛盾突出地区之间的水域。

3. 开发利用区

开发利用区主要指具有满足工农业生产、城镇生活、渔业、娱乐和净化水体污染等多种需水要求的水域和水污染控制、治理的重点水域。

具体划分依据:取(排)水口较集中,取(排)水河长较大的水域,如流域内重要城市江段、具有一定灌溉用水量和渔业用水要求的水域等。开发利用程度采用城市人口数量、取水量、排污量、水质状况及城市经济的发展状况(工业值)等能间接反映水资源开发利用程度的指标,通过各种指标排序的方法,选择各项指标较大的城市河段,划为开发利用区。

4. 保留区

保留区指目前开发利用程度不高,为今后开发利用和保护水资源而预留的水域。该区内水资源应维持现状不遭破坏。

具体划分依据:受人类活动影响较少,水资源开发利用程度较低的水域;目前不具备开发条件的水域;考虑到可持续发展的需要,为今后的发展预留的水域。

(二)水功能二级区分类及划分指标

1. 饮用水水源区

饮用水水源区指城镇生活用水需要的水域。功能区划分指标包括人口、取水总量、取水口分布等。

具体划分依据:已有的城市生活用水取水口分布较集中的水域,或在规划水平年内城市发展设置的供水水源区;每个用水户取水量需符合水行政主管部门实施取水许可制度的细则规定。

2. 工业用水区

工业用水区指城镇工业用水需要的水域。功能区划分指标包括工业产值、取水总量、取水口分布等。

具体划分依据:现有的或规划水平年内需设置的工矿企业生产用水取水点集中的水域;每个用水户取水量需符合水行政主管部门实施取水许可制度的细则规定。

3. 农业用水区

农业用水区指农业灌溉用水需要的水域。功能区划分指标包括灌区面积、取水总量、取水口分布等。

具体划分依据:已有的或规划水平年内需要设置的农业灌溉用水取水点集中的水域;每个用水户取水量需符合水行政主管部门实施取水许可制度的细则规定。

4. 渔业用水区

渔业用水区指具有鱼、虾、蟹、贝类产卵场、索饵场、越冬场及洄游通道功能的水域,养殖鱼、虾、蟹、贝、藻类等水生动植物的水域。功能区划分指标:渔业生产条件及生产状况。

具体划分依据:具有一定规模的主要经济鱼类的产卵场、索饵场、洄游通道,历史悠久或新辟人工放养和保护的渔业水域;水文条件良好,水交换畅通;有合适的地形、底质。

5. 景观娱乐用水区

景观娱乐用水区指以景观、疗养、度假和娱乐需要为目的的水域。功能区划分指标:景观娱乐类型及规模。

具体划分依据:休闲、度假、娱乐,运动场所涉及的水域,水上运动场,风景名胜区所涉及的水域。

6. 过渡区

过渡区指为使水质要求有差异的相邻功能区顺利衔接而划定的区域。功能区划分指标:水质与水量。

具体划分依据:下游用水要求高于上游水质状况;有双向水流的水域,且水质要求不同的相邻功能区之间。

7. 排污控制区

排污控制区指接纳生活、生产污废水比较集中,所接纳的污废水对水环境无重大不利影响的区域。功能区划分指标:排污量、排污口分布。

具体划分依据:接纳污废水中污染物可稀释降解,水域的稀释自净能力较强,其水文、生态特性适宜于作为排污区。

四、水功能区水质目标拟定

水功能区划定后,还要根据水功能区的水质现状、排污状况、不同水功能区的特点以及当地技术经济条件等,拟定各水功能一、二级区的水质目标值。水功能区的水质目标值是相应水体水质指标的确定浓度值。

在水功能一级区中,保护区应按照《地表水环境质量标准》(GB 3838—2002)中Ⅰ、Ⅱ类水质标准来定,因自然、地质原因不满足Ⅰ、Ⅱ类水质标准的,应维持水质现状;缓冲区应按照实际需要来制定相应水质标准,或按现状来控制;开发利用区按各二级区划来制定相应的水质标准;保留区应按现状水质类别来控制。

在水功能二级区中,饮用水水源区应按照《地表水环境质量标准》(GB 3838—2002)中Ⅱ、Ⅲ类水质标准来定;工业用水区应按照《地表水环境质量标准》(GB 3838—2002)中Ⅳ类水质标准来定;农业用水区应按照《地表水环境质量标准》(GB 3838—2002)中Ⅴ类水质标准来定;渔业用水区应按照《渔业水质标准》(GB 11607—1989),并参照《地表水环境质量标准》(GB 3838—2002)中Ⅱ~Ⅲ类水质标准来定;景观娱乐用水区应按照《地表水环境质量标准》(GB 3838—2002)中Ⅲ~Ⅳ类水质标准来定;过渡区和排污控制区应按照出流断面水质达到相邻水功能区的水质要求选择相应的水质控制标准来定。

第三节　污染源调查和预测

一、污染源的调查

(一)污染源调查的目的和内容

在环境科学的研究工作中,把污染源、环境和人群健康看成一个系统。污染源向环境中排放污染物是造成环境问题的根本原因。污染源排放污染物质的种类、数量、方式、途径及污染源的类型和位置,直接关系到它危害的对象、范围和程度。污染源调查就是要了解、掌握上述情况及其他有关问题。通过污染源调查,可以找出一个工厂或一个地区的主要污染源和主要污染物,资源、能源及水资源的利用现状;为企业技术改造、污染治理、综合利用、加强管理指出方向;为区域污染综合防治指出防治什么污染物,在哪防治;为区域环境管理、环境规划、环境科研提供依据。因此,污染源调查是污染综合防治的基础工作。

污染源调查的内容丰富而广泛,按污染源分类的不同和调查目的不同,可分为工业污染源调查、农业污染源调查、生活污染源调查、交通污染源调查,也可分为大气污染源调查、水污染源调查、噪声污染源调查等。水体污染源的调查是控制水体污染、保护水资源的重要环节。调查内容随污染源的分类而不同。

在进行一个地区的污染源调查,或某一单项污染源调查时,都应进行自然环境背景调查和社会背景调查。根据调查的目的不同及项目不同,可以有所侧重。自然背景包括地质、地貌、气象、水文、土壤、生物,社会背景调查包括居民区、水源区、风景区、名胜古迹、工业区、农业区和林业区。

1. 面污染源调查

①水体所在流域内地表径流的数量，经地表径流带入水体内污染物的种类和数量；②水体水面大气降水的数量及经大气降水（包括降尘）带入水域内污染物的种类和数量；③水域内化肥、农药使用情况，农田灌溉后排出水体的数量及所含污染物的种类、浓度；④水域内地下水流入水体的数量及携带污染物的种类和浓度；⑤水域内的村镇等居民状况，直接或间接排入水体的人、畜用水的数量及携带污染物的种类和浓度。

2. 点源污染源调查

①排污口的地理位置及分布；②污水量及其所含污染物的种类、浓度或各种污染物的绝对数量；③排污方式：污水是经过污水处理厂后排入水体还是未经处理直接排入水体，是岸边排放还是送入水体中间排放，是明渠排放还是管道排放等；④排放规律：是稳定排放还是非稳定排放，是连续排放还是间断排放，以及间断的时间、次数等；⑤排污对水体环境的影响：污染物进入水体后对浮游植物、浮游动物、鱼贝等水生生态系统的影响及对周围居民身体健康的影响（直接或间接）等。

3. 工业污染源调查

主要内容是企业所在地的地理位置、地形地貌、四邻状况及所属环境功能区（如商业区、工业区、居民区、文化区、风景区、农业区、林业区及养殖区等）的环境现状；企业名称、规模、厂区占地面积、水源类型、供水方式、工艺流程、生产水平、水平衡、堆渣场位置、企业环境保护机构名称、环境保护管理机构编制、环境管理水平、工艺改革、治理方法、治理规划或设想等反映污染物种类、数量、成分、性质，排放方式、规律、途径，排放浓度、排放量，排放口位置、类型、数量，控制方法、历史情况、事故排放等方面的内容。

4. 生活污染源调查

生活污染源主要指住宅、学校、医院、商业及其他公共设施。它排放的主要污染物有污水、粪便、垃圾、污泥、废气等。调查内容包括城市总人数、总户数、流动人口、人口构成、人口分布、密度、居住环境；城市集中供水（自备水源）、不同居住环境每人用水量、办公楼、旅馆、商店、医院及其他单位的用水量，下水道设置情况（有无下水道、下水去向）；垃圾种类、成分、数量，垃圾场的分布，输送方式、处置方式，处理站自然环境，处理效果，投资、运行费用、管理人员、管理水平。

5. 农业污染源调查

农业是环境污染的主要受害者，由于它施用农药、化肥，当施用不合理时也产生环境污染，自身也受害。调查内容有农药品种，施用剂量、方式、时间，施用总量、年限，有效成分含量（有机氯、有机磷、汞制剂、砷制剂等）；化肥的品种、数量、施用方式、施用时间，农作物秸秆、牲畜粪便、农用机油渣；汽车、拖拉机台数，耗油量，行驶范围和路线，其他机械的使用情况等。

6. 水污染事故调查

大量高浓度污水排入水体，有毒物质大量泄漏或翻沉进入水体，以及其他易出现或突发性水质恶化的事件，都属于水污染事故。一般水污染事故由当地水环境监测中心协同有关部门进行调查。应调查发生的时间、水域、污染物数量、人员受害和经济损失情况。

重大水污染事故应调查事故发生的原因、过程,采取的应急措施,处理结果,事故直接、潜在或间接的危害,社会影响,遗留问题和防范措施等。跨地、市和重大水污染事故由省水环境监测中心协同有关部门进行调查,或经授权由省级水环境监测中心组织调查;跨省河流和重要江、河干流发生水污染事故由流域水环境监测中心组织调查。此外,对污染事故可能影响的水域,应组织实施监视性监测;对大污水团集中下泄造成的污染事故,当地水环境监测中心应跟踪调查和监测。

7. 污染物入河量调查

入河排污口是指直接排入水功能区水域的排污口。由排污口进入功能区水域的废污水量和污染物量,统称废污水入河量和污染物入河量。以入河排污口为调查对象,调查的主要内容为入河排污口的分布、位置、类型,对应污染源的名称、污染源距入河排污口的距离、入河排污口的废污水入河量和主要污染物(污水量、COD、BOD、pH、SS、氨氮、挥发酚、总氮、总磷、汞、镉及区域特征污染物,其中污水量、COD和氨氮为必选项)排放量等。重点分析流经大城市的河段和水域的入河排污口及其排污情况。

(二)污染源调查程序与方法

1. 污染源调查程序

根据污染源调查的目的和要求,先制订出调查工作计划、程序、步骤、方法,一般污染源调查可分为三个阶段:准备阶段、调查阶段、总结阶段。

(1)准备阶段:明确调查目的、制订调查计划、做好调查准备(组织准备、资料准备、分析准备、工具准备)、搞好调查试点(普查试点、详查试点)。

(2)调查阶段:生产管理调查、污染物治理调查、污染物排放情况调查、污染物危害调查、生产发展调查。其中,污染物排放情况调查包括污染源种类、排放量、排放方式、释放规律等方面的内容。

(3)总结阶段:处理数据、建立档案、作出评价、编写文字报告、绘制污染源分布图。

2. 污染源调查方法

污染源的调查,一般可采用点面结合的方法,分为详查和普查两种。详查是对重点污染源调查。普查是对区域内所有的污染源进行全面调查,但各类污染源应有各自的侧重点;同类污染源中,应选择污染物排放量大、影响范围广、危害程度大的污染源作为重点污染源。

普查工作一般多由主管部门发放普查表,以填表方式进行。对于调查表格,可以依据特定的调查目的自行制定表格,进行一个地区的污染源调查时,要统一调查时间、项目、方法、标准和计算方法。

详查一般在普查之后进行,在做详查时,应派调查小组蹲点到详查单位进行调查,详查的工作内容从广度和深度上都超过普查,重点污染源对一个地区的污染影响较大,要认真调查。

(三)污染物排放量的计算

污染源排放量的确定是污染源调查的核心问题。确定污染物排放量的方法有三种:物料衡算法、经验计算法(排放系数、排污系数法)和实测法。

1. 物料衡算法

根据物质不灭定律，在生产过程中，投入的物料量应等于产品所含这种物料的量与这种物料流失量的总和。计算公式为：

$$Q = \sum G - \sum G_1 - \sum G_2 \tag{10-1}$$

式中　Q——污染物排放量，g/s；

$\sum G$——单位时间内投入物料总量，g/s；

$\sum G_1$——单位时间内生产的产品中所含这种物料的量，g/s；

$\sum G_2$——单位时间内物料总流失量，g/s。

如果物料的流失量全部由烟囱排放或由排水排放，则污染物排放量（或称源强）就等于物料流失量。

2. 经验计算法

根据生产过程中单位产品的排放系数进行计算，求得污染物的排放量，该方法称为经验计算法。计算公式为：

$$Q = KW \tag{10-2}$$

式中　K——单位产品经验排放系数，kg/t；

W——单位产品的单位时间产量，t/h。

关于各种污染物排放系数的计算，国内外文献中已有大量报道，都是在特定条件下产生的。由于各地区、各单位的生产技术条件不同，污染物排放系数和实际排放系数可能有很大差距。因此，在选择时，应根据实际情况加以修正，在有条件的地方，应调查统计出本地区的排放系数。

对拟建工程的污染源进行排放量预测时，若上述两种方法均无法进行，可采用类比法进行预测，收集国内外和拟建工程性质、规模、工艺、产品、产量大体相近的生产厂（或设备）的污染物排放系数，作为参考数据，估算拟建工程污染源的排放量。

3. 实测法

实测法是通过对某个污染源现场测定，得到污染物的排放浓度和流量（烟气或废水），然后计算出排放量，计算公式为：

$$Q = CL \tag{10-3}$$

式中　C——实测的污染物算术平均浓度；

L——烟气或废水的流量。

这种方法只适用于已投入的污染源。测流量的方法有流速仪法、堰板法、浮标法、容器法等。具体方法和适用范围可查有关文献资料。废水中污染物的浓度，可在各采样点取得样品，测定不同时间的浓度值，也可以按流量的大小加权计算，取某一时段浓度加权平均值。

（四）污染物入河量估算

1. 污染物入河系数

水功能区对应的陆域范围内的污染源所排放的污染物，仅有一部分能最终流入功能区水域，进入功能区水域的污染物量占污染物排放总量的比例即为污染物入河系数。

影响入河系数的因素很多，情况复杂，区域差异大。污染物入河系数可通过对不同地区典型污染源的污染物排放量和入河量的监测、调查,充分利用各职能部门的污染物排放量和污染物入河量资料确定。在确定现状污染物入河系数时,应考虑已建成的污水处理厂的效应。

【例 10-1】 某城镇2013年综合入河系数计算示例如下:由环保调查统计资料查得该城镇2013年污废水排放量 $1.04\times10^8\ m^3$,COD 年排放量 $2.77\times10^4\ t$;同期由该城镇的所有入河排污口监测分析得年污废水排放量 $8\,036\times10^4\ m^3$,COD 年排放量 $2.49\times10^4\ t$。试计算污废水入河系数和 COD 入河系数。

解:(1)污废水入河系数

$$入河系数 = \frac{污染物入河量}{污染物排放量} = \frac{8\,036\times10^4}{1.04\times10^8} = 0.773$$

(2)COD 入河系数

$$入河系数 = \frac{污染物入河量}{污染物排放量} = \frac{2.49\times10^4}{2.77\times10^4} = 0.899$$

2. 污染物入河量

对有水质监测资料的入河排污口,根据废污水排放量和水质监测资料,按下式估算主要污染物排放量:

$$W_{排} = Q_{排}\ C_{排} \tag{10-4}$$

式中 $W_{排}$——污染物入河量;

$Q_{排}$——废污水入河量;

$C_{排}$——污染物的入河浓度。

二、水污染源预测

(一)污染源的预测

污染源预测,就是对未来某个水平年或几个水平年污染源所排放的污染物的特性、排污量、污染物种类及浓度等指标,作出具体的估计。常用的预测方法有时间统计模型、弹性系统模型和投入产出模型等。由于预测范围不同,需要掌握资料的多少和准确度及选用的预测方法与精度均不相同,视具体情况而定。下面介绍时间统计模型、弹性系统模型。

1. 时间统计模型

时间统计模型方法视各级历年污染源监测资料,寻求污染物或污水排放量与时间的关系,进行预测。在经济社会结构没有重大变化的情况下,这种方法简单易行。若污染源排放的污染物或排放量与时间呈简单的直线关系,则可用下式预测:

$$Q = a + bt \tag{10-5}$$

式中 Q——预测年的污染物或污水排放量;

t——基准年到预测年份的时间;

a、b——常数,可以根据多年监测数据用最小二乘法求得。

如果污染物或污水排放量与时间不呈线性关系,也可采用下面的指数关系式预测:

$$Q = Q_0(1 + a)^{(t-t_0)} \tag{10-6}$$

式中 Q、Q_0——预测年和基准年的污染物或污水排放量；

t、t_0——预测年和基准年；

a——参数，表示年增长率，可根据历史资料求得。

【例 10-2】 已知某城市 2013—2022 年的一组 SO_2 排放数据如表 10-1 所示。试预测 2028 年的 SO_2 排放量。

表 10-1 某城市 2013—2022 年的一组 SO_2 排放数据 单位：万 t/a

年份	2013	2014	2015	2016	2017	2018	2019	2020	2021	2022
SO_2 排放量	1. 315	1. 351	1. 404	1. 399	1. 438	1. 515	1. 568	1. 644	1. 775	1. 825

解：将 SO_2 排放量与年度绘成图形，如图 10-3 所示，基本上可以用一条直线来表示。求其截矩和斜率分别为 $a=-112.7$，$b=0.0566$，则有预测公式 $Q=-112.7+0.0566t$。当 $t=2028$ 时，代入预测公式得 $Q=-112.7+0.0566\times2028=2.0548$（万 t/a）。

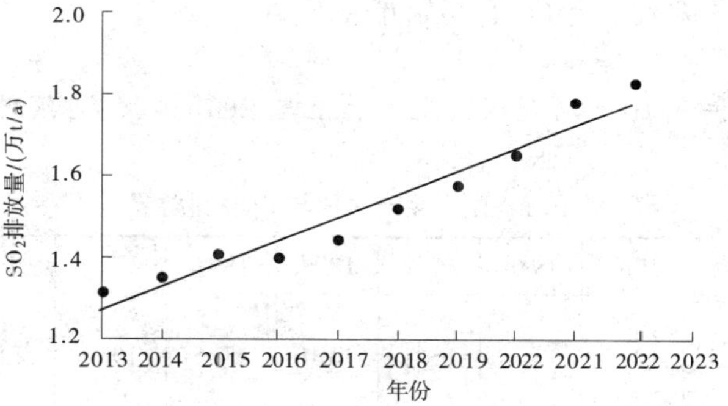

图 10-3 SO_2 排放量变化曲线

另外，也可以使用最小二乘法估计参数。公式如式(10-7)、式(10-8)所示，为监测数据个数，本题中为 10，Q_i、t_i 为各年的 SO_2 排放量和年份。

$$a=\frac{\sum Q_i t_i \sum t_i-\sum Q_i \sum t_i^2}{(\sum t_i)^2-n\sum t_i^2} \tag{10-7}$$

$$b=\frac{\sum Q_i \sum t_i-n\sum Q_i t_i}{(\sum t_i)^2-n\sum t_i^2} \tag{10-8}$$

经计算，$a=-112.704$，$b=0.05662$。所以，$Q=-112.704+0.05662t$。

当 $t=2028$ 时，得 $Q=-112.704+0.05662\times2028=2.1214$（万 t/a）。

2. 弹性系数模型

这里的弹性系数是指污染物或污水量的年增长率与国民生产总值的年增长率的比值。如果由历史资料求得弹性系数，就可以根据国民生产总值的发展趋势来预测污染物或污水排放量。

设 α、β 分别为污染物或污水排放量和国民生产总值的年增长率，则

$$Q = Q_0(1+\alpha)^{(t-t_0)} \tag{10-9}$$

$$M = M_0(1+\beta)^{t-t_0} \tag{10-10}$$

因而可求得:

$$\varepsilon = \frac{\alpha}{\beta} = \frac{\left(\frac{Q}{Q_0}\right)^{\frac{1}{t-t_0}} - 1}{\left(\frac{M}{M_0}\right)^{\frac{1}{t-t_0}} - 1} \tag{10-11}$$

如果已经知道 M_0、Q_0 和 M,就可以计算预测年的污染物或污水排放量,即

$$Q = Q_0\left\{1 + \varepsilon\left[\left(\frac{M}{M_0}\right)^{\frac{1}{t-t_0}} - 1\right]\right\}^{t-t_0} \tag{10-12}$$

式中　M_t、M_0——历史资料终止年(t)和初始年(t_0)的国民生产总值;

Q、Q_0——历史资料终止年(t)和初始年(t_0)的污染物或污水排放量;

t、t_0——历史资料终止年(t)和初始年(t_0);

ε——弹性系数。

【例 10-3】　根据表 10-2 所列国民生产总值与 COD 排放量,预测 10 年后 COD 的总排放量。

表 10-2　国民生产总值与 COD 排放量

年份	1986	1987	1988	1989	1990	1991	1992	1993	1994	1995
国民生产总值/(亿元/a)	11.1	12.5	13.5	15.1	16.4	17.5	19.0	20.3	22.0	22.2
COD 排放量/(kt/a)	14.9	15.5	16.5	17.2	18.0	19.1	20.1	21.11	22.1	23.3

解:

$$\varepsilon = \frac{\left(\frac{Q}{Q_0}\right)^{\frac{1}{t-t_0}} - 1}{\left(\frac{M}{M_0}\right)^{\frac{1}{t-t_0}} - 1} = \frac{\left(\frac{23.3}{14.9}\right)^{\frac{1}{9}} - 1}{\left(\frac{22.2}{11.1}\right)^{\frac{1}{9}} - 1} = 0.6362$$

$$Q = Q_0\left\{1 + \varepsilon\left[\left(\frac{M}{M_0}\right)^{\frac{1}{t-t_0}} - 1\right]\right\}^{t-t_0} = 23.3\left\{1 + 0.6362\left[\left(\frac{2.16 \times 22.2}{22.2}\right)^{\frac{1}{10}} - 1\right]\right\}^{10} = 38.29$$

(二)工业废水排放量预测

工业废水排放量预测通常采用下式:

$$W_t = W_0(1 + r_m)^t \tag{10-13}$$

式中　W_t——预测年工业废水排放量;

W_0——基准年工业废水排放量;

r_m——工业废水排放量年平均增长率;

t——基准年至某水平年的时间间隔。

在式(10-13)中,预测工业废水排放量的关键是求出 r_m,如果资料比较充足,则可采用统计回归方法求出 r_m;如果资料不太完善,可结合经验判断方法估计 r_m。

(三)工业污染物排放量预测

工业污染物排放量预测可采用下式进行:

$$W_i = (q_i - q_0)\rho_{B_0} \times 10^{-2} + W_0 \tag{10-14}$$

式中 W_i——预测年份某污染物排放量,t;

q_i——预测年份工业废水排放量,万 m^3;

q_0——基准年工业废水排放量,万 m^3;

ρ_{B_0}——含某污染物废水工业排放标准或废水中污染物浓度,mg/L;

W_0——基准年某污染物排放量,t。

(四)生活污水量预测

对于生活污水,其排放预测可用下式计算:

$$Q = 0.365AF \tag{10-15}$$

式中 Q——生活污水量,万 m^3;

A——预测年份人口数,万人;

F——人均生活污水量,L/(d·人);

0.365——单位换算系数。

通常,预测年份人均生活污水量可用人均生活用水量代之,这可根据国家有关标准换算。预测年份人口可采用地方人口规划数据;无地方人口规划数据时,可根据基准年人口增长率计算获得。其计算式为:

$$A = A_0(1 + p)^n \tag{10-16}$$

式中 A_0——基准年人口;

p——人口增长率;

n——规划年与基准年的年数差值。

(五)污染物入河量的预测

1.规划水平年污染物入河系数的确定

规划水平年污染物入河系数的确定,要在对区域现状污染物入河系数进行调查计算的基础上,对规划水平年区域城市化水平和城市发展规划进行充分的分析,研究城市规模发展、截污工程建设、管网改造、污水入河方案调整和排污口优化等基础设施的改变及对污染物入河系数的影响。要紧密结合规划水平年区域及城市产业布局和工业结构调整的规划,对可能造成预测区域污染物组成和污染物入河系数变化的因素,予以充分考虑和修正。

污染物入河系数与城市污水处理厂的治理情况密切相关,但在拟定规划水平年污染物入河系数时,一般不应考虑目前未列入建设计划的污水处理厂治理削减效应。

在实际工作中,可参考已取得的现状污染物入河系数,根据实际情况和在综合考虑上述因素的基础上,经对现状值进行适当的修正和调整后,作为规划水平年污染物的入河系数。

在其他条件不变的情况下,污染物入河系数确定的一般规律是:集中排污比分散排污值大,有收水管网条件的比无收水管网条件的值大,无集中污水处理设施的比有污水处理设施的值大,短距离排污比长距离排污的值大,不易降解的废污水比易降解的废污水轻。因排水区域环境状况不同和污水性质的差异,污染物入河系数一般在0.5~0.9。

2. 规划水平年污染物入河量计算

以水功能区为单元对规划水平年废污水和污染物的入河量进行预测,并按行政区和水资源分区进行汇总统计,得到规划水平年各统计范围的废污水和主要污染物入河量。将各规划水平年的污染物排放量预测值与相应规划水平年污染物入河系数相乘,得到规划水平年的污染物入河量。

第四节　水环境容量的计算与分配

一、水环境容量的定义和影响因素

(一)水环境容量的定义

水环境容量是指在不影响水的正常用途的情况下,水体所能容纳的污染物的量或自身调节净化并保持生态平衡的能力。

(二)水环境容量的影响因素

水环境容量的影响因素主要是水体特征、水质目标和污染源特性。

1. 水体特征

水体特征包括水体的几何参数,如河宽、水深;水文参数,如流量、流速;地球化学背景参数,如主要水化学成分,污染源的背景水平,水的pH;水体的物理自净作用,如稀释、扩散、沉降、分子态吸附;物理化学自净作用,如离子态吸附;化学自净作用,如水解、氧化、光化学等;生物降解作用,如水解、氧化还原、光合作用等。这些参数决定着水体对污染物的扩散稀释能力和自净能力,从而决定着水体环境容量的大小。

2. 水质目标

水体对污染物的纳污能力是相对于水体满足一定的使用功能而言的。水体的用途不同,允许存在于水体的污染物浓度也不同。我国将地表水质标准按污染程度分为5类,每类水体允许的水质标准影响着水环境容量的大小。

3. 污染物特性

污染物本身具有的化学特性和在水体中的含量不同,水体对污染物自净作用不同;不同污染物对人体健康的影响和对水生生物的毒性作用是不相同的,相应地,允许存在于水体的污染浓度也不相同。所以,针对不同的污染物有不同的水环境容量。

二、水环境容量的计算

水环境容量的大小与水体特征、水质目标及污染物特性有关,同时还与污染物排放的方式以及排放的时空分布有密切关系。因此,需要运用水质迁移转化基本方程来求解水体中污染物的时间、空间分布过程，再根据水体的水功能区目标和要求，来计算水环境容量大小。

由于污染物进入水体后，主要受到稀释、迁移和转化作用，因此水环境容量实际上由三部分组成，其表达式如下：

$$W_T = W_d + W_t + W_s \tag{10-17}$$

式中　W_T——水体对污染物的总环境容量；

W_d——水体对污染物的稀释容量；

W_t——水体对污染物的迁移容量；

W_s——水体对污染物的转化容量。

下面将以河流一维水质基本方程为例，来介绍水环境容量的计算方法及解析解。

(一)稀释容量

稀释容量是由水体对污染物的稀释作用所引起的，它与水体体积和污径比有关。

设水体的流量为 Q，污染物在水体中的背景浓度为 C_B，污染物的水环境质量标准为 C_s，排入水体的污水流量为 q，则水体对该污染物的稀释容量可表达为

$$W_d = Q(C_s - C_B)\left(1 + \frac{q}{Q}\right) \tag{10-18}$$

令 $V_d = Q, P_d = (C_s - C_B)\left(1 + \frac{q}{Q}\right)$，则有

$$W_d = V_d P_d \tag{10-19}$$

式中　P_d——水体对污染物稀释容量的比容。

(二)迁移容量

水体对污染物的迁移容量是由水体的流动引起的，与水体流速、扩散系数等水力学特征有关。其数学表达式为

$$W_t = Q(C_s - C_B)\left(1 + \frac{q}{Q}\right)\left\{\frac{\sqrt{4\pi E_x t}}{u}\exp\left[\frac{(x - ut)^2}{4E_x t}\right]\right\} \tag{10-20}$$

式中各符号意义同前。

令 $V_t = Q$，$P_t = (C_s - C_B)\left(1 + \frac{q}{Q}\right)\left\{\frac{\sqrt{4\pi E_x t}}{u}\exp\left[\frac{(x - ut)^2}{4E_x t}\right]\right\}$，则有

$$W_t = V_t P_t \tag{10-21}$$

式中　P_t——水体对污染物迁移容量的比容。

(三)净化容量

水体对污染物的净化容量主要是水体对污染物的生物或化学作用使之降解而产生的，所以净化容量是针对可衰减污染物而言的。假定这类污染物的衰减过程遵守一级反应动力学规律，则其反应速率 R 可写为：

$$R = -kC \tag{10-22}$$

式中　k——反应速率常数，其大小反映污染物在水体中被净化的能力。

τ 为 k 的倒数，它反映了污染物被降解的难易程度，τ 越大，污染物在环境中停留的时间越长，水体对它的容量越小。反应速率 R 与污染物浓度 C 及 τ 有关，它反映水体对污

染物自净的快慢程度。

由上述若干物理量得出水体对污染物净化容量的表达式:

$$W_s = Q(C_s - C_B)(1 + \frac{q}{Q})\left\{1 - \exp(-\frac{x}{\tau u})\right\} \tag{10-23}$$

令 $V_s=Q, P_s=(C_s-C_B)(1+\frac{q}{Q})\left\{1-\exp(-\frac{x}{\tau u})\right\}$,则有

$$W_s = V_s P_s \tag{10-24}$$

式中　P_s——水体对污染物净化容量的比容。

(四)总水环境容量

水体对污染物的稀释容量、迁移容量和净化容量之和称为总水环境容量,其大小为:

$$W_T = Q(C_s - C_B)(1 + \frac{q}{Q})\left\{2 + \frac{\sqrt{4\pi E_x t}}{u}\exp\left[\frac{(x - ut)^2}{4E_x t}\right] - \exp(-\frac{x}{\tau u})\right\} \tag{10-25}$$

如果污染物是难降解的,则 $k=0$,那么 $\exp(-\frac{x}{\tau u})=1$,这时

$$W_T = Q(C_s - C_B)(1 + \frac{q}{Q})\left\{1 + \frac{\sqrt{4\pi E_x t}}{u}\exp\left[\frac{(x - ut)^2}{4E_x t}\right]\right\} \tag{10-26}$$

说明水体对难降解污染物只有稀释容量和迁移容量,而无净化容量。

如果扩散作用的效果很不显著,以至于可以忽略不计,即 $E_x=0$,这时 $\frac{\sqrt{4\pi E_x t}}{u}\exp\left[\frac{(x-ut)^2}{4E_x t}\right]\to 0$,则式(10-26)变为

$$W_T = Q(C_s - C_B)(1 + \frac{q}{Q}) \tag{10-27}$$

式(10-27)表明,对于难降解污染物,在不考虑水体的扩散作用时,不存在迁移容量和净化容量,水体的总水环境容量就等于稀释容量。

三、污染物排放总量控制

(一)实施污染物排放总量控制的意义

我国在水环境监测和管理上,多年来一直采用浓度控制的管理模式。浓度控制就是控制废污水的排放浓度,要求排入水域的污染物的浓度达到污染物排放标准,即达标排放。污染物排放标准有行业排放标准和国家污水综合排放标准等。

应该说,浓度控制对污染源的管理和水污染的控制是有效的,但也存在一些问题。由于没有考虑受纳水体的承受能力,有时候即使污染源全部达标排放,由于没法控制排放总量,受纳水体水质还是被严重污染;加上全国性的工业废水排放标准往往不能把所有地区和所有情况都包括进去,在执行中会遇到一些具体问题,如对于不同纳污能力的水体,同一行业执行同一标准,环境效益却不同,纳污能力大的水体能符合要求,而纳污能力小的水体可能已受到污染。这些问题的解决,一方面,可通过制定更加严格的地区水污染排放标准;另一方面,就是实行总量控制。

总量控制是根据受纳水体的纳污能力,将污染源的排放数量控制在水体所能承受的范围之内,以限制排污单位的污染物排放总量。1996 年我国开始推行"一控双达标"的环保目标。"一控"指的是污染物总量控制,就是控制各省(区、市)所辖区主要污染物的排放量在国家规定的排放总量指标内。总量控制并非对所有的污染物都控制,而是对二氧化硫、工业粉尘、化学耗氧量、汞、镉等 12 种主要工业污染物进行控制。"双达标"指的是:工业污染源要达到国家或地方规定的污染物排放标准;空气和地表水按功能区达到国家规定的环境质量标准。按功能区达标指的是城市中的工业区、生活区、文教区、商业区、风景旅游区、自然保护区等,不是执行一个环境质量标准,而是分别达到不同的环境质量标准。我国从 2000 年开始实行污染物总量控制。据原国家环保总局发布的《2005 年中国环境状况公报》,2005 年全国工业废水排放达标率为 91.2%,比 2004 年提高 0.5 个百分点。其中,重点企业工业废水排放达标率为 92.8%,比 2004 年提高 0.9 个百分点;非重点企业工业废水排放达标率为 80.6%,与 2004 年持平。说明使用总量控制有利于环境条件的改善。

污染物排放总量可依据功能区域水域纳污能力,反推允许排入水域的污染物总量,这种方法称为容量控制法。也可依据一个既定的水环境目标或污染物削减目标,正推限定排污单位污染物排放总量,称为目标总量控制法。由此可见,在研究水功能区纳污能力,建立功能区水质目标与排放源的输入响应关系的基础上,将功能区污染物入河量分配到相应陆域各排放源,是总量控制的重要环节,也是总量控制中的技术关键。只有了解和掌握水域污染物控制量和削减量,才能达到有效控制水污染的目的。因此,制订污染物控制量和削减量方案是实施污染物排放总量控制的前提,对于控制水环境污染、改善和提高水环境质量具有重大的意义。

(二)污染物控制量和削减量的确定

1. 污染物入河控制量

为了保证功能区水体的功能,水质要达到功能区水质目标,在一定的规划设计水平条件下,功能区水体的纳污能力是一定的,必须对进入功能区水体的污染物入河总量进行控制。

根据水功能区的纳污能力和污染物入河量,综合考虑功能区水质状况、当地技术经济条件和经济社会发展,确定污染物进入水功能区的最大数量,称为污染物入河控制量。污染物入河控制量是进行功能区水质管理的依据。不同的功能区入河控制量按不同的方法分别确定,同一功能区不同水平年入河控制量可以不同。

不同的水功能区入河控制量可采用下面的方法来确定:当污染物入河量大于水环境容量时,以水环境容量作为污染物控制量;当污染物入河量小于水环境容量时,以现状条件下污染物入河量作为入河控制量。

2. 污染物入河削减量

水功能区的污染物入河量与其入河控制量相比较,如果污染物入河量超过污染物入河控制量,其差值即为该水功能区的污染物入河削减量。

功能区的污染物入河控制量和削减量是水行政主管部门进行水功能区管理的依据;是水行政主管部门发现污染物排放总量超标或水域水质不满足要求时,提出排污控制意见的依据;同时,也是制订水污染防治规划方案的基础。

3. 污染物排放控制量

为保证功能区水质符合水域功能要求,根据陆域污染源污染物排放量和入河量之间的输入响应关系函数,由功能区污染物入河控制量所推出的功能区相应陆域污染源的污染物排放最大数量,称为污染物排放控制量。污染物排放控制量在数值上等于该功能区入河控制量除以入河系数。

4. 污染物排放削减量

水功能区相应陆域的污染物排放量与排放控制量之差,即为该功能区陆域污染物排放削减量,陆域污染物排放削减量是制定污染源控制规划的基础。

水污染物排放削减量有两种分配方法:一是将规划区域的水污染物允许排放量作为总量控制目标,分配到各个水污染控制单元,然后再根据污染现状和污染变化预测,分别计算各个污染控制单元的各个污染源的削减量;二是由全规划区域统一计算出总的水污染物削减量,作为主要水污染物排放总量削减指标,直接分配到各个水污染源。

四、水环境容量的分配

环境容量是一种功能性资源,它具有商品的一般属性,排污权分配的实质是对环境容量资源这种特殊商品的一种配置。排污指标应该有价值和使用价值。排污指标被企业无偿占有,其弊端有二:一是失去了用经济手段调整污染项目的市场准入功能;二是企业占用的现有排污指标无法流通,市场配置环境资源的功能难以发挥出来。

水环境容量的分配就是以污染物排放总量控制为目标,根据排污地点、数量和方式,结合污染物排污总量削减的优先顺序,考虑技术、经济的可行性等因素,用水环境中污染物最大允许排放量分配各控制区域的环境容量资源,确定各污染源的最大允许排放量或需要削减量。

根据污染负荷总量分配出发点的不同,可以将其分为优化分配和公平分配两种。前者以环境经济整体效益最优化为目标,后者则追求公平,兼顾公平与效率。

(一)总量分配原则

污染物允许总量的分配关系到各污染源的切身利益,分配应以公平性原则为根本,同时追求经济效率,即以较低的社会成本达到区域内总的允许排放量最大的环境效益。

尽管在社会资源、利益分配上关于公平的度量还有很多争议,难以有一个被普遍接受的“公平原则”,但就污染物总量分配而言,以下原则可以指导具体污染源的排放总量的分配。

1. 考虑功能区域差异

在污染物允许排放量的分配中应该考虑到不同功能区域中不同行业的自身特点。按照不同的功能区域进行划分,由于各种行业间污染物产生数量、技术水平或污染物处理边际费用的差异,处理相同数量污染物所需费用相差很大或生产单位产品排放污染物数量相差甚远,因此在各个功能区域间分配污染物允许排放量时应该兼顾这种功能划分的差别，适当进行调整，以较小的成本实现环境的达标。

2. 环境容量充分利用

各个排污系统或各单元分配的容量要使得区域的允许排放总量最大，以体现环境容量得到充分利用。

3. 集中控制原则

对于位置邻近、污染物种类相同的污染源，首先要考虑实行集中控制，然后再将排放余量分配给其他污染源。

4. 规模差异原则

在已经划分的功能区内部，污染物允许排放量与企业规模成正比。在新开发区的具体实践中，推荐采用按照地块面积分配区域内部污染排放量的方法。

5. 清洁生产原则

允许排放量的分配中，应该按照行业先进的生产标准设计排污指标，促使企业采用清洁生产技术。削减废水排放量与降低生产、生活用水量有密切关系，合理开发利用水资源、节约用水、提高水的重复利用率是削减废水排放量的根本途径。

（二）常用的总量分配方法与特点

1. 等比例分配方法

等比例分配法是在承认各污染源排放现状的基础上，将受总量控制的允许排放总量等比例地分配到各水功能区或污染控制单元所对应的污染源中，各污染源等比例分担排放责任。该方法思路简单，通过绝对量上的公平进行总量分配，但是忽略了排污企业的生产工艺、生产设备、能源结构、资源利用率、污染治理水平等多方面的差别。

2. 按贡献率削减排放量分配方法

按贡献率削减排放量分配方法是依据各个污染源对总量控制区域内环境质量的影响程度大小，按污染物贡献率大小来削减污染负荷。即以浓度排放标准和等标准污染负荷率值控制标准加权平均，求得各污染源的基础允许排放量和基础削减量。该方法在一定程度上体现了每个污染源平等共享环境容量资源，同时也平等承担超过其允许负荷量的责任。但是它不能反映不同行业污染治理费用的差异，因而在污染治理费用方面存在一定的不公平性。

3. 费用最小分配方法

该方法是以治理费用最小作为目标函数，以环境目标值作为约束条件，建立优化数学模型，求得各污染源的允许排放负荷，使系统的污染治理投资费用总和最小。该方法只是从理论上追求社会整体效益最大，忽略了各排污者之间的公平性问题，忽略了监督和管理的成本因素和实践中污染治理效率、边际治理费用的高低，这将导致管理得力的污染源负担更多的削减量。允许排放量分配的不公平不利于企业在平等的市场交换条件下开展竞争，严重挫伤企业防治污染的积极性，激发企业的抵触情绪，从而导致规划方案难以落实，国内外的大量实践均表明，只依照最小费用方法分配允许排放量的做法在实践中遇到了极大的阻力。

除以上三种应用最为广泛的分配方法外,还有排污指标有偿分配法、行政协调分配法、多目标加权评价法等多种分配方法。这些分配方法对推动我国总量控制工作的深入开展起到了积极的作用,但是由于方法的局限性和地区的差异性,各种负荷分配方法都很难在较大范围内得到推广。无论采用什么分配方法,都要与本地区的社会、经济和环境状况相适应。

第五节　水资源保护的内容、步骤和措施

一、水资源保护的内容和目标

水是人类生产、生活不可替代的宝贵资源。合理开发、利用和保护有限的水资源,对保证工农业生产发展、城乡人民生活水平稳步提高,以及维护良好的生态环境,均有重要的实际意义。

我国水资源总量居世界第六位,人均、耕地亩均占有水资源量却远低于世界平均水平。加上地区分布不均、年际变化大、水质污染与水土流失加剧,使水资源供需矛盾日益突出。加强水资源管理,有效保护水资源已迫在眉睫。

为了防止因不恰当的开发利用水资源而造成水源污染或破坏水源,所采取的法律、行政、经济、技术等综合措施,以及对水资源进行积极保护与科学管理,称为水资源保护。

水资源保护内容包括地表水和地下水的水量与水质的保护。一方面是对水量合理取用及其补给源的保护,即对水资源开发利用的统筹规划、水源地的涵养和保护、科学合理地分配水资源、节约用水、提高用水效率等,特别是保证生态需水的供给到位;另一方面是对水质的保护,主要是调查和治理污染源,进行水质监测、调查和评价,制定水质规划目标,对污染排放进行总量控制等,其中按照水环境容量的大小进行污染排放总量控制是水质保护方面的重点。

水资源保护的目标是,在水量方面,必须保证生态用水,不能因为经济社会用水量的增加而引起生态退化、环境恶化以及其他负面影响;在水质方面,要根据水体的水环境容量来规划污染物的排放量,不能因为污染物超标排放而导致饮用水水源地受到污染或危及其他用水的正常供应。

二、水资源保护的步骤

水资源保护的步骤是在收集水资源现状、水污染现状、区域自然和经济状况资料的基础上,根据经济社会发展需要,合理划分水功能区、拟定可行的水资源保护目标、计算各水域使用功能不受破坏条件下的纳污能力、提出近期和远期不同水功能区的污染物控制总量及排污削减量,为水资源保护监督管理提供依据。水资源保护步骤如图10-4所示。

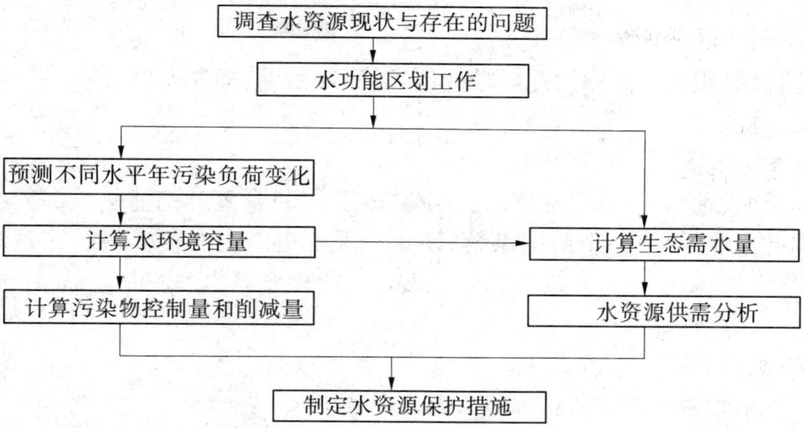

图 10-4　水资源保护步骤

三、水资源保护工程措施

(一)水利工程措施

水利工程在水资源保护中具有十分重要的作用。通过水利工程的引水、调水、蓄水、排水等各种措施,可以改善或破坏水资源状况。因此,要采用正确的水利工程来保护水资源。

1. 调蓄水工程措施

通过江河湖库水系上一系列的水利工程,改变天然水系的丰、枯水期水量不平衡状况,控制江河径流量,使河流在枯水期具有一定的水域来稀释净化污染物质,改善水体质量。特别是水库的建设,可以明显改变天然河道枯水期的径流量,改善水环境状况。

2. 进水工程措施

从汇水区来的水一般要经过若干沟、渠、支河而流入湖泊、水库,在其进入湖库之前可设置一些工程措施控制水量、水质:①设置前置库。对库内水进行渗滤或兴建小型水库调节沉淀,确保水质达到标准后才能汇入到大中型江河湖库之中。②兴建渗滤沟。此种方法适用于径流量波动小、流量小的情况,这种沟也适用于农村、畜禽养殖场等分散污染源的污水处理,属于土地处理系统。在土壤结构符合土地处理要求且有适当坡度时可考虑采用。③设置渗滤池。在渗滤池内铺设人工渗滤层。

3. 湖、库底泥疏浚

这是解决内源磷污染释放的重要措施。能将污染物直接从水体中取出。但是,又产生污泥处置和利用问题。可将疏浚挖出的污泥进行浓缩,上清液经除磷后填回湖、库中。污泥可直接施于农田,用作肥料,并改善土质。

(二)农林工程措施

1. 减少面源

在汇流区域内,应科学管理农田,控制施肥量,加强水土保持,减少化肥的流失。在有条件的地方,宜建立缓冲带,改变耕种方式,以减少肥料的施用量与流失量。

2. 植树造林,涵养水源

植树造林,绿化江河湖库周围山丘大地,以涵养水源,净化空气,减少氮干湿沉降,建立美好生态环境。

3. 发展生态农业

建立养殖业、种植业、林果业相结合的生态工程,将畜禽养殖业排放的粪便有效利用于种植业和林果业,形成一个封闭系统,使生态系统中产生的营养物质在系统中循环利用,而不排入水体,减少对水环境的污染和破坏。积极发展生态农业,增加有机肥料,减少化肥施用量。

(三)市政工程措施

1. 完善下水道系统工程,建设污水、雨水截流工程

截断向江河湖库水体排放污染物是控制水质的根本措施之一。我国老城市的下水道系统多为合流制系统,这是一种既收集、输送污水,又收集、输送降水后地表排水的下水道系统。在晴天,它仅收集、输送污水至城市污水处理厂处理后排放。在雨天,由于截流管的容量及输水能力的限制,仅有一部分雨水、污水的混合污水可送至污水处理厂处理,其余的混合污水则就近排入水体,往往造成水体的污染。为了有效地控制水体污染,应对合流下水道的溢流进行严格控制,其措施与办法主要为:源控制,优化排水系统,改合流制为分流制,加强雨水、污水的贮存,积极利用雨水资源。

2. 建设城市污水处理厂并提高其功能

进行城市污水处理厂规划时,选择合理流程是一个十分重要又十分复杂的过程。它必须基于城市的自然、地理、经济及人文的实际条件,同时考虑到城市水污染防治的需要及经济上的可能;它应该优先采用经济价廉的天然净化处理系统,也应在必要时采用先进高效的新技术、新工艺;它应满足当前城市建设和人民生活的需要,也应预测并满足一定规划期后城市的需要。总之,这是一项系统工程,需要进行深入细致的技术经济分析。

3. 城市污水的天然净化系统

城市污水天然净化系统的特点,是利用生态工程学的原理及自然界微生物的作用,对废水污水实现净化处理。在稳定塘、水生植物塘、水生动物塘、湿地、土地处理系统以及上述处理工艺的组合系统中,菌藻及其他微生动物、浮游动物、底栖动物、水生植物和农作物及水生动物等进行多层次、多功能的代谢过程,还有相伴随的物理的、化学的、物理化学的多种过程,可使污水中的有机污染物和氮、磷等营养成分及其他污染物进行多级转换、利用和去除,从而实现废水的无害化、资源化与再利用。因此,天然净化符合生态学的基本原则,而且具有投资省、运行维护费低、净化效率高等优点。

(四)生物工程措施

利用水生生物及水生态环境食物链系统达到去除水体中氮、磷和其他污染物质的目的。其最大特点是投资省、效益好,且有利于建立合理的水生生态循环系统。

第六节　地表水资源保护

一、水质标准

制定合理的水质标准，是水资源保护的基础工作。保护水资源的目标，并非使自然水体处于绝对纯净状态，而是使受污染的水体恢复到符合当地经济发展最有利的状态，这就需要针对不同用途制定相应的水质标准。

水环境质量标准是根据水环境长期和近期目标而提出的、在一定时期内要达到的水环境的指标，是对水体中的污染物或其他物质的最高容许浓度所作的规定。除制定全国水环境质量标准外，各地区还参照实际水体的特点、水污染现状、经济和治理水平，按水域主要用途，会同有关单位共同制定地区水环境质量标准。按水体类型可分为地表水质量标准、海水质量标准和地下水质量标准等；按水资源的用途可分为生活饮用水水质标准、渔业用水水质标准、农业用水水质标准、娱乐用水水质标准和各种工业用水水质标准等。

由于各种标准制定的目的、适用范围和要求不同，同一污染物在不同标准中规定的标准值也是不同的。

目前我国已经颁布的水质标准主要有水环境质量标准：《地表水环境质量标准》(GB 3838—2002)、《地下水质量标准》(GB/T 14848—2017)、《海水水质标准》(GB 3097—1997)、《生活饮用水卫生标准》(GB 5749—2022)、《渔业水质标准》(GB 11607—89)、《农田灌溉用水水质标准》(GB 5084—2021)等。此外，还有排放标准：《污水综合排放标准》(GB 8987—2008)、《医疗机构水污染物排放标准》(GBJ 18466—2005)和一批工业水污染物排放标准：《制浆造纸工业水污染物排放标准》(GB 3544—2008)、《纺织染整工业水污染物排放标准》(GB 4287—2012)等。

二、水质监测

(一)水质监测的目的

(1)对江、河、水库、湖泊、海洋等地表水和地下水中的污染因子进行经常性的监测，以掌握水质现状及其变化趋势。

(2)对生产、生活等废(污)水排放源排放的废(污)水进行监视性监测，掌握废(污)水排放量及其污染物浓度和排放总量，评价是否符合排放标准，为污染源管理提供依据。

(3)对水环境污染事故进行应急监测，为分析判断事故原因、危害及制定对策提供依据。

(4)为国家政府部门制定水环境保护标准、法规和规划提供有关数据及资料。

(5)为开展水环境质量评价和预测预报及进行环境科学研究提供基础数据和技术手段。

(二)水质监测项目

受人力、物力、财力的限制，不可能将所有的监测项目都加以测定，只能是对那些优先监测污染物(难以降解、危害大、毒性大、影响范围广、出现频率高和标准中要求控制)加以监测。

1. 地表水监测项目

水温、pH、溶解氧、高锰酸盐指数、化学需氧量、五日生化需氧量、氨氮、总氮(湖、库)、总磷、铜、锌、硒、砷、汞、镉、铅、铬(六价)、氟化物、氰化物、硫化物、挥发酚、石油类、阴离子表面活性剂、粪大肠菌群。

2. 生活饮用水监测项目

肉眼可见物、色、臭和味、浑浊度、pH、总硬度、铝、铁、锰、铜、锌、挥发酚类、阴离子合成洗涤剂、硫酸盐、氯化物、溶解性总固体、耗氧量、砷、镉、铬(六价)、氰化物、氟化物、铅、汞、硒、硝酸盐、氯仿、四氯化碳、菌落总数、总大肠菌群、粪大肠菌群、游离氯、总 α 放射性、总 β 放射性。

3. 废(污)水监测项目

第一类是在车间或车间处理设施排放口采样测定的污染物,包括总汞、烷基汞、总镉、总铬、铬(六价)、总砷、总铅、总镍、苯并(a)芘、总铍、总银、总 α 放射性、总 β 放射性。

第二类是在排污单位排放口采样测定的污染物,包括 pH、色度、悬浮物、生化需氧量、化学需氧量、石油类、动植物油、挥发性酚、总氰化物、硫化物、氨氮、氟化物、磷酸盐、甲醛、苯胺类、硝基苯类、阴离子表面活性剂、总铜、总锌、总锰 。

(三)水质监测断面布设

对于流经城镇和工业区的一般河流(污染区对水体水质影响较大的河流),监测断面可分对照断面、基本断面和削减断面三种布设。

对照断面布设在河流进入城镇或工业排污口前,不受本污染区影响的地方。

基本断面(又称控制断面)布设在能反映该河段水质污染状况的地方,一般设在排污口下游 500~1 000 m。

削减断面布设在基本断面下游、污染物得到稀释的地方,一般至少离排污口下游 1 500 m。

湖(库)采样断面应按水域部位分别布设在主要出入口,以及湖(库)的进水区、出水区、浅水区、中心区。或者根据水的用途在饮用水取水区、娱乐区、鱼类产卵区等布设断面。

(四)采样位置、采样时间和采样频次

1. 采样位置

对于江、河水系的每个监测断面,当水面宽小于 50 m 时,只设一条中泓垂线;水面宽 50~100 m 时,在左右近岸有明显水流处各设一条垂线;水面宽为 100~1 000 m 时,设左、中、右三条垂线(中泓和左、右近岸有明显水流处);水面宽大于 1 500 m 时,至少要设置 5 条等距离采样垂线;较宽的河口应酌情增加垂线数。

在一条垂线上,当水深小于或等于 5 m 时,只在水面下 0.3~0.5 m 处设 1 个采样点;水深 5~10 m 时,在水面下 0.3~0.5 m 处和河底以上约 0.5 m 处各设 1 个采样点;水深 10~50 m 时,设 3 个采样点,即水面下 0.3~0.5 m 处一点,河底以上约 0.5 m 处一点,1/2 水深处一点;水深超过 50 m 时,应酌情增加采样点数。

对于湖、库监测断面上采样点位置和数目的确定方法与河流相同。这里不再赘述。

2. 采样时间和采样频次

除特殊要求外，采样频数及采样时间规定为：

河流基本站至少每月取样 1 次，最高、最低水位期间，应适当增加测次。辅助站则根据水质污染程度和丰、平、枯的水质特征，每年采样 6~12 次。专用实验站的采样次数由监测目的和要求确定。

湖泊(水库)一般每两个月采样 1 次。大于 100 km^2 的湖泊(水库)，每年采样 3 次，布置在丰、平、枯水期。对污染严重的湖泊(水库)，按不同时期每年采样 8~12 次。

三、地表水资源保护途径

(一)减少工业废水排放

1. 改革生产工艺

通过改革生产工艺，尽量减少生产用水；尽量不用或少用易产生污染的原料、设备及生产工艺。如发展海水型工业，将大量的冷却、冲洗用水以海水代替；发展气冷型工业，把水冷变成风冷；采用无水印染工艺，可消除印染废水的排放；采用无氰电镀工艺，可以使废水中不再含氰化物；用易于降解的软型合成洗涤剂代替难以降解的硬型合成洗涤剂，可大大减轻或消除洗涤剂的污染。

2. 重复利用废水

采用重复用水及循环用水系统，以使废水排放量减至最少。根据不同生产工艺对水质的不同要求，可将甲工段排的废水送往乙工段使用，实现一水二用或一水多用，即为重复用水。如利用轻度污染废水作为锅炉的水力排渣用水或作为炼焦炉的洗焦用水。

将生产废水经适当处理后，送回本工段再次利用，称为循环用水。如高炉煤气洗涤废水经沉淀、冷却后可再次用来洗涤高炉煤气，并可不断循环，只需补充少量的水补偿循环中的损失。循环用水的最终目标是达到零排放。

3. 回收有用成分

尽量使流失至废水中的原料和成品与水分离，就地回收，这样做既可减少生产成本，增加经济效益，又可大大降低废水浓度，减轻污水处理负担。如造纸废水碱度大、有机物浓度高，是一种重要的污染源。如能从中回收碱和其他有用物质，即可变污染源为生产源。含酚浓度大于 1 500~2 000 mg/L 的废水，经萃取回收后，可使含酚浓度降至 100 mg/L 左右，即可从每立方米废水中回收 2 kg 酚。

(二)妥善处理城市及工业废水

采取上述措施后，仍将有一定数量的工业废水和城市污水排出。为了确保水体不受污染，必须在废水排入水体之前，对其进行妥善处理，使其实现无害化，不致影响水体的卫生性及经济价值。

废水中的污染物质是多种多样的，不能预期只用一种方法就能够把所有污染物质都去除干净。不论对何种废水，都往往需要通过几种方法组成的处理系统，才能达到处理的要求。按照不同的处理程度，废水处理系统可分一级处理、二级处理和深度处理等不同阶段。一级处理只去除废水中呈悬浮状态的污染物。废水经一级处理后，一般仍达不到排放要求，尚需进行二级处理，因此对于二级处理来说，一级处理是预处理。二级处理的主要任务是大幅度地去除废水中呈胶体和溶解状态的有机污染物。通过二级处理，一般废水均能达到排放标准。但在处理后的废水中，还残存有微生物不能降解的有机物和氮、磷等无机盐类。一般情况下，它们数量不多，对水体无大危害。深度处理是进一步去除废水中的悬浮物质、无机盐类及其他污染物质，以便达到工业用水或城市用水所要求的水质标准。

(三)对城市污水的再利用

随着工业及城市用水量的不断增长，世界各国普遍感到水资源日益紧张，因此开始把处理过的城市污水开辟为新水源，以满足工业、农业、渔业和城市建设等各个方面的需要。实践表明，城市污水的再利用优点很多，它既能节约大量新鲜水，缓和工业与农业争水以及工业与城市生活争水的矛盾，又可大大减轻纳污水体受污染的程度。

1. 城市污水回用于工业

城市污水一般可回用于冷却水、锅炉供水、生产工艺供水，以及其他用水，如油井注水、矿石加工用水、洗涤水及消防用水等。其中尤以冷却水为最普遍。利用城市污水做冷却水时，应保证在冷却水系统中不产生腐蚀、结垢，以及对冷却塔的木材不产生水解侵蚀作用，此外，还应防止产生过多的泡沫。

2. 城市污水回用于农业

随着城市污水的大量增加，利用污水灌溉农田的面积也在急剧扩大。据统计，1963年我国污灌面积仅有63万亩，1980年为2 000万亩，1998年污灌面积发展到5 427万亩，占全国灌溉总面积的7.3%。尽管污灌水都是经二级处理后的城市污水，但是还是含有这样或那样的有害物质，如使用不当，盲目乱灌，也会对环境造成污染危害，甚至导致作物明显减产，或造成土壤污毒化、盐碱化。所以，应根据土壤性质、作物特点及污水性质，采用妥善的灌溉制度和方法，并制定严格的污水灌溉标准。与之相对应的是污水灌溉的安全性受到广泛关注，自1998年后我国污水灌溉面积基本保持稳定，未出现明显变化。

3. 城市污水回用于城市建设

城市污水回用于城市建设，主要用作娱乐用水或风景区用水。在把处理过的城市污水用于与人体接触的娱乐及体育方面的用途时，必须符合相关标准，对水质的要求必须洁净美观，不含有刺激皮肤及咽喉的有害物质，不含有病原菌。

第七节　地下水资源保护

地下水具有水质好、水量稳定、分布广、供水延续时间长以及可恢复等特点，目前已广泛应用于工农业生产和城市供水。据统计，全国地下淡水天然资源多年平均量为8 800亿m^3，约占全国水资源总量的1/3，其中山区为6 500亿m^3，平原为2 300亿m^3；地下淡水可开采资源多年平均量为3 500亿m^3，其中山区为2 000亿m^3，平原为1 500亿m^3。全国地下水开采量主要集中在平原、山间盆地，大部分又集中在北方平原地区。如海滦河流域水资源利用中地下水占44%，淮河干流以北地区占29%，河北、山东、河南三省的井灌区面积，分别占各省总灌溉面积的78%、49%和56%。

人类经济社会活动对地下水资源的量与质产生着日益深刻而剧烈的影响，随之出现诸如水质污染、地下水位大面积下降、地面沉降等一系列环境问题。2003 年全国地下水资源评价调查显示，全国 195 个城市中，97%的城市地下水受到不同程度的污染，全国约有一半城市市区的地下水污染比较严重，地下水水质呈下降趋势。近年来，政府采取了多项措施改善地下水超采和污染等问题且效果显著，但形势依旧不容乐观。2022 年全国 21 个省区市存在不同程度的超采问题，地下水超采区总面积达 28.7 万平方公里。城镇生活污水和工业废水排放、农业面源污染导致地下水污染问题突出。据《2020 年中国生态环境状况公报》显示，以浅层地下水水质监测为主的 10 242 个监测点中，Ⅳ类占到 33.7%，Ⅴ类占到 43.6%。因此，保护地下水资源已成为一项十分紧迫而艰巨的任务。

一、地下水污染特征

（一）地下水污染过程缓慢，不易觉察

由于地下水存蓄于岩石、土壤空隙中，流速缓慢，污染物在地下水中的弥散作用很慢，一般从开始污染到监测出污染征兆，要经过相当长的时间。同时，污染物通过含水层时有部分被吸附和降解，从观测井（孔）取得的水样都是一定程度上净化了的水样。这些都给地下水质的监测、预报、控制带来很大困难。

（二）地下水污染程度与含水层特性密切相关

地下水埋藏于地下，其贮存、运动、补给、开采等过程都与含水层特性有密切关系，这些又直接影响到地下水污染状况的变化。地下含水层特性主要指它的水理性质，即容水性、给水性和透水性，而其中最主要的是透水性。含水层按透水性能可分为强透水、弱透水，按空间变化可分为均质与非均质，按透水性和水流方向的关系又可分为各向同性和各向异性含水层。如污染源处于地下水流上游方向，且含水层透水性向下游方向越来越强，则污染物随补给进入地下后，可能向下游方向移动相当远的距离。如污染源处于地下水汇流盆地中心处，且含水层透水性很弱，则污染物不易向四周扩散，污染程度会日益加强。

（三）确定地下水污染源难，治理更难

由于地区间水文地质结构千差万别，岩石透水性的强弱不仅取决于空隙大小、空隙多少和形态，而且与裂隙、岩溶发育情况直接有关。可以说，污染物从污染源排出后进入地下水的通道是错综复杂的。附近的污染源可能由于坐落在不透水岩层上，而使所排的污染物难以进入地下水体；相反，较远处的污染源排出的污染物，可能通过岩层裂隙或地下溶洞很容易污染地下水域。这就给确定污染源带来较大困难。而且水量更替周期长，加之即使切断污染物补给源，吸附于含水层中的污染物在一定时期内仍能污染流经其中的地下水。因此，可以说，地下水一旦污染，很难治理。

二、地下水污染物及其来源

（一）地下水污染物

一般情况下，地下水的污染物质分为如下几类：

（1）构成地下水化学类型和反映地下水性质的常规化学组成的一般理化指标：K^+、Na^+、Ca^{2+}、Mg^{2+}、SO_4^{2-}、Cl^-、HCO_3^-、CO_3^{2-}、NH_4^+、NO_2^-、NO_3^-、pH、矿化度、总硬度等。

（2）常见的金属和非金属物质：Hg、Cr、AS、Cd、F、CN^-等。

(3)有机有害物质:酚、石油、有机磷、有机氯等。

(4)生物污染物:细菌、病毒、寄生虫卵等。

(二)地下水污染来源

地下水的污染源和污染途径主要有以下几方面。

1. 工业生产中的废物

工业生产中往往有不少"三废"排入环境,其中,工业废水可能直接或间接进入地下水;向大气排放的污染物可能由于重力沉降、雨水淋洗等作用而降落到地表,然后有可能被水挟带而渗入地下水;周围固体废弃物中的有害物质,则可通过淋滤作用而进入地下水。

2. 现代农业的废物

主要是由于污水灌溉、农药及化肥的使用造成地表污染,通过大气降水的淋滤作用而进入地下水。有害物质可以通过施肥(化肥、厩肥、生活垃圾、工业废液、水处理厂污泥等)、喷药(杀虫剂、杀菌剂、除草剂等)、污水灌溉回归等形式渗滤地下,污染地下水。

3. 矿山开采中的废物

采矿所产生的地下水污染物主要是有色金属、放射性矿物和酸性矿水等。如采煤时会引起共生矿物黄铁矿氧化而产生硫酸污染地下水。油田开采中漏油或勘探中使用的某些化学药品,都可能进入淡水含水层而污染地下水。

4. 自然灾害

许多自然灾害可能直接或间接造成地下水污染。例如,火山爆发将喷发出大量的熔岩流、火山灰和有害气体,它们均可能直接或间接污染地下水;地震可能造成局部构造的破坏,从而增强地表污水向地下水的入渗;洪水泛滥将会增大向地下水的入渗量,同时,将会较多地挟带污染物进入地下。

三、地下水污染的控制与治理

(一)加强"三废"治理,减少污染负荷

地下水中的污染物主要来源于工业"三废"(废水、废渣、废气)、城市污水和农业污染(污水灌溉、农药、化肥的下渗),因此地下水污染的控制首先要抓污染源的治理。

第一,必须搞好污染源调查。在城市及工业企业地区主要查明有多少工厂,生产什么产品和副产品,生产过程使用什么化学药品,"三废"物质的成分、浓度、排放量,以及各工厂的"三废"处理措施和效果等。在农村,主要查明农药、化肥的用量及品种,耕地土质情况,灌溉水源的水质、渠道位置及集中积肥堆肥位置等。在矿区应调查矿区范围、矿产品种及所含物质,矿渣堆放场及运输情况等。

第二,加强污染源治理。使污染物在排放前进行无害化处理,杜绝超标排放。在工矿企业中,通过改革生产工艺,逐步实现无污染、少污染工艺或实行闭路循环系统,以最大限度地减少排污负荷。对于超标排污的单位,要限期治理。在限期内不能治理的,应通过行政和法律手段,令其关、停,并、转。

第三,要防止新污染源的产生。对新建和扩建的建设项目,必须经过论证,有关部门审批,严格执行"三同时"(建设项目中防治污染的设施,必须与主体工程同时设计、同时施工、同时投产使用）原则和环境影响报告书制度。

（二）建立地下水监测系统

为掌握地下水动态变化和查明污染程度、范围、成分、来源、危害情况与发展趋势，应在水源地及水源地周围可能影响地区，建立专门观测井孔，形成监测网，进行长期监测。同时，还应经常观察周围污水排放、污水灌溉、传染病发病等情况，目的是随时了解地下水质变化情况，以便及时采取必要的防污治污措施。

（三）加强对地下水资源开发的管理

当前，不少地区出现严重的水资源紧缺状况，地下水资源盲目开采、任意污染的现象相当普遍。为了充分有效地开发利用地下水资源，又要避免水质污染，并尽量预见未来发展和对策，必须加强对地下水资源的管理。

首先，要建立权威的水资源管理机构，实现水资源统一管理。过去，城建、水利、地质、环保等部门"多龙治水"局面，给地下水管理工作带来很大困难，必须理顺各部门间的关系，建立一个真正有权威的水资源管理机构，加强水资源保护的监督和协调作用。

其次，制定切实可行的地下水开发利用规划和水资源保护规划，对地下水的开发利用、防护与治理，实行科学管理、统筹安排、宏观调控，以达到既充分利用水资源，发挥其最大经济效益，又避免发生不良后果的目的。

再次，增强法治观念，依法治水。目前，国家已颁布有《中华人民共和国环境保护法》《中华人民共和国水法》《中华人民共和国水污染防治法》《中华人民共和国海洋环境保护法》等有关法律，各地区也制定一些法令、规定、实施细则等法规，给依法治水创造了良好条件。要做到有法必依、执法必严、违法必究。

课程思政教育

（1）通过学习水资源保护的主要内容、步骤和措施，培养学生综合分析问题的能力，增强学生保护水资源、保护河流健康、建设生态文明的责任感等。

（2）通过学习水功能区划分、地表水资源保护和地下水资源保护等相关内容，培养学生抓住主要矛盾及和谐处理不同水资源保护对象的方法和思路，同样可以运用到日常生活和工作中处理具有冲突的问题，告诫学生运用和谐思想对待可能遇到的各种问题和冲突。

思考题或习题

[1]根据污染物的性质，工业废水可分为哪几类？

[2]水体污染源有哪些？

[3]试举例说明水污染的危害。

[4]什么是水功能区划？为什么要做水功能区划？如何区划？有什么标准和依据？

[5]试举例说明水功能区水质目标。

[6]污染源调查有哪些？试设计一个生活污染源调查表。

[7]什么是污染物入河系数？怎么确定污染物入河系数？

[8]水污染源预测有什么方法？

[9]什么是水环境容量？为什么要计算水环境容量？

[10]什么是污染物排放总量控制？

[11]怎样确定污染物排放削减量？

[12]什么是水环境容量的分配？为什么要进行水环境容量的分配？

[13]常用污染物排放总量分配方法有哪些？

[14]水资源保护的工程措施有哪些？你还知道哪些水资源保护措施？举例说明。

[15]为什么要进行水质监测？水质监测项目怎么确定？

[16]地下水污染的特征有哪些？地下水污染的来源有哪些？

第十一章 水资源管理

水是人类赖以生存、经济社会赖以发展的基础自然资源之一,而当今世界普遍存在的水资源短缺、水环境污染、洪涝灾害等问题,都影响到水资源长久有效的利用,影响到人类社会可持续发展的实现。有效地解决各种水资源危机,一个重要的方法就是进行科学的水资源管理。通过水资源的合理分配、优化调度、科学管理,科学、合理地开发利用水资源和保护水资源,才能保障经济社会的资源基础,实现人类社会的可持续发展。

本章主要阐述水资源管理的基本内容及工作流程,系统介绍水资源管理的组织体系、法规体系、制度措施,水资源管理的经济措施、技术措施,以及水资源管理信息系统等内容。

第一节 水资源管理的基本内容及工作流程

水资源系统是一个十分复杂的巨系统,同时又与其相联系的社会系统、生态系统有着千丝万缕的关系。因此,水资源工作的重要内容之一就是要加强水资源管理工作。水资源管理是在水资源开发利用和保护的实践当中产生,并在实践中发展起来的,且随着各种用水问题的出现和解决也在不断深化和拓展。它是解决水危机的重要举措。

一、水资源管理的基本内容

水资源管理,是指对水资源开发、利用和保护的组织、协调、监督和调度等方面的实施,包括运用行政、法律、经济、技术和教育等手段,组织开发利用水资源和防治水害;协调水资源的开发利用与经济社会发展之间的关系,处理各地区、各部门间的用水矛盾;监督并限制各种不合理开发利用水资源和危害水源的行为;制订水资源的合理分配方案,处理好防洪和兴利的调度原则,提出并执行对供水系统及水源工程的优化调度方案;对来水量变化及水质情况进行监测与相应措施的管理等。

水资源管理是水行政主管部门的重要工作内容,它涉及水资源的有效利用、合理分配、保护治理、优化调度以及所有水利工程的布局协调、运行实施及统筹安排等一系列工作。其目的是通过水资源管理的实施,做到科学、合理地开发利用水资源,支持经济社会发展,保护生态系统,并达到水资源开发、经济社会发展及生态系统保护相互协调的目标。

水资源管理是一项复杂的水事行为,其内容涉及范围很广。归纳起来,水资源管理工作主要包括以下几部分内容。

(一)加强宣传教育,提高公众觉悟和参与意识

加强对有关水资源信息和业务准则的传播与交流,广泛开展对用水户的教育。提高公众对水资源的认识,应该让公众意识到,水资源是有限的,只有在其承受能力范围内利用,才能保证水资源利用的可持续性;如果任意引用和污染,必然导致水资源短缺的后果。

公众的广泛参与是实施水资源可持续利用战略的群众基础,因此水资源管理工作具有宣传的义务和职责。

(二)制定水资源合理利用措施

制定目标明确的国家和地区水资源合理开发利用实施计划和投资方案;在自然、社会和经济的制约条件下,实施最适度的水资源分配方案;采取征收水费、调节水价以及其他经济措施,以限制不合理的用水行为,这是确保水资源可持续利用的重要手段。因此,水资源管理工作具有制定决策和实施决策的功能与义务。

(三)制定水资源管理政策

为了管好水资源,必须制定一套合理的管理政策。比如,水费和水资源费征收政策、水污染保护与防治政策等。通过需求管理、价格机制和调控措施,有效地推动水资源合理分配政策的实施。因此,水资源管理工作具有制定管理政策的义务和执行管理政策的职责。

(四)水资源统一管理

坚持"利用"与"保护"统一、"开源"与"节流"统一、"水量"与"水质"统一。保护和涵养潜在水资源,开发新的和可替代的供水水源,推动节约用水,对水的数量和质量进行综合管理。这些是水资源统一管理的要求,也是实施水资源可持续利用的基本支撑条件。

(五)实时进行水量分配与调度

水行政主管部门具有对水资源实时管理的义务和职责,在洪水季节,需要及时预报水情、制定防洪对策、实施防洪措施;在旱季,需要及时评估旱情、预报水情、制定并组织实施抗旱具体措施。因此,水资源管理部门具有防止水旱灾害的义务。

二、水资源管理的原则

水资源管理是由国家水行政主管部门组织实施的、带有一定行政职能的管理行为,它对一个国家和地区的生存和发展有着极为重要的作用。加强水资源管理,必须遵循以下原则。

(一)坚持依法治水的原则

我国现行的法律、规范是指导各行业工作正常开展的依据和保障,它也是水利行业合理开发利用和有效保护水资源、防治水害、充分发挥水资源综合效益的重要手段。因此,水资源管理工作必须严格遵守我国相关法律法规和规章制度,如《中华人民共和国水法》《中华人民共和国水污染防治法》《中华人民共和国水土保持法》《中华人民共和国环境保护法》等。这是水资源管理的法律依据。

(二)坚持水是国家资源的原则

水,是国家所有的一种自然资源,是社会全体共同拥有的宝贵财富。虽然水资源可以再生,但它毕竟是有限的。过去,人们习惯性地认为水是取之不尽、用之不竭的。实际上,这是不科学的、浅显的认识,它可能会引导人们无计划、无节制地用水,从而造成水资源的浪费。因此,加强水资源管理首先应该从观念上认识到水是一种有限的宝贵资源,必须加以精心管理和保护。

(三)坚持整体考虑和系统管理的原则

前面提到过,人类所能利用的水资源是非常有限的,因此某一地区、某一部门滥用水资源,都可能会影响相邻地区或其他部门的用水保障;某一地区、某一部门随便排放废水、污水,也可能会影响相邻地区或其他部门的用水安全。因此,必须从整体上来考虑对水资源的利用和保护,系统管理水资源,避免"各自为政""损人利己""强占滥用"的水资源管理现象发生。

(四)坚持用水价来进行经济管理的原则

长期以来,人们认为水是一种自然资源,是无价值、可以无偿占有和使用的,这导致了水资源的随意滥用,浪费极大。用经济的手段来加强水资源管理是可行的。水本身是有价值的,应把加强水权管理摆在战略位置,明确水是商品,通过改革水价体制、制定合理的水价,来实现对水资源管理的宏观调控,调节各行各业的用水比例,达到水资源合理分配、合理利用的目标。同时,适时、适度地调整水资源费和水费的征收幅度,还可调动全社会节水的积极性。

三、水资源管理的工作流程

水资源管理的工作目标、流程、手段差异较大,受人为影响因素较多。基于水资源配置的水资源管理工作流程基本类似,可概括如图 11-1 所示,分步介绍如下。

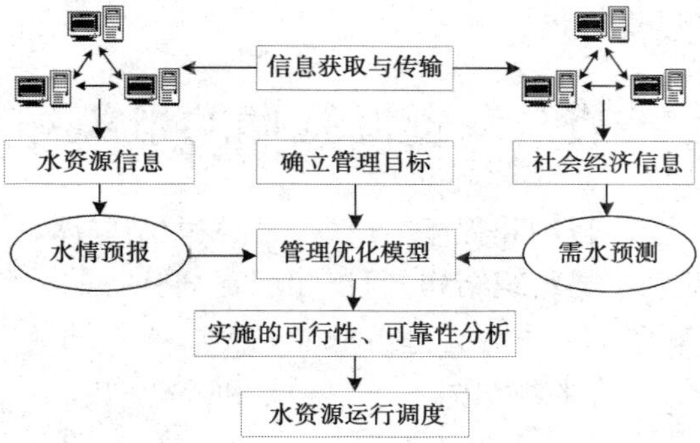

图 11-1　水资源管理一般工作流程

(一)确立管理目标

与水资源规划工作相似,在开展水资源管理工作之前,也要首先确立管理的目标和方向,这是管理手段得以实施的依据和保障。比如,在对水库进行调度管理时,丰水期要以防洪和发电为主要目标,而枯水期则要以保障供水为主要目标。再比如,在区域水资源管理中,要以实现水资源可持续利用为目标,或者以实现最严格水资源管理"三条红线"为目标。

(二)信息获取与传输

信息获取与传输是水资源管理工作得以顺利开展的基础条件,只有把握瞬息万变的水资源情势,才能更有效地调度和管理水资源。通常需要获取的信息有水资源信息、经济社会信息两大方面。水资源信息包括来水情势、用水信息以及水资源质量和数量等。经济社会信息包括与水有关的工农业生产变化、技术革新、人口变动、水污染治理以及水利工程建设等。总之,需要及时了解与水有关的信息,为未来水资源利用决策提供基础资料。

为了对获得的信息迅速作出反馈,需要把信息及时传输到信息中心。同时,还需要对获得的信息及时进行处理,建立水情预报系统、需水量预测系统,并及时把预测结果传输到决策中心。资料的采集可以运用自动测报技术,信息的传输可以通过无线通信设备或网络系统等现代通信技术来实现。

(三)建立管理优化模型,寻找最优管理方案

根据研究区的经济社会条件、水资源条件、生态系统状况、管理目标,建立该区水资源管理优化模型。通过对该模型的求解或寻优,得到最优管理方案。关于模型的类型及其求解方法已在前文介绍过。

(四)实施的可行性、可靠性分析

对选择的管理方案实施的可行性、可靠性进行分析。可行性分析,包括技术可行性、经济可行性,以及人力、物力等外部条件的可行性;可靠性分析,是对管理方案在外部和内部不确定因素的影响下实施的可靠度、保证率的分析。

(五)水资源运行调度

水资源运行调度是对传输的信息,在通过决策方案优选,实施可行性、可靠性分析之后,作出的及时调度决策,并进行实时运行调度。可以说,这是在实时水情预报、需水预报的基础上,所作的实时调度决策。

第二节　水资源管理的组织体系

组织体系是按照一定的目的和程序组成的一种权责结构体系。水资源管理的组织体系是关于水资源管理活动中的组织结构、职权和职责划分等的总称。在水资源开发利用与保护的实践中,各个国家的水资源管理组织体系是各不相同的。下面将选取几个有代表性的国家,对其水资源管理的组织体系进行对比和分析。

一、美国水资源管理的组织体系

美国在长期的水资源开发利用实践中,水资源管理的形式经历了“分散—集中—分散”的过程。在 20 世纪 50 年代以前,美国的水资源管理形式是十分分散的,对水资源的管理主要是通过流域委员会来执行。1965 年,鉴于水资源的分散管理形式不利于全盘考虑水资源的综合开发利用,由美国国会通过了水资源规划法案,成立了全美水资源理事会,负责水资源及其有关的土地资源的综合开发利用。在这期间,美国的水资源管理走向集中。但这样又导致联邦政府与州政府之间在水资源管理上的矛盾和冲突。到 20 世纪 80 年代初,美联邦政府撤销了水资源理事会,成立国家水政策局,只负责制定有关水资源的各项政策,而不涉及具体业务,把具体业务交给各州政府全面负责,其水资源管理形式又趋于分散。

美国现在的水资源管理机构分为联邦政府机构、州政府机构和地方(县、市)政府机构三级。在联邦政府的水利机构也有多个部门,最重要的是陆军工程兵团、内务部垦务局、地质调查局、农业部土壤保持局。其中,陆军工程兵团归属于国防部,主要负责联邦政府投资项目的设计、施工,编制流域水资源开发利用规划,审查地方政府做的规划及设计;

垦务局归属于内务部，主要负责管理由联邦政府投资的跨州工程或其他重大工程。此外，直属于联邦政府的机构还有环境保护局、田纳西流域管理局、国家水政策局以及一些流域委员会等，它们的职能主要是起协调作用。各州具体的水业务由各州下属的水资源局完成，负责本州的水资源开发与管理，承担本州内工程的规划、设计、监理、评估、分析、管理等业务。

美国是联邦国家，各州与联邦政府都可以立法，并有相等的权力。在美国水资源管理组织体系中，各州都可以根据自己的实际情况对水资源保护、开发利用等制定不同标准的法律法规，由各州相应的水资源管理部门负责组织实施。州政府与联邦政府之间的关系相对比较松散，因此目前在水资源管理上是以州为基本单位的管理体制，州际水资源开发利用矛盾则由联邦政府有关机构（如垦务局、陆军工程兵团等）负责协调。

二、英国水资源管理的组织体系

20 世纪，英国水资源经历了从地方分散管理到流域统一管理的历史演变。英国早在 20 世纪 40 年代设立了河流局，负责排水、发电、防洪、渔业、防止污染和水文测验等职责。自 20 世纪 60 年代起，英国开始改革水资源管理体制，改河流局为河流管理局，在英格兰和威尔士共设 29 个河流管理局和 157 个地方管理局。到 20 世纪 70 年代进一步对水资源实行统一管理，把河流管理局又合并为 10 个水务局，每个水务局对本流域与水有关的事务全面负责、统一管理。水务局不再是政府机构，而是由法律授权、具有很大自主权、自负盈亏的公用事业单位。到 20 世纪 80 年代中期，英国政府大力推行私有化政策，顺应这一形势的需要，1989 年英格兰和威尔士的水务局实现私有化，改为水公司。而在苏格兰和北爱尔兰，至今供水部门仍为国营公共事业单位。英国郡、区、乡镇等地方政府不设水管理机构，只有地方议会负责管理排水及污水管道设施。

1989 年英国议会通过了新水法。依据新水法，国家对水资源管理体制进行了改革，在环境部下设国家流域管理局，其中英格兰和威尔士按流域适当归并成立了 8 个流域管理局，其管理范围与 10 个水务局职责范围一致。一个流域中的两个机构职责分工明确：流域管理局担负水资源管理和保护的行政职能，负责水质监测和洪水防御；水务局实行民营化运作，统一负责水资源开发、调配、节约、治理、保护等方面的具体工作。

三、法国水资源管理的组织体系

法国的水资源管理机构分国家、流域、地区、地方四级。其中，国家级水资源管理是由环境部执行，主要负责制定与水有关的国家标准，监督执行水法规、水政策等；起重要管理作用的是流域委员会及其执行机构——流域水务局，负责保护水资源、监测水质、防止污染、征收排污费和水费等；地区级水管理机构（一般辖区有 2~5 个）主要职能是参与其辖区小流域开发计划的制定、执行、监督、协调等；最基层的水管理单位有地方水权管理局和用水协会。

法国共有 6 大流域，流域委员会是流域水资源管理的最高决策机构，它由三部分组成：一部分是代表国家利益的政府官员和专家代表，另一部分是代表地方群众利益的地方行政当局的代表，还有一部分是代表企业和农民利益的用户代表。流域水务局是一个独立于地区和其他行政辖区的流域性公共管理机构,它受环境部的监管,负责流域水资源统一管理的具体事务,同时在流域内又必须执行流域委员会的指令。

四、日本水资源管理的组织体系

日本陆地面积小,河流受地形、地质和气候条件的影响,大部分河流流程短,流域面积小。对河流的管理则按照日本河川法的规定,一级河流由建设大臣任命的建设省河流审议会管理,二级河流由河流所在的都、道、府、县知事管理,其余河流由市、町、村负责。总体来说,日本的水资源管理属于分部门、分级管理的类型。

在中央政府中与水资源管理工作有关的机构较多,在2001年1月政府机构大规模改革之前涉及6个部级(日本称为“省”)机构,分别是环境厅(水质保全局负责水质的保护)、国土厅(水资源部负责水资源规划)、厚生省(生活卫生局水道环境部负责饮用水的卫生)、农林水产省(林野厅指导部负责河流上游的流域治理)、通商产业省(环境立地局负责工业用水,资源能源厅负责水力发电的规划管理)、建设省(河川局负责河流的治水和用水,都市局下水道部负责下水道的规划和综合协调)。2001年1月政府机构改革之后,因国土厅和建设省都被合并在国土交通省之内,相关的部级机构减少为5个,分别是环境省、国土交通省、厚生劳动省、经济产业省和农林水产省,职能也进行相应的合并。

五、中国水资源管理的组织体系

我国是世界上开发利用水资源、防治水患最早的国家之一,历史上很早就设有水行政管理机构。中华人民共和国成立后,中央人民政府设立水利部,而农田水利、水力发电、内河航运和城市供水分别由农业部、燃料工业部、交通部和建设部负责管理,水行政管理并不统一,在相当长的一段时间内,在国家一级部门之间水资源管理也是各负其责的分管形式。直到20世纪80年代初,由于“多龙治水”的局面影响到水资源的开发利用和保护治理,国务院规定由当时的水利电力部归口管理,并专门成立了全国水资源协调小组,负责解决部门之间在水资源立法、规划、利用和调配等方面的问题。1988年,国家重新组建水利部,并明确规定水利部为国务院的水行政主管部门,负责全国水资源的统一管理工作。1994年,国务院再次明确水利部是国务院水行政主管部门,统一管理全国水资源,负责全国水利行业的管理等职责。此后,在全国范围内兴起的水务体制改革则反映了我国水资源管理方式由分散管理模式向集中管理模式的转变。

在我国的水资源管理组织体系中,水利部是负责国家水资源管理的主要部门,其他各部门也管理部分水资源,如国土资源部门管理和监测深层地下水,生态环境部负责水环境保护与管理,住房和城乡建设部管理城市地下水的开发与保护,农业农村部负责建设和管理农业水利工程。省级组织中有水利部所属流域委员会和省属水利厅,更下级是各委所属流域管理局或水保局及市、县水利(务)局。两个组织系统并行共存,内部机构设置基本相似,功能也类似,不同之处是流域委员会管理范围以河流流域来界定,而地方政府水利部门只以行政区划来界定其管辖范围。我国水利部系统水资源管理组织体系见图11-2。

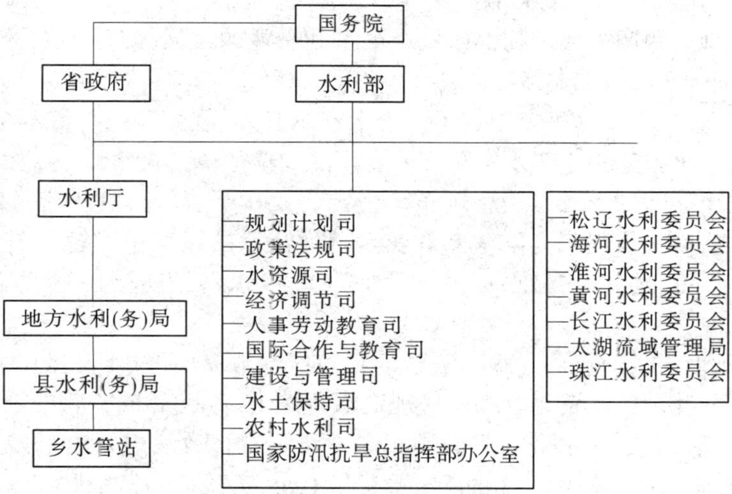

图 11-2　中国水资源管理组织体系(水利部系统)

我国水资源管理体制中存在着两个主要问题,一个问题是“多龙治水”,影响水资源的开发利用和保护治理。这一问题在我国很多城市已经得到了较好解决,成立水务局,实施水资源统一管理。另一个问题是水资源行政管理中的行政区域管理人为地将一个完整的流域划分开来,责权交叉多,难以统一规划和协调,极不利于我国水资源和水环境的综合利用和治理,需要深度加强流域委员会与省(区、市)到地方各级的水管理机构的协调与广泛合作,实现流域统一规划、统一管理。

第三节　水资源管理的法规体系

依法治国是我国《宪法》所确定的治理国家的基本方略。水资源是关系国民经济、社会发展的基础,在对水资源进行管理的过程中,也必须通过依法治水才能实现水资源开发、利用和保护的目的,满足经济、社会和环境协调发展的需要。

一、概述

法规体系也叫立法体系,是指国家制定并以国家强制力保障实施的规范性文件系统,是法的外在表现形式所构成的整体。比如,我国国务院制定和颁布的行政法规,省、自治区、直辖市人大及其常委会制定和公布的地方性法规。水资源管理的法规体系就是现行的有关调整各种水事关系的所有法律、法规和规范性文件组成的有机整体。水法规体系的建立和完善是水资源管理制度建设的关键环节和基础保障。

中国古代有关水资源管理的法规最早可追溯到西周时期,在我国西周时期颁布的《伐崇令》中规定:“毋坏屋、毋填井、毋伐树木、毋动六畜。有不如令者,死无赦。”里面明令禁止填水井,违者斩,可以理解为当时政府凭借着国家的行政力量保护水资源而实施的一种管水制度。这大概是我国古代最早颁布的关于保护水源、动物和森林的法令。此后,我国历代封建王朝都曾颁布过类似的法令。可以考证,自春秋、战国、秦、汉、唐、宋、元、明、清,一直到民国,我国历代王朝都比较重视水利事业的发展,修建了大量的水利工程,制定了较为详细的水事法律制度。

在国外历史上也有很多国家制定了关于水资源开发、利用和保护等各项水事活动的综合性水法,有些国家还制定了水资源开发利用的专项法律。在欧洲,水法规则最早体现于罗马法系,其中著名的十二铜表法颁布于公元前 450 年前后,《查士丁尼民法大全》于公元 534 年完成,后来体现于大陆法系和英美普通法系的民法中。还有美国的《水资源规划法规》,日本的《河川法》《水资源开发促进法》《水污染防治法》《防洪法》等专项法规。

我国近代于 1933 年颁布了《水利法草案》,1943 年颁布实施《水利法》。此后,随着水问题的不断发展,我国的水资源管理的法规也不断修改、不断完善。

新中国成立后,我国在水资源方面颁布了大量具有行政法规效力的规范性文件,如 1961 年的《关于加强水利管理工作的十条意见》,1965 年颁布的《水利工程水费征收使用和管理试行办法》,1982 年颁布的《水土保持工作条例》等。1984 年颁布施行的《中华人民共和国水污染防治法》是中华人民共和国的第一部水法律。1988 年颁布的《中华人民共和国水法》是我国调整各种水事关系的基本法。此后又颁布了《中华人民共和国环境保护法》《中华人民共和国水土保持法》《中华人民共和国防洪法》等法律。此外,国务院和有关部门还颁布了相关配套法规和规章,各省、自治区、直辖市也出台了大量地方性法规,这些法规和规章共同组成了一个比较科学和完整的水资源管理的法规体系。

针对形势的变化和一些新出现的问题,我国在 2002 年 8 月 29 日又通过修改后的《中华人民共和国水法》(简称新《水法》),并已于 2002 年 10 月 1 日开始实施。新《水法》吸收了十多年来国内外水资源管理的新经验、新理念,对原水法在实施实践中存在的问题做了重大修改。新《水法》规定,开发、利用、节约、保护水资源和防治水害,应当全面规划、统筹兼顾、标本兼治、综合利用、讲求效益,发挥水资源的多种功能,协调好生活、生产经营和生态用水。因此,新《水法》对于合理开发、利用、节约和保护水资源,防治水害,实现水资源的可持续利用,适应国民经济和社会发展的需要具有重要意义。它的出台,标志着中国进入了依法治水的新阶段。

此外,最近几年我国又出台和修订了一系列法律、法规和规范性文件,详见本章第四节。

二、水资源管理法规体系的作用、性质和特点

水资源管理法规与其他法律规范一样,具有规范性、强制性、普遍性等特点,但因其主要规范与水资源开发、利用、保护等行为相关的过程中人与人的关系、人与自然的关系,因此又具有其特殊的性质和特点。

(一)水资源管理法规体系的作用

水资源是人类赖以生存和发展的一种必需的自然资源,随着人类社会和经济的发展,对水资源的需求范围也越来越广,需求量越来越大。然而水资源又是一种有限资源,因此必然会出现水资源的供需矛盾。这一矛盾的加剧又会带来水资源开发利用中人与人之

间、人与自然之间的冲突发展。因此,必须用法律法规来规范人类的活动,进行有效的水资源管理。概括地说,水资源管理的法规体系,其主要作用就是借助国家强制力,对水资源开发、利用、保护、管理等各种行为进行规范,解决与水资源有关的各种矛盾和问题,实现国家的管理目标。具体表现在以下几个方面。

1. 确立水资源管理的体制

水资源管理是关系水资源可持续开发利用的事业,是关系国计民生的工作,其有效开展需要社会各界、方方面面的配合。因此,就需要建立高效的组织机构来承担指导和协调任务。一方面要确保有关水资源管理机构的权威性,另一方面要尽量避免管理机构及其人员滥用职权。因此,有必要在有关水资源管理的法规中明确规定有关机构设置、分工、职责和权限,以及行使职权的程序。我国水资源管理的法规规定了我国对水资源实行流域管理与行政区域管理相结合的管理体制.这是我国水资源管理的基本原则。同时,科学界定了水行政主管部门、流域管理机构和有关部门的职责分工,明确了各级水行政主管部门和流域管理机构负责水资源统一管理和监督工作,各级人民政府有关部门按照职责分工负责水资源开发、利用、节约和保护的有关工作。

2. 确立一系列水资源管理制度和措施

水资源管理的法律法规确立了进行水资源管理的一系列制度,如水资源配置制度、取水许可制度、水资源有偿使用制度、水功能区划制度、排污总量管理制度、水质监测制度、排污许可审批制度、饮用水水源保护制度等,并以法律条文的形式明确了进行水资源开发、利用、保护的具体措施。这些具有可操作性的制度和措施,以法律的形式固定下来,成为有关主体必须遵守的行为规范,更好地指导人们进行水资源开发、利用和保护工作。

3. 确定有关主体的权利、义务和违法责任

各种水资源管理的法律、法规规定了不同主体(指依法享有权利和承担义务的单位或个人,主要包括国家、国家机关、企事业单位、其他社会组织和公民个人)在水资源开发利用中的权利和义务,以及违反这些规定时应依法承担的法律责任。有关法规使人们明确什么样的行为是法律允许的,保障主体依法享有的对水资源进行开发、利用的权利。同时,也使得主体明确什么行为是被禁止的,违反法律规定要承担什么样的责任。只有对违法者进行了制裁,受害人的权利才能得到有效保障。通过对主体权利、义务和责任的规定,法规对人们的水事活动产生规范和引导作用,使其符合国家的管理目标,有利于促进水资源的可持续利用。

4. 为解决各种水事冲突提供了依据

各国水资源管理的法律法规中都明确规定了水事法律责任,并可以利用国家强制力保证其执行,对各种违法行为进行制裁和处罚,从而为解决各种水事冲突提供了依据。而且明确的水事法律责任规定,使各行为主体能够预期自己行为的法律后果,从而在一定程度上避免了某些事故、争端的发生,或能够减少其不利影响。

5. 有助于提高人们保护水资源和生态环境的意识

通过对各种水资源管理相关的法律法规的宣传,对违法水事活动的惩处等,能够有效地推动不同群体、不同个人对节约用水、保护水资源和生态环境等理念的认识,这也是提高水资源管理效率,实现水资源可持续利用的根本。

(二)水资源管理法规体系的性质

对于法的性质,马克思主义法学认为,法是统治阶级意志的体现,是统治阶级意志的一种形态,而统治阶级意志的内容是由统治阶级的物质生活条件来决定的,指出了法的阶级性和社会性。

水资源管理法规是环境法的一个分支,而环境法是随着各国社会、经济的发展而产生的调整人们在资源开发利用中人与人之间关系的法律规范,是法律总体系中的一个重要组成部分,它具有一般法律的共性,也就是阶级性和社会性的统一。但其产生并不是因为阶级矛盾的不可调和,而是因为人与自然矛盾的加剧;现代环境法的目的(实现可持续发展)具有很强的公益性;而且环境法的制定不但受统治阶级意志和社会规律的制约,更受到客观自然规律的制约。因此,环境法的社会性更为突出。而水资源管理的法规体系,作为环境法体系的一部分,也具有阶级性和社会性统一、社会性更突出的特点。

(三)水资源管理法规体系的特点

水资源管理的有关法规,除具有普通法律法规所具备的规范性、强制性、普遍性等特点外,因其调整对象本身的原因,还具有以下特点:

(1)调整对象的特殊性。水资源管理的法律规范所调整的对象,与其他法律规范一样,也是人与人之间的关系。它通过各种相关的制度安排,规范人们的水事活动,明确人们在水资源开发利用当中的权利和义务关系,从而调整人与人之间的关系。但是,水资源管理的法律规范,其最终目的是通过调整人与人之间的关系达到调整人与自然关系的目的,促进人类社会与水资源、生态环境之间关系的协调。这也是所有环境法规的最终目的,通过间接调整人与人的关系,最终实现对人与自然关系的调整。但是这一过程的实现又依赖于人类对人与自然关系认识的不断深入。

(2)技术性。水资源管理的法规调整对象包括了人与水资源、生态环境之间的关系,而水资源系统的演变具有其自身固有的客观规律,只有遵循这些自然规律才能顺利实现水资源管理的目标。同时,要制定能够实现既定管理目标的法律规范,必须依赖于人们对水资源相关的客观规律的研究和认识。这就使得水资源管理的法规具有了很强的科学技术性,众多的技术性规范,如水质标准、排放标准等都是水资源管理的法规体系中的基础。

(3)动态性。随着人类社会的发展,对水资源的需求不断增加,所面临的水问题也越来越复杂。因为相关的水问题是在不断发展、不断演化的,因此与其配套的水资源管理的法规必然也具有不断发展、不断演化的动态特性。

(4)公益性。水资源具有公利、公害双重特性。不管是规范水资源开发利用行为、促进水资源高效利用的法律制度安排,还是防治水污染、防洪抗旱的法律制度安排,都是为了实现人类社会的持续发展,具有公益性。

三、水资源管理的法规体系分类

水资源管理的法规体系包括了一系列法律、法规和规范性文件,按照不同的分类标准可以分为不同的类型。

从立法体制、效力等级、效力范围的角度,水资源管理的法规体系由宪法、与水有关的法律、水行政法规和地方性水法规等构成。

从水资源管理的法规内容、功能来看,水资源管理的法规体系应包括综合性水事法律和单项水事法律、法规两大部分。综合性水事法律是有关水的基本法,是从全局出发,对水资源开发、利用、保护、管理中有关重大问题的原则性规定,如世界各国制定的《水法》《水资源法》等。单项水事法律、法规则是为解决与水资源有关的某一方面的问题而进行的较具体的法律规定,如日本的《水资源开发促进法》、荷兰的《防洪法》《地表水污染防治法》等。目前单项水事法律、法规的立法主要从两个方面进行,分别是与水资源开发、利用有关的法律、法规和与水污染防治、水环境保护有关的法律、法规。

此外,水资源管理的法规体系还可以分为实体法和程序法,专门性的法律法规和与水资源有关的民事、刑事、行政法律法规,奖励性的法律法规和制裁性的法律法规等。对一些单项法律、法规,还可以根据所属关系或调整范围的大小分为一级法、二级法、三级法、四级法等。

四、我国水资源管理的法规体系构成

我国从 20 世纪 80 年代以来,先后制定、颁布了一系列与水有关的法律、法规,如《中华人民共和国水污染防治法》《中华人民共和国水法》《中华人民共和国水土保持法》《中华人民共和国防洪法》等。尽管我国进行水资源管理立法的时间较短,但立法数量却大大超过一般的部门法,初步形成了一个由中央到地方、由基本法到专项法再到法规条例的多层次的水资源管理的法规体系。下面将按照立法体制、效力等级的不同对我国水资源管理的法规体系进行介绍。

(一)宪法中的有关规定

宪法是一个国家的根本大法,具有最高法律效力,是制定其他法律、法规的依据。《中华人民共和国宪法》(简称《宪法》)中有关水的规定也是制定水资源管理相关的法律、法规的基础。宪法第九条第 1、2 款分别规定,“水流属于国家所有,即全民所有”,“国家保障自然资源的合理利用”。这是关于水资源权属的基本规定以及合理开发、利用和保护水资源的基本准则。对于国家环境保护方面的基本职责和总政策,《宪法》第二十六条做了原则性的规定,“国家保护和改善生活环境和生态环境,防治污染和其他公害”。

(二)基本法

1988 年颁布实施的《中华人民共和国水法》(简称《水法》)是我国第一部有关水的综合性法律,在整个水资源管理的法规体系中,处于基本法地位,其法律效力仅次于宪法。但由于当时认识上的局限以及资源法与环境法分别立法的传统,原《水法》偏重于水资源的开发、利用,而关于水污染防治、生态保护方面的内容较少。2002 年,在原《水法》的基础上经过修订,颁布了新的《水法》,内容更为丰富,是制定其他有关水资源管理的专项法律、法规的重要依据。其主要内容如下。

《水法》规定,水资源属于国家所有。水资源的所有权由国务院代表国家行使。农村集体经济组织的水塘和由农村集体经济组织修建管理的水库中的水,归各农村集体经济组织使用。

《水法》第一章(总则)规定:国家对水资源依法实行取水许可制度和有偿使用制度。国家保护水资源,采取有效措施,保护植被,植树种草,涵养水源,防治水土流失和水体污染,改善生态系统。国家厉行节约用水,大力推行节约用水措施,推广节约用水新技术、新工艺,发展节水型工业、农业和服务业,建立节水型社会。各级人民政府应当采取措施,加强对节约用水的管理,建立节约用水技术开发推广体系,培育和发展节约用水产业。单位和个人有节约用水的义务。

《水法》第二章(水资源规划)规定:开发、利用、节约、保护水资源和防治水害,应当按照流域、区域统一制定规划。制定规划,必须进行水资源综合科学考察和调查评价。规划一经批准,必须严格执行。建设水工程,必须符合流域综合规划。在国家确定的重要江河、湖泊和跨省、自治区、直辖市的江河、湖泊上建设水工程,其工程可行性研究报告在报请批准前,有关流域管理机构应当对水工程的建设是否符合流域综合规划进行审查并签署意见;在其他江河、湖泊上建设水工程,其工程可行性研究报告报请批准前,县级以上地方人民政府水行政主管部门应当按照管理权限对水工程的建设是否符合流域综合规划进行审查并签署意见。水工程建设涉及防洪的,依照防洪法的有关规定执行;涉及其他地区和行业的,建设单位应当事先征求有关地区和部门的意见。

《水法》第三章(水资源开发利用)规定:开发、利用水资源,应当坚持兴利与除害相结合,兼顾上下游、左右岸和有关地区之间的利益,充分发挥水资源的综合效益,并服从防洪的总体安排;应当首先满足城乡居民生活用水,并兼顾农业、工业、生态用水以及航运等需要,在干旱和半干旱地区,还应当充分考虑生态用水需要。国家鼓励开发、利用水能资源。在水能丰富的河流,应当有计划地进行多目标梯级开发。建设水力发电站,应当保护生态系统,兼顾防洪、供水、灌溉、航运、竹木流放和渔业等方面的需要。国家鼓励开发、利用水运资源。在水生生物洄游通道、通航或者竹木流放的河流上修建永久性拦河闸坝,建设单位应当同时修建过鱼、过船、过木设施,或者经国务院授权的部门批准采取其他补救措施,并妥善安排施工和蓄水期间的水生生物保护、航运和竹木流放,所需费用由建设单位承担。

《水法》第四章(水资源、水域和水工程的保护)规定:在制定水资源开发、利用规划和调度水资源时,应当注意维持江河的合理流量和湖泊、水库以及地下水的合理水位,维护水体的自然净化能力。从事水资源开发、利用、节约、保护和防治水害等水事活动,应当遵守经批准的规划;因违反规划造成江河和湖泊水域使用功能降低、地下水超采、地面沉降、水体污染的,应当承担治理责任。国家建立饮用水水源保护区制度,禁止在饮用水水源保护区内设置排污口。禁止在江河、湖泊、水库、运河、渠道内弃置、堆放阻碍行洪的物体和种植阻碍行洪的林木及高秆作物。禁止围湖造地,禁止围垦河道。单位和个人有保护水工程的义务,不得侵占、毁坏堤防、护岸、防汛、水文监测、水文地质监测等工程设施。

《水法》第五章(水资源配置和节约使用)规定:县级以上地方人民政府水行政主管部门或者流域管理机构应当根据批准的水量分配方案和年度预测来水量,制定年度水量分配方案和调度计划,实施水量统一调度;有关地方人民政府必须服从。国家对用水实行总量控制和定额管理相结合的制度。水行政主管部门根据用水定额、经济技术条件以及水量分配方案确定的可供本行政区域使用的水量,制定年度用水计划,对本行政区域内的年度用水实行总量控制。直接从江河、湖泊或者地下取用水资源的单位和个人,应当按照国家取水许可制度和水资源有偿使用制度的规定,向水行政主管部门或者流域管理机构申请领取取水许可证,并缴纳水资源费,取得取水权。

《水法》第六章(水事纠纷处理与执法监督检查)规定:不同行政区域之间发生水事纠纷的,应当协商处理;协商不成的,由上一级人民政府裁决,有关各方必须遵照执行。在水事纠纷解决前,未经各方达成协议或者共同的上一级人民政府批准,在行政区域交界线两侧一定范围内,任何一方不得修建排水、阻水、取水和截(蓄)水工程,不得单方面改变水的现状。单位之间、个人之间、单位与个人之间发生的水事纠纷,应当协商解决;当事人不愿协商或者协商不成的,可以申请县级以上地方人民政府或者其授权的部门调解,也可以直接向人民法院提起民事诉讼。在水事纠纷解决前,当事人不得单方面改变现状。县级以上人民政府水行政主管部门和流域管理机构应当对违反水法的行为加强监督检查并依法进行查处。

《水法》第七章(法律责任)规定:出现下列情况的将承担法律责任(包括刑事责任、行政处分、罚款等):水行政主管部门或者其他有关部门以及水工程管理单位及其工作人员,利用职务上的便利收取他人财物、其他好处或者工作玩忽职守;在河道管理范围内建设妨碍行洪的建筑物、构筑物,或者从事影响河势稳定、危害河岸堤防安全和其他妨碍河道行洪的活动的;在饮用水水源保护区内设置排污口的;未经批准擅自取水以及未依照批准的取水许可规定条件取水的;拒不缴纳、拖延缴纳或者拖欠水资源费的;建设项目的节水设施没有建成或者没有达到国家规定的要求,擅自投入使用的;侵占、毁坏水工程及堤防、护岸等有关设施,毁坏防汛、水文监测、水文地质监测设施的;在水工程保护范围内,从事影响水工程运行和危害水工程安全的爆破、打井、采石、取土等活动的;侵占、盗窃或者抢夺防汛物资,防洪排涝、农田水利、水文监测和测量以及其他水工程设备和器材,贪污或者挪用国家救灾、抢险、防汛、移民安置和补偿及其他水利建设款物的;在水事纠纷发生及其处理过程中煽动闹事、结伙斗殴、抢夺或者损坏公私财物、非法限制他人人身自由的;拒不执行水量分配方案和水量调度预案的,拒不服从水量统一调度的,拒不执行上一级人民政府的裁决的,引水、截(蓄)水、排水,损害公共利益或者他人合法权益的。

(三)单项法规

在我国水资源管理的法规体系中,除了基本法,还针对我国水污染防治、水土保持、洪水灾害防治等的需要,制定了《中华人民共和国水污染防治法》《中华人民共和国水土保持法》《中华人民共和国防洪法》等专项法律,为我国水资源保护、水土保持、洪水灾害防治等工作的顺利开展提供法律依据。

(四)由国务院制定的行政法规和法规性文件

从 1985 年《水利工程水费核定、计收和管理办法》到 2014 年《南水北调工程供用水管理条例》,其间由国务院制定的与水有关的行政法规和法规性文件有很多,内容涉及水利工程的建设和管理、水污染防治、水量调度分配、防汛、水利经济、流域规划等众多方面。如《中华人民共和国河道管理条例》(1988 年)、《中华人民共和国防汛条例》(1991 年)、《国务院关于加强水土保持工作的通知》(1993 年)和《中华人民共和国水土保持法实施条例》(1993 年)、《取水许可制度实施办法》(1993 年)、《中华人民共和国抗旱条例》(2009 年)、《城镇排水与污水处理条例》(2013 年)等,与各种综合性法律相比,这些行政法规和法规性文件的规定更为具体、详细。

(五)由国务院及所属部委制定的相关部门行政规章

由于我国水资源管理在很长一段时间内实行的是分散管理的模式,因此不同部门从各自管理范围、职责出发,制定了很多与水有关的行政规章,以环境保护部门和水利部门分别形成的两套规章系统为代表。环境保护部门侧重于水质、水污染防治,主要是针对排放系统的管理,出台的相关行政规章主要有:管理环境标准、环境监测的《环境标准管理办法》(1983年)、《全国环境监测管理条例》(1983年)、《城镇排水与污水处理条例》(2013年);管理各类建设项目的《建设项目环境管理办法》(1986年)及其程序(1990年);行政处罚类的《环境保护行政处罚办法》(1992年)及《报告环境污染与破坏事故的暂行办法》(2006年);排污管理方面的《水污染物排放许可证管理暂行办法》(1988年)、《排放污染物申报登记管理规定》(1992年)、《征收排污费暂行办法》(1982年)、《关于增设"排污费"收支预算科目的通知》(1982年)、《征收超标准排污费财务管理和会计核算办法》(1984年)等。水利部门则侧重于水资源的开发、利用,出台的相关行政规章主要有:涉及水资源管理方面的,如《取水许可申请审批程序规定》(1994年)、《取水许可水质管理办法》(1995年)、《取水许可监督管理办法》(1996年)、《实行最严格水资源管理制度考核办法》(2013年)等;涉及水利工程建设方面的,如《水利工程建设项目管理规定》(1995年)、《水利工程质量监督管理规定》(1997年)、《水利工程质量管理规定》(1997年)、《三峡水库调度和库区水资源与河道管理办法》(2008年)等;有关水利工程管理、河道管理的,如《水库大坝安全鉴定办法》(1995年)、《关于海河流域河道管理范围内建设项目审查权限的通知》(1997年)、《南水北调工程供用水管理条例》(2014年)等;关于水文、移民方面的,如《水利部水文设备管理规定》(1993年)、《水文水资源调查评价资质和建设项目水资源论证资质管理办法(试行)》(2003年);以及关于水利经济方面的,如《关于进一步加强水利国有资产产权管理的通知》(1996年)、《水利旅游区管理办法(试行)》(1999年)等。

(六)地方性法规和行政规章

水资源时空分布往往存在很大差异,不同地区的水资源条件、面临的主要水资源问题以及地区经济实力等都各不相同,因此水资源管理需要因地制宜地展开,各地方可制定与区域特点相符合、能够切实有效地解决区域问题的法律法规和行政规章。目前,我国已颁布很多与水有关的地方性法规、省级政府规章及规范性文件。

(七)各种相关标准

为了方便水资源管理工作的开展,控制水污染,保护水资源,保证水环境质量,保护人体健康和财产安全,由行政机关根据立法机关的授权而制定和颁布的各种相关标准,同样具有法律效力,是水资源管理的法规体系的重要组成部分。如《地面水环境质量标准》(1983年)、《渔业水质标准》(1979年)、《农田灌溉水质标准》(1985年)、《生活饮用水卫生标准》(1985年)、《景观娱乐用水水质标准》(1991年)、《污水综合排放标准》(1996年)和其他各行业分别执行的标准等。这些标准一经批准发布,各有关单位必须严格贯彻执行,不得擅自变更或降低。

(八)立法机关、司法机关的相关法律解释

这是指由立法机关、司法机关对以上各种法律、法规、规章、规范性文件做出的说明性文字,或是对实际执行过程中出现问题的解释、答复,大多与程序、权限、数量等问题相关。如《全国人大常委会法制委员会关于排污费的种类及其适用条件的答复》、《关于"特大防汛抗旱补助费使用管理办法"修订的说明》(1999年)等,这些都是水资源管理法规体系的有机构成。

(九)其他部门法中相关的法律规范

由于水资源问题涉及社会生活的各个方面,除以上直接与水有关的综合性法律、单项法规、行政法规和部门规章外,其他的部门法如《中华人民共和国民法通则》《中华人民共和国刑法》《中华人民共和国农业法》中的有关规定也适用于水法律管理。

第四节 水资源管理的制度措施

水资源管理是一项十分复杂的工作,除必须有一套严格的组织体系、法规体系外,还应该不断提升形成一套适合本区域水资源管理的、对一般行为有约束的制度体系。水资源管理制度体系是特定条件下的水资源管理模式,是对执行的水资源管理方式的高度概括和行动指南。从包含关系上看,制度体系应该包括组织体系、法规体系、技术标准体系等,是水资源管理约束性条文的总称。

一、国外流行的水资源综合管理制度介绍

水资源综合管理(IWRM)起源于20世纪90年代,之后又得到不断的改进和发展,是目前国际上比较流行的主流水资源管理模式,甚至被很多人认为是解决水资源问题唯一可行的办法。

尽管水资源综合管理如此重要,但世界范围内尚没有一个明确、清晰且被大家广为接受的定义。甚至称谓也比较多,水资源综合管理也常被称为水资源一体化管理、水资源统一管理、水资源集成管理等。目前比较有代表性的定义是全球水伙伴组织(Global Water Partnership,GWP)给出的定义:"水资源综合管理是以公平的方式、在不损害重要生态系统可持续性的条件下,促进水、土及相关资源的协调开发和管理,从而使经济和社会财富最大化的过程。"

水资源综合管理是在当前水资源短缺、水环境污染、洪涝灾害频发等水问题不断加剧的情况下提出的一种水资源管理新思路、新方法,人们期待着通过水资源综合管理的实施来有效地解决水问题,促进水资源可持续利用。这是全球水行业的美好愿望,也成为水资源综合管理被赋予的艰巨任务。

水资源综合管理的实质是:

(1)坚持可持续发展的理念。保障当代人之间、当代人与后代人之间,以及人与自然之间公平合理地利用水资源,实现水资源可持续利用。

(2)把流域或区域水资源看成一个系统来开发利用和保护。将河流上下游、左右岸、干支流、水量与水质、地表与地下水、兴利与除害、开发与保护等均作为一个完整的系统进行统一管理。

(3)采用综合的措施。水资源管理是一项十分复杂的工作,需要多种措施综合运用,

包括行政手段、法律手段、经济杠杆、宣传教育、知识普及、科学技术运用等。

(4)依靠完善的制度体系。针对水资源管理的自然属性和社会属性,需要建立一套适应水资源流动性、多功能性、环境属性、自然-社会相联系的统一管理制度体系,包括行政管理、法律法规、技术标准等,这些制度是水资源综合管理的重要保障。

(5)充分考虑水资源开发保护与经济社会协调发展。水资源是经济社会发展的重要基础资源,随着经济社会发展,对水资源的需求不断增加,然而水资源是有限的,为了保障水资源可持续利用,必须要限制人们用水无限增加的行为,实现协调发展。

(6)实现综合效益最大化。通过一系列措施的实施和统一管理,实现经济效益、社会效益、环境效益等综合效益最大化的目标,使有限的水资源为人类带来尽可能多的效益。

自20世纪90年代提出水资源综合管理以来,学术界做了大量的研究工作,实践中也取得了很多成就,涌现出许许多多有重要意义的应用范例。比如,欧盟成员国开展的以流域为单元的水资源综合管理研究和实践工作,2000年颁布和执行欧盟水框架指令,进行了相关的立法,并开展了大量水资源综合管理的研究和实践工作。可以说,世界上几乎所有国家都认为水资源综合管理是解决目前复杂水问题的一个很好的办法,大多数国家已完成或正在进行水资源综合管理和用水效能计划的制订。我国很早就伴随着国际社会一起开展了很多关于水资源综合管理的讨论,也在我国的一些省(如福建)、一些流域(如海河、淮河流域)开展实践应用,为我国水资源有效管理做出了重要的贡献。

二、我国现行的最严格水资源管理制度介绍

我国水资源时空分布极不均匀,人均占有水资源量少,经济社会发展相对较落后,水资源短缺、水环境污染极其严重,在这种背景下,迫切需要实行更加合理有效的水资源管理方式。最严格水资源管理制度也就是在这一背景下提出并得以实施的,就是希望通过制定更加严格的制度,从取水、用水、排水三方面进行严格控制。

最严格水资源管理制度最早于2009年提出,2010年"中国水周"的宣传主题定为"严格水资源管理,保障可持续发展"。2011年中央一号文件明确提出要"实行最严格的水资源管理制度,确保水资源的可持续利用和经济社会的可持续发展"。2012年1月,国务院发布了《国务院关于实行最严格水资源管理制度的意见》(国发〔2012〕3号),对实行最严格水资源管理制度作出全面部署和具体安排。2013年1月,国务院又发布了《实行最严格水资源管理制度考核办法》(国发〔2013〕2号),对实行最严格水资源管理制度考核办法进行具体规定。这说明实行最严格的水资源管理制度是当前和今后一个时期水资源管理的主旋律,也是解决当前一系列日益复杂的水资源问题,实现水资源高效利用和有效保护的根本途径。

最严格水资源管理制度的主要内容包括"三条红线""四项制度"。最严格水资源管理制度的核心是确立"三条红线",具体是:水资源开发利用控制红线,严格控制取用水总量;用水效率控制红线,坚决遏制用水浪费;水功能区限制纳污红线,严格控制入河湖排污总量。实际上是在客观分析和综合考虑我国水资源禀赋情况、开发利用状况、经济社会发展对水资源需求等方面的基础上,提出今后一段时期我国在水资源开发利用和节约保护方面的管理目标,实现水资源的有序、高效和清洁利用。"三条红线"的目标要求,是国家

为保障水资源可持续利用,在水资源的开发、利用、节约、保护各个环节划定的管理控制红线。为实现“三条红线”的目标,在《国务院关于实行最严格水资源管理制度的意见》(国发〔2012〕3号)中提出了2015年和2020年在用水总量、用水效率和水功能区限制纳污方面的目标指标。这些目标指标与流域及区域的水资源承载能力相适应,是一定时期一定区域生产力发展水平、经济发展结构、社会管理水平和水资源管理的综合反映。

最严格水资源管理的“四项制度”是指用水总量控制制度、用水效率控制制度、水功能区限制纳污制度、水资源管理责任和考核制度。这“四项制度”是一个整体,其中用水总量控制制度、用水效率控制制度、水功能区限制纳污制度是实行最严格水资源管理“三条红线”的具体内容,水资源管理责任和考核制度是落实前三项制度的基础保障。只有在明晰责任、严格考核的基础上,才能有效发挥“三条红线”的约束力,实现最严格水资源管理制度的目标。

用水总量控制制度、用水效率控制制度、水功能区限制纳污制度相互联系、相互影响,具有联动效应。严格执行用水总量控制制度,有利于促进用水户改进生产方式,提高用水效率;严格执行用水效率控制制度,在生产相同产品的条件下会减少取用水量;严格用水总量和用水效率管理,有利于促进企业改善生产工艺和推广节水器具,提高水资源循环利用水平,有效减少废污水排放和进入河湖水域,保护和改善水体功能。通过“总量”“效率”“纳污”三条红线,对水资源开发利用进行全过程管理,对水资源的“量”“质”统一管理,才能全面发挥水体的支持功能、供给功能、调节功能和文化功能。任何一项制度缺失,都难以有效应对和解决我国目前面临的复杂水问题,难以实现水资源有效管理和可持续利用。

最严格水资源管理制度的实质是:以科学发展观为指导,以维护人民群众的根本利益为出发点和落脚点,以实现人水和谐为核心理念,以水资源配置、节约和保护为工作重心,以统筹兼顾为根本方法,以坚持改革创新为推进管理的不竭动力,统筹协调水资源承载能力、经济社会发展用水安全和水生态与环境安全,着力推进从供水管理向需水管理转变,从水资源开发利用优先向节约保护优先转变,从事后治理向事前预防转变,从过度开发、无序开发向合理开发、有序开发转变,从水资源粗放利用向高效利用转变,从注重行政管理向综合管理转变。

第五节　水资源管理的经济措施

水资源管理是一项复杂的水事行为,包括很广的管理内容。要实现水资源管理的目标,协调好水资源管理中方方面面的关系,需要借助于一系列的手段实现,如行政、法律、经济、技术和教育等手段。其中经济手段是在市场经济体制不断完善的条件下,经济理论应用在水资源管理实践中的产物。运用经济理论进行水资源管理,可以综合考虑水资源的实际特点,制定科学合理的经济政策,有针对性地选择和运用相应的经济措施和经济手段,对于充分发挥经济机制和市场机制的作用、协调主体间的利益、缓解水资源供需矛盾、促进水资源的优化配置、合理利用和有效保护等方面都具有重要意义。

因此,水资源管理的经济手段,就是以经济理论作为依据,由政府制定各种经济政策,运用有关的经济政策作为杠杆,来间接调节和影响水资源的开发、利用、保护等水事活动,促进水资源可持续利用和经济社会可持续发展。具体来说,水资源管理的经济措施,目前应用比较广泛的有水价和水费政策、排污收费制度、补贴措施以及水权和水市场等,下面分别进行详细介绍。

一、水价和水费政策

(一)水价、水费和水资源费

水价,即水的价格,是指水资源使用者使用单位水资源所付出的价格。在制定水价时,不仅要考虑水资源价值,还要考虑工程投入、污水处理、获取利润等各方面的因素。在不同的时期,人们对水价内涵认识不同,由此核定的水费也不同。

水费是水利工程管理单位(如电灌站、闸管所)或供水单位(如自来水公司)为用户提供一定量的水而收取的一种用于补偿所投入劳动的事业性费用。水费的标准应当在核算供水成本的基础上,根据国家经济政策和当地的水资源状况、经济水平等制定,并由省、自治区、直辖市政府核定。

水资源费,是指根据《中华人民共和国水法》,直接取用地下水、江河、湖泊等地表水的单位和个人,向水资源主管部门缴纳的费用。它是由水资源的稀缺性、国家对水资源的所有权、水资源开发利用的间接费用和外部成本等所决定的。

水费和水资源费是水资源用户向供水单位或水资源主管部门缴纳的水资源有偿使用的费用,而水价是其确定的基础。当水价为供水价格时,在数量上等于水费。当水价为严格意义上的水资源资产价格时,水资源费是水价中的资源水价部分;就我国现行情况来看,水费在数量上要小于水价。

(二)我国的水价制度

水价制度作为一种有效的经济调控杠杆,涉及经营者、普通用户、政府等多方面因素,用户希望获得更多的低价用水,经营者希望通过供水获得利润,政府则希望实现其社会稳定、经济增长等政治目标。但从整体角度来看,水价制度的目的在于,在合理配置水资源,保障生态系统、景观娱乐等社会效益用水以及可持续发展的基础上,鼓励和引导合理、有效、最大限度地利用可供水资源,充分发挥水资源的间接经济、社会效益。

新中国成立以来,我国的供水行业经历了公益性无偿供水阶段(1949—1965年)、政策性有偿供水阶段(1965—1985年)、水价改革起步阶段(1985—1995年)和水价改革发展阶段(1995—2003年)、调整改革阶段(2004—2018年)、强化完善阶段(2018年至今)。从1949年到1965年,全国各地基本上实现无偿供水,不收取水费,无水价可言,包括国家投资修建大量水利工程提供的水源,其工程的维修、运行和水利管理等经费都靠国家拨款来维持。1965年10月13日,由原水利电力部制定的《水利工程水费征收使用和管理试行办法》,经国务院批准颁布实施,该办法建立了水费制度,但是这时的水费属于计划经济体制下的部分成本核算回收,收费标准很低,远低于实际的供水价格,并且在实践中由于种种原因,没能全面贯彻执行。1985年国务院颁布《水利工程水费核定、计收和管理办法》,规定“工业、农业和其他一切用水户,都应按规定向水利工程管理单位交付水费”,这使得我国进入有偿供水、核算成本、按量收费的阶段。1994年和1997年,水利部继续颁布文件,再次强调对水利工程供水价格加强管理、核定供水成本的内涵,水价政策实行成本补偿、合理收益的原则,并区别不同用途,逐步调整到位。2002 年我国新修订的《中华人民共和国水法》,规定使用水利工程供应的水,应当按照国家规定向供水单位缴纳水费。2003 年 7 月国家发展和改革委员会与水利部联合发布《水利工程供水价格管理办法》,并于 2004 年 1 月 1 日在我国正式施行,这也是我国现行的水价政策。该办法将水费由“费”推向“价”的层次,将水费从行政事业性收费的性质推向经营性收费,完全纳入市场经济的商品价格范畴,不再作为预算外资金纳入财政专户管理。水价属于商品价格范畴,按商品核算法则计算交易价格,并建立了规范的水价核定和执行机制,我国的水价开始以供水价格的形式出现。2004 年 4 月,国务院办公厅印发了《关于推进水价改革促进节约用水保护水资源的通知》,把水资源费、水利工程供水价格、城市供水价格、污水处理费、再生水价格作为一个有机的水价体系,确立了水价改革的目标。2006 年 2 月,国务院第 460 号令公布了《取水许可和水资源费征收管理条例》,明确了《中华人民共和国水法》中规定的水资源费征收制度。我国的水价体系正逐步完善,水价总体水平在逐步提高,我国水价管理工作已经进入了法治化、规范化、合理化、科学化的轨道。

(三)三元水价

随着人们水环境保护意识的增强和市场经济的发展、水资源价值理论的逐步成熟,水价的构成理论也逐步完善,理论研究的进步为指导实践中水价的确定提供了依据。按照水资源经济属性的分类,水价制定通常采用三元水价理论,即水价有 3 个组成部分,包括资源水价、工程水价和环境水价。资源水价是水资源费,卖的是使用水的权利;工程水价是生产成本和产权收益,卖的是一定量和质的水体;环境水价是水污染处理费,卖的是环境容量。三者构成完整意义上的水价。三元水价用公式表示为:

$$P = P_1 + P_2 + P_3 \tag{11-1}$$

式中　P——水价;

P_1——资源水价;

P_2——工程水价;

P_3——环境水价。

资源水价是水资源资产归国家所有在经济上的实现,即国家作为水资源资产的拥有者,让个人或企业使用水资源所获得的报酬。它包括水资源耗费的补偿、水生态环境影响的补偿,为加强对短缺水资源的保护、促进技术开发、促进节水、保护水资源和海水淡化技术进步的投入等。它是通过对使用者收取水资源费来实现的。

工程水价即指通过具体的或抽象的物化劳动把资源水变成产品水进入市场成为商品水所花费的代价,它体现了从水资源的取用开始到形成水利工程供水这一商品的全部劳动价值量。按照《水利工程管理单位财务制度》(1994 年 12 月 26 日财政部颁布)的表述,主要包括四个部分:生产成本、费用、利润和税金。其基本构成见图 11-3。工程水价是在经济活动中客观发生的,相对固定。它只随工程投资的大小和运行成本的高低而变化,只需根据图 11-3 如实核算。目前我国所采取的水价制度,基本上还在沿用政府定价模式,主要考虑的还是工程水价,并没有反映水资源的真正价值。

环境水价是指经过使用的水排出用户范围后,污染了他人或公共的水环境,而为治理

- 工程水价
  - 生产成本
    - 直接工资
    - 直接材料
    - 其他直接支出
    - 制造费用
  - 费用
    - 管理费用
    - 财务费用
    - 营业费用
  - 利润
    - 各投资者分利之和
  - 税金
    - 营业税或增值税
    - 利润中的所得税

图 11-3　工程水价的基本构成

污染和保护水环境所付出的代价。它是为获得排污的环境容量必须支付的环境代价,可以通过治污的机会成本(机会成本是指把一定资源投入某一用途后所放弃的在其他用途中可能获得的最大利益)计算,即污水处理设施的生产成本和产权收益。环境水价从本质上来说,是社会力作用的结果,其形成受人们对退水(废污水)治理效用性认识程度的影响而调整。它可以由专家根据不同行业对水环境的污染程度制定不同的费率确定。

(四)我国水价的制定方法

我国目前的水价制定主要以《水利工程供水价格管理办法》(国家发展和改革委员会与水利部联合发布,2004 年 1 月 1 日起施行)为依据,基本上是行政主管部门核算,全面实行有利于用水户合理负担的分类水价。根据用水的不同性质,统筹考虑不同用水户的承受能力,实行了分类水价体系,报经物价部门核定批准后执行。近些年来全国各地积极探索适合本地的水价管理方式,全国绝大多数省区适当下放了水价审批权,实行按区域定价和按单价工程定价相结合的管理办法。城市供水价格引入了听证会制度,水价决策的规范化、民主化和透明化程度逐步提高。

(五)我国现行《水利工程供水价格管理办法》简介

我国现行的水价政策,是以《水利工程供水价格管理办法》(以下简称《水价办法》)为指导的。该办法是根据《中华人民共和国价格法》《中华人民共和国水法》,为健全水利工程供水价格形成机制、规范水利工程供水价格管理、保护和合理利用水资源、促进节约用水、保障水利事业的健康发展而制定的。

《水价办法》中的水利工程供水价格,是指供水经营者通过拦、蓄、引、提等水利工程设施销售给用户的天然水价格,并规定水利工程供水价格由供水生产成本、费用、利润和税金构成。供水生产成本是指正常供水生产过程中发生的直接工资、直接材料费、其他直接支出以及固定资产折旧费、修理费、水资源费等制造费用。供水生产费用是指为组织和管理供水生产经营而发生的合理销售费用、管理费用和财务费用。利润是指供水经营者从事正常供水生产经营获得的合理收益,按净资产利润率核定。税金是指供水经营者按国家税法规定应该缴纳,并可计入水价的税金。

《水价办法》规定水利工程供水实行分类定价。水利工程供水价格按供水对象分为农业用水价格和非农业用水价格。农业用水价格按补偿供水生产成本、费用的原则核定，不计利润和税金。非农业用水价格在补偿供水生产成本、费用和依法计税的基础上，按供水净资产计提利润，利润率按国内商业银行长期贷款利率加2~3个百分点确定。

《水价办法》指出，水利工程供水应逐步推行基本水价和计量水价相结合的两部制水价。具体实施范围和步骤由各省、自治区、直辖市价格主管部门确定。基本水价按补偿供水直接工资、管理费用和50%的折旧费、修理费的原则核定。计量水价按补偿基本水价以外的水资源费、材料费等其他成本、费用以及计入规定利润和税金的原则核定。

二、排污收费制度

排污收费制度是对于向环境排放污染物或者超过国家排放污染物标准的排污者，根据规定征收一定的费用。这项制度运用经济手段可以有效地促进污染治理和新技术的发展，又能使污染者承担一定的污染防治费用。排污收费制度是我国现行的一项主要的环境管理制度，在水资源管理过程中，也发挥着重要的作用。

我国现行的排污收费制度，主要是遵照2003年颁布的《排污费征收使用管理条例》《排污费征收标准管理办法》《排污费资金收缴使用管理办法》等执行。

《排污费征收使用管理条例》和《排污费征收标准管理办法》中规定：对向水体排放污染物的，按照排放污染物的种类、数量计征排污费；超过国家或者地方规定的水污染物排放标准的，按照排放污染物的种类、数量和本办法规定的收费标准计征的收费额加一倍征收超标准排污费。对向城市污水集中处理设施排放污水、按规定缴纳污水处理费的，不再征收污水排污费。对城市污水集中处理设施接纳符合国家规定标准的污水，其处理后排放污水的有机污染物（化学需氧量、生化需氧量、总有机碳）、悬浮物和大肠菌群超过国家或地方排放标准的，按上述污染物的种类、数量和本办法规定的收费标准计征的收费额加一倍向城市污水集中处理设施运营单位征收污水排污费，对氨氮、总磷暂不收费。对城市污水集中处理设施达到国家或地方排放标准排放的水，不征收污水排污费。在《排污费征收标准管理办法》中详细规定了污水排污费征收标准及计算方法。

对于征收到的排污费资金，则纳入财政预算，作为环境保护专项资金管理，主要用于污染防治项目和污染防治新技术、新工艺推广项目的拨款补助和贷款贴息，以达到促进污染防治，改善环境质量的目的。此外，通过向企业征收排污费，使得企业承担起污染环境的责任，同时，企业为了减少缴纳的排污费，会进行工艺的改革，减少污染物的排放，这样也可以使得企业达到清洁生产的目标。

三、补贴措施

补贴措施是消除水资源开发利用活动所产生的外部性的一个重要手段。外部性理论是环境经济学的基础理论之一。外部性是指在实际经济活动中，生产者或消费者的生产或消费活动对其他的生产者或消费者带来的非市场性的影响。这种影响可以是有利的，也可以是不利的。如果是有利的影响称为正外部性，也叫外部经济性；如果是不利的影响则称为外部不经济性，也叫负外部性。

在水资源管理过程中,除制定水价、征收水费这一经济措施外,对于那些在市场经济中产生正外部性的企业、由于自身实力较差而产生负外部性的企业,政府相关部门都可以根据实际情况进行适当的补贴,以消除外部性对资源配置的不利影响,增加社会总福利。可以收到补贴的对象主要有以下3类:

(1)为水环境保护作出贡献的企业。由于水环境的公共性很强,在完全的市场机制条件下,那些从事水资源保护、水污染治理等的企业,虽然其生产行为可以为社会带来益处,产生巨大的正外部性,但是就企业自身而言,因为企业的净收益很少,企业的生产积极性会受到影响,最终可能会缩减生产规模。通过补贴,可以使这些对水环境保护有贡献的企业生产的积极性增强,有利于产生更多的正外部性。

(2)水环境的污染者。在一些水资源较为短缺地区,再加上受某些经济技术条件限制,一些单位或企业对有限的水资源过度开发、利用,排放超过水环境承载能力的污染物,结果会造成水环境的严重污染。这时如果没有从外部注入资金和机制,就不可能改善环境。此时的补贴手段主要是政府对造成水环境的污染者补足其减少污染前后的收益差额,使得企业在减少污染产生量的同时仍然可以得到原来的收益。常用的方式有发放补助金、提供低息贷款、减免税款等。通过政府对这类企业的技术、资金援助,帮助其改善生产工艺水平,减少污染物排放量,减轻对水环境的不利影响。但是,这类补贴手段的总体效果不如征税(征费)手段理想,实际应用中不一定能保证企业减少污水排放或促进污染者研制和采用先进的污染控制技术,甚至有可能导致污染企业故意提高补贴前的污染水平以获得更多的补助金。

(3)水环境污染的受害者。受害者包括两类:①水环境破坏过程中的受害者,如取用受污染水体进行养殖的渔业单位;②在治理污染过程中的受害者,如为治理环境停开的一些排污较严重的企业。对于这些受害者,政府给予的补贴应等于其受害前后收益的差额。这种补贴形式的缺点是有可能导致受害者减少甚至放弃使用防污措施,尤其当被污染者采取防污措施的成本低于污染者采取治污措施的成本时,政府补贴措施的经济效率就会损失。

四、水权和水市场

(一)水权

1. 概念及内涵

水权是水资源所有权,包括占有权、使用权、收益权、处分权以及与水资源开发利用相关的各种权利和义务的总称,也可以称为水资源产权。在经济学中,产权表现为人与物之间的某些归属关系,是以所有权为基础的多种权利组合,具有明确性、排他性、可变性、强制性等特点。因此,就决定了水权和其他产权一样,权属明确,受法律保护,不可能同时被两个人拥有,但在双方自愿的基础上,可转变权属关系。

以水权为基础构建的水权制度,其核心是产权(财产权)的明晰和确立。它是在水资源开发、利用、治理、保护和管理过程中,调节个人之间、地区之间和部门之间以及个人、集体和国家之间使用水资源行为的一整套规范、规则。

2. 我国水权制度的发展

水权制度的起源是由水资源的短缺、不足所引起的。在水资源丰沛、人口稀少的地方，水资源十分丰富，远超出水资源需求，也就谈不到水权。随着经济的发展、人口的增长，水资源逐渐成为一种稀缺资源，这时水权制度就在国民经济发展的过程中逐渐产生并逐步完善。

水权制度在欧洲、美国、澳大利亚、日本等发达国家和地区以及印度、巴基斯坦、墨西哥、秘鲁等发展中国家，早已得到确立和广泛应用。在我国，水权制度正处于迅速发展阶段。改革开放以来，随着水资源稀缺范围扩大，我国逐步建立了水资源行政分配和计划用水体系，明确了一部分地区、团体和个体的用水控制指标。由于水价的提高和用水竞争的加剧，以及市场经济改革带来行政权力下放和地方利益增强，为了提高用水效率、吸引水利投资和调节水冲突，客观上要求赋予各地区、团体和个体更为明确的用水权利。此种形势催生了"所有权与使用权分离"的改革思路，即国家仍然持有水资源的所有权，将水的使用权赋予用水户，它的实质是在强调国家对水的政治权力的同时，一定程度上承认用水户合法的用水权益。这一改革思路在 2000 年左右引发了热烈的"水权和水市场"大讨论，水权因此成为社会关注的热门话题。

2001 年，水利部提出了完整的水权制度建设方案，即"总量控制和定额管理相结合"的改革思路，主张确立总量和定额两套指标。一套是宏观的总量指标，把用水指标逐级分解，把水资源的使用权量化到每个流域、每个地区、每个城市、每个单位，层层有控制指标；另一套是微观定额指标，结合总量指标，核定单位工业产品、人口、灌溉面积的用水定额。两套指标同时实施，实行总量和定额双控制，把水权落实到每一个用水单元。近几年来，政策制定部门在上述思路的指导下，在水权法规建设方面取得了一系列新的进展。首先是在 2002 年的新《水法》中，明确了总量控制与定额管理制度，强调加强用水管理，实施取水许可制度和水资源有偿使用制度。2005 年 1 月，水利部发布了《水权制度建设框架》，要求各级水利部门要充分认识水权制度建设的重要性，结合实际，有重点、有步骤、有计划地开展相关制度建设，逐步建立符合我国国情的水权制度体系。同时发布的还有《关于水权转让的若干意见》，对水权转让提出了具体指导意见，该文件进一步推进了水权制度建设，规范了水权转让行为，推动了水市场的发展。2006 年 2 月，国务院公布了《取水许可和水资源费征收管理条例》，对 1993 年颁布的《取水许可制度实施办法》作了全面修订，从内容与程序方面完善了取水许可制度，有助于实践中落实水权管理，推进可交易的水权制度建设，也有助于推动水权转让的实践。2007 年颁布的《中华人民共和国物权法》，将取水权纳入了用益物权(用益物权是指权利人依法对他人的不动产或者动产享有占有、使用和收益的权利，比如土地承包经营权、建设用地使用权、宅基地使用权)的保护范畴，是水权制度得到进一步改善的一个重要标志。

3. 水权的意义

水权的出现、水权制度的建立和发展，对于社会、经济、环境的协调可持续发展，无论是在宏观层次上还是在微观层次上都具有重要意义。主要表现在以下几个方面：

(1) 消除了水资源的公共物品属性，使其在一定意义上归私人所有，避免了在水资源使用过程中滥用、浪费的现象，使其得到合理、高效的利用。这有利于实现水资源的可持续利用,节省了资源,也保护了环境。

(2)利用水权作为一种产权具有可变性的特点,可以使其在不同的用户间进行转让,水资源有富余的区域或用户可以通过市场交易,跟缺水区域或用户进行水权流转。通过水市场,让水资源流向最需要的地方,交易双方实现双赢,最终达到水资源的优化配置。

(3)防治水污染现象。水资源权属明确,水资源所有者为了能够更好地对水资源进行开发利用,必然会加强对其水资源的保护和治理。如果一些单位或个人随意向水环境中排放污染物,将可能会侵犯他人的合法权益,需要依法对他人进行赔偿。这在一定程度上也遏制了随意排污行为,起到防治水污染的效果。

(4)水资源权属明确,有利于避免水资源开发利用中的一些水事纠纷发生,可以有效化解各种利害冲突。比如河流流域范围内上下游不同区域间的用水竞争问题等,可以通过明晰水权,得到有效解决。

(5)水权的明晰,水权制度的建立,增强了各级政府、企业、社会团体以及公民个人对水资源作为一种资源资产价值的认识,培养了公众的节水意识。

(二)水市场

1. 概述

从广义上来说,水市场是指水资源及与水相关商品的所有权或使用权的交易场所,以及由此形成的人与人之间各种关系的总和。水权制度的发展,也使得水市场的相关研究取得了显著进展。实际上,水市场包含的范围非常广泛,如取水权市场、供水市场、排污权市场、废水处理市场、污水回用市场等。因此,从严格意义上来讲,水费的征收也可以看作是水权明晰下的供水市场交易。

目前,我国的水市场刚刚起步,在水市场的建设和相关研究中,比较受人们关注的还是水权市场,通过水权交易实现水资源相关权利在不同主体间进行流转。随着我国市场经济的发展、水权制度的不断完善,水市场也更加成熟、更加繁荣,在我国水资源优化配置中发挥重要的作用。

2. 水市场的作用

水市场是市场经济作用下的一个产物,是实现水资源高效管理、水资源优化配置的一个有效的经济手段,具体地说,它的作用主要有以下几个方面:

(1)水市场可以优化水资源配置,通过市场交易,使水资源流向最需要的用户,不同用水户之间通过市场交易可以使得各自的需要得到满足。

(2)水市场的出现,运用市场机制和经济杠杆调节水价,促进了节约用水,提高用水效率,减少了水资源的无谓浪费。

(3)水市场的建立是以水权明晰为前提的,同时,水市场的发展,也促进了水权制度的改进和完善。

(4)通过水市场进行水权及水相关商品的交易,缓解了不同用户间的用水竞争,减少了水事纠纷。

(5)排污权市场、废水处理市场、污水回用市场等的出现,有助于有效地防治水污染,并促进了污水的回收再利用,水环境保护力度加大。

(6)运用市场机制,拓宽资金筹集渠道,有利于促进水利基础设施建设。

(7)水市场的构建和发展,有助于培养公众对水是一种战略性经济资源的认识,培养公众对于水资源与水环境有偿使用、水权有偿取得和有偿转让的观念,从而使得全社会的节水意识、水环境保护意识增强。

3. 水市场交易原则

水市场是市场经济条件下的产物,在进行水资源及水相关商品的所有权或使用权的市场交易时,除要遵循市场经济条件下市场的交易原则外,因水资源本身的特殊性,还有一些特殊的原则需要考虑。结合水利部《关于水权转让的若干意见》,水市场交易原则如下:

(1)持续性原则。水资源是关系国计民生的基础自然资源,在进行水市场交易时,除尊重水的商品属性和价值规律外,更要尊重水的自然属性和客观规律。水资源的开发利用必须从人类长远利益出发,保证人类社会可持续发展的需求,协调好水资源开发利用和节约保护的关系,充分发挥水资源的综合功能,实现水资源的可持续利用。

(2)公平和效率原则。水市场交易要充分发挥效率原则,利用经济规律作用,使得水资源向低污染、高效率产业转移。此外,市场经济在追求效率的同时,也要兼顾公平的原则,必须保证城乡居民生活用水,保障农业用水的基本要求,满足生态系统的基本用水;防止为了片面追求经济效益,从而影响到用水户对水资源的基本需求。

(3)有偿转让和合理补偿的原则。水市场中交易的双方主体平等,应遵循市场交易的基本准则,合理确定双方的经济利益。因转让对第三方造成损失或影响的必须给予合理的经济补偿。

(4)整体性原则。水资源交易时,应着眼于整体利益,达到整体效益最佳,即实现社会效益、经济效益、环境效益的统一。在实现水资源高效配置,取得较大的经济效益的同时,也要考虑到社会效益、环境效益。

(5)政府调控与市场调节相结合的原则。在市场经济条件下,能够高效地实现水资源的优化配置,但是市场经济过分追求效益的同时,会失去很多对公平的考虑。为了能够保证遵循公平原则、整体性原则进行水市场交易,在注重市场对水资源配置的调节作用的同时,政府的宏观调控也是必不可少的。国家对水资源实行统一管理和宏观调控,各级政府及其水行政主管部门依法对水资源实行管理。要建立起政府调控与市场调节相结合的水资源配置机制。

4. 发展前景

目前,水市场已经在我国初步确立,并在水资源优化配置中发挥了重要的作用。从2000年东阳—义乌水权交易开始,实践中有越来越多的水市场交易事件涌现。例如,漳河利用水市场手段实现跨省调水、调节用水矛盾;甘肃张掖农民用水户之间的灌溉水权转让;宁夏、内蒙古两自治区“投资节水、转让水权”大规模、跨行业的水权转换等。水市场的引入,实现了水资源优化配置和科学管理,提高了水资源利用效率和效益,缓解了水资源供求矛盾。

经过一系列理论和实践探索,我国水利部已经形成了一套完整的“明晰水权、引入市场”的水权改革思路。2005年1月,水利部正式发布了《关于水权转让的若干意见》,将可转让的水权转让的主体界定为在一定期限内拥有节余水量或者通过工程节水措施拥有节余水量的取水人,该文件的出台,对水权转让提出了具体指导意见,进一步推进了水权制度建设,规范了水权转让行为,推动了水市场的发展。展望未来,水权明晰工作的推进,水权市场的事例还将越来越多地涌现。然而,水市场的建立和发展会涉及一系列复杂的经济、社会和生态问题,因此单独依靠水权或水市场构建我国水资源配置的体系是不够的,需要加入政府的宏观调控。同时,要想使得水市场在我国资源配置中更充分地发挥作用,需要完善水市场的监管体制,构建一个完整的水市场模型。这需要理论研究的不断深入和实践的发展作为基础。

第六节 水资源管理的技术措施

人类社会的不断发展,使得水资源问题越来越突出,类型也越来越复杂。解决人类所面临的各种水问题,实现对水资源合理的开发、利用和保护,是水资源管理的主要目标。而这一目标的实现,需要借助于各种先进技术手段。现代科学技术的不断发展与进步,为人类进行科学的水资源管理提供了有力的技术支持,使得水资源管理工作的开展更科学、合理和高效。"3S"技术、水资源监测技术、节水技术、污水处理技术、海水利用技术、现代信息技术等在水资源管理中都发挥了有力的作用。本节将对这些技术作简单介绍。

一、"3S"技术

(一)"3S"技术简介

所谓"3S"技术,是以地理信息系统(GIS)、遥感技术(RS)、全球定位系统(GPS)为基础,将GIS、RS、GNSS三种技术与其他高科技(如网络技术、通信技术等)有机结合成一个整体而形成的一项新的综合技术。它充分集成了RS、GNSS高速、实时的信息获取能力和GIS强大的数据处理和分析能力,可以有效地进行水资源信息的收集和处理、分析,为水资源管理决策提供强有力的基础信息资料和决策支持。

地理信息系统(GIS)是以空间地理数据库为基础,利用计算机系统对地理数据进行采集、管理、操作、分析、模拟显示,并用地理模型的方法,实时提供多种空间信息和动态信息,为地理研究和决策服务而建立起来的综合的计算机技术系统。GIS以计算机信息技术作为基础,增强了对空间数据的管理、分析、处理能力,有助于为决策提供支持。

遥感技术(RS)是20世纪60年代发展起来的,是一种远距离、非接触的目标探测技术和方法,它根据不同物体因种类和环境条件不同而具有反射或辐射不同波长电磁波的特性来提取这些物体的信息,识别物体及其存在环境条件的技术。遥感技术可以更加迅速、更加客观地监测环境信息,获取的遥感数据也具有空间分布特性,可以作为地理信息系统的一个重要的数据源,实时更新空间数据库。

全球定位系统(GNSS)是利用人造地球卫星进行点位测量导航技术的一种。通过接收卫星信息来给出(记录)地球上任意地点的三维坐标以及载体的运行速度,同时它还可给出准确的时间信息,具有记录地物属性的功能,具有全天候、全球覆盖、高精度、快速高效等特点,在海空导航、精确定位、地质探测、工程测量、环境动态监测、气候监测以及速度测量等方面应用十分广泛。

"3S"技术的出现，为科学研究、政府管理、社会生产提供了新一代的观测手段、描述语言和思维工具。但是三者各有优缺点，"3S"的结合应用，能取长补短，RS和GPS向GIS提供或更新区域信息及空间定位，GIS进行相应的空间分析，从RS和GNSS提供的海量数据中提取有用的信息。三者的集成利用，大大提高了各自的应用效率，在水资源管理中发挥着重要的作用。

（二）"3S"技术在水资源管理中的应用

1. 水资源调查、评价

根据遥感获得的研究区卫星像片可以准确查清流域范围、流域面积、流域覆盖类型、河长、河网密度、河流弯曲度等。使用不同波段、不同类型的遥感资料，容易判读各类地表水的分布；还可以分析饱和土壤面积、含水层分布以及估算地下水储量。利用GNSS进行野外实地定点定位校核，建立起勘测区域校核点分类数据库，可对勘测结果进行精度评价。

2. 实时监测

遥感资料具有获取迅速、及时、数据精确等特点，GNSS有精确的空间定位功能，GIS具有强大的空间数据分析能力，可以用于水资源和水环境的实时监测。利用"3S"技术，可以对河流的流量、水位、河流断流、洪涝灾害等进行监测，也可以对水环境质量进行监测，还可以对造成水环境污染的污染源、扩散路径、速度等进行监测等。"3S"技术的出现，使人类更方便、快捷、及时地掌握水体的水量和水质相关信息，方便进行水文预测、水文模拟和分析决策。

3. 水文模拟和水文预报

GIS对空间数据具有强大的处理、分析能力。将所获取的各种水文信息输入GIS中，使GIS与水文模型相结合，充分发挥GIS在数据管理、空间分析、可视化等方面的功能，构建基于数字高程模型的现代水文模型，模拟一定空间区域范围内的水的运动。也可以通过RS接收实时的卫星云图、气象信息等资料，结合实时监测结果，基于GIS平台并利用预测理论和方法，对各水文要素如降水、洪峰流量及其持续时间和范围等进行科学、合理预测。水文模拟和水文预报在水资源管理中的应用非常广泛。比如，可以利用水文模拟进行水库优化调度，利用水文预报为水量调度和防汛抗灾等决策提供科学、合理和及时的依据等。

4. 防洪抗旱管理

"3S"技术在洪涝灾害防治以及旱情分析预报等工作中都有应用。基于GIS的防洪决策支持系统可以建立防洪区域经济社会数据库，结合GNSS和RS可以动态采集洪水演进的数据、分析洪水情势，并借助于系统强大的数据管理、空间分析等功能，帮助决策者快速、准确地分析滞洪区经济社会重要程度，选择合理的泄洪方案。此外，"3S"技术的结合还可对洪灾损失及灾后重建计划进行评估，也可以利用GIS结合水文和水力学模型用于洪水淹没范围预测。同样，"3S"技术也可以用于旱灾的实时监测和抗旱管理中。遥感传感器获取的数据可以及时地直接或间接反映干旱情况，再利用GIS的数据处理、分析等功能，显示旱情范围、程度，预测其发展趋势，辅助决策制定。

5. 水土保持和泥沙淤积调查

利用"3S"技术可以建立影响水土流失因素(地质条件、地貌类型等因素)的数据库,具体方法目前主要是根据各类主题图进行数字化输入,然后从卫星影像上提取已经变化的土地利用类型和植被覆盖度,再从数字高程模型中计算出坡度、坡长,利用水土流失量和各流失因子之间的数学模型计算出流失量,进行土壤侵蚀和水土流失研究,最后输出结果。根据上述的水土流失各因子的数据库和自然因素的变化,考虑人类活动影响的现状及将来的发展趋势,可在GIS的支撑下作出水土保持规划。此外,利用遥感技术能够真实、具体、形象、及时地反映下垫面情况的特点,可以作为河道、河口、湖泊、水库等泥沙淤积调查的首选工具,并在监测的基础上基于GIS平台对淤积及由此引起的水势变化进行分析、预测,为防洪、航运、水库调度等提供决策支持。

6. 构建水资源管理信息系统

基于"3S"技术,结合网络、通信、数据库、多媒体等技术可以构建水资源管理信息系统,自动生成流域自然地理和社会要素地图,以及流域水资源供需图、灌溉规划图、水污染分布图、土地利用图等,利用这些图库的属性数据结合空间数据,支持水资源规划和管理活动,可以有效地提高效率、减少重复劳动、节约投资。

7. 水资源工程规划和管理

"3S"技术也可应用于大型水利水电工程及跨流域调水工程对生态环境的监测和评价中。如利用"3S"技术进行水利水电枢纽工程地质条件的调查、评价及动态监测,对水利工程的选址进行勘察、分析、评价,对水库上游水土流失调查以及对水库淤积进行趋势预测等。"3S"技术的应用,也为流域综合规划和管理提供了有效的技术手段。

二、水资源监测技术

水资源监测技术是有关水资源数据的采集、存储、传输和处理的集成,可以为水资源管理提供支持。随着科技水平的不断发展,水资源监测技术也在不断进步。特别是"3S"技术的发展,也推动水资源监测在实时性、精确性、自动化水平等方面的提高。

水资源监测技术主要指的是水文监测,主要监测江、河、湖泊、水库、渠道和地下水等的水文参数,如水位、流量、流速、降雨(雪)、蒸发、泥沙、冰凌、墒情、水质等。传统的人工监测技术对数据的记录以模拟方式为主,精确度不高,即使是数字方式的记录也很难方便地输入计算机处理,且数据处理基本靠人工处理判断,费时易错;采集的水文信息实时性和准确性都较差。自动化技术的发展,使得水文监测的效率大大提高,如用于监测水位的浮子式水位计、压力式水位计、电子水尺和超声波水位计等,用于降雨量监测的翻斗式雨量计,都可以自动完成相关数据的采集、实时传输。

水质监测是水资源监测中的另一块重要内容,也是随着水污染的不断加剧越来越引起重视的一块水资源监测内容。早期的水质监测主要采用人工抽查式的监测方法,主要是定时定点在某些监测站点抽取水样,带回实验室分析。但是这种监测不能及时、准确地获取水质不断变化的动态数据。为了及时掌握水体水质的异常变化,在完善人工抽查式监测的同时,发展了水质移动监测系统和自动监测系统。水质移动监测系统是采用移动监测车,以便携水质实验室和现场水质多参数分析仪为分析工具,对采集的样本迅速进行现场监测,测定其水质指标,采录污染现场,并通过移动通信设备及时将第一手资料上传至信息管理中心或相关部门。水质自动监测系统是由一个水质监测中心站控制若干个子站,设置若干个有连续自动监测仪器的监测站,实时对水质污染状况进行连续自动监测,形成一个连续自动监测系统。监测所得到的水质状况实时信息通过通信网络实时上传至水质监测中心或相关部门。

物理学、化学、生物学、计算机科学、通信技术、"3S"技术等的发展,都为水资源监测技术的发展提供了有力的学科基础和技术支持,推动了水资源监测更及时、更准确、更有效地开展,从而为水资源管理决策提供了更精确、实时的信息来源,使得决策更科学合理。

三、节水技术

地球上水资源总量丰富,而易于人类直接开发利用的淡水资源量却极为有限。随着人口增长和经济快速发展,人类对淡水资源的需求量却在不断增加,加上水质恶化,使得缺水成为制约社会和经济发展的主要因素。为了解决这一问题,最直接有效的方法就是大力提倡节约用水。很多国家采取经济、技术、法律、行政、宣传教育等一系列手段在各行各业中推广节水技术,取得了很好的效果。我国大力推行节水工作,在 2005 年 4 月由国家发展改革委、科技部会同水利部、建设部和农业部组织制定了《中国节水技术政策大纲》,积极推行节水型社会建设。

节水管理的进行,除借助于经济、法律、行政、教育等措施外,还依赖于节水技术的发展与进步。目前,就各国所推广的各种节水技术来看,主要是从农业、工业、城市生活等几个方面推广节水技术。

农业节水方面,发达国家主要有以下几类:一是采用精准灌溉。通过自动测报、传输、快速计算进行精准控制管理,以实现恰到好处地满足作物不同生长期的需水,既能满足作物需水又能节水。二是培育新的节水品种。培育和选择需水相对较少的作物新品种,既满足人类需求又能高效节水。三是采用工程措施节水。采用管道输水、渠道衬砌等工程措施,减少用水损失,提高输水效率,间接实现节水。四是推广节水灌溉、耕作新技术。比如,推广增墒保水、带状耕作、机械化旱地农业等先进节水技术。根据《中国节水技术政策大纲》,我国所积极推广的节水技术除以上几方面外,还包括降水和回归水利用技术,如降水滞蓄利用技术、灌溉回归水利用技术、雨水集蓄利用技术等;非常规水利用技术,如海水淡化、人工增雨等技术。

工业用水主要包括冷却用水、热力和工艺用水、洗涤用水。工业节水可以通过以下几个途径进行:一是加强污水治理和污水回用;二是改进节水工艺和设备,提倡一水多用,提高水的利用效率;三是减少取水量和排污量;四是减少输水损失;五是开辟新的水源。据此,常用的工业节水技术有工业节水重复利用技术,如在工厂内部建立闭合水循环系统、发展蒸汽冷凝水回收再利用技术、外排废水回用和"零排放"技术等。常用的工业节水技术还有冷却节水技术,如高效换热技术、高效循环冷却水处理技术、空气冷却技术等。此外,还有热力和工艺系统节水技术、洗涤节水技术、给水和废水处理节水技术、输用水管网和设备防漏及快速堵漏修复技术、非常规水资源利用技术等。

随着城市化进程的不断加快,城市生活用水占城市用水总量的比例也越来越高。因此,城市生活节水对于促进城市节水具有重要意义。目前在各国采用的城市生活节水技术中,非常普遍的一种就是采用节水型器具,如节水龙头、节水马桶、节水淋浴头、节水洗衣机等。有些国家甚至通过一定的法律、规章对节水器具的节水标准进行强制性要求,要求生产商只能生产低耗水的卫生洁具。此外,城市生活节水技术还有城市再生水利用技术,包括城市污水处理再生利用技术、建筑中水处理再生利用技术和居住小区生活污水处理再生利用技术等,城区雨水、海水、苦咸水利用技术,城市供水管网的检漏和防渗技术,公共建筑节水技术,市政环境节水技术等。

节水技术的发展,可以大大地提高水资源的利用效率,有效缓解水资源短缺的压力,而节水技术的发展,除要以科技进步作为基础外,还需要配套法治建设、行政管理以及经济刺激等机制。

四、污水处理技术

大量工业废水、生活污水及农业废水的产生,使得清洁的淡水资源受到污染,加剧了水资源短缺的危机,更严重的是威胁到了人类健康。因此,治理水污染目前已经成为全球水资源可持续利用和国民经济可持续发展的重要战略目标。在污水处理过程中,"无害化"是人们期望达成的一个目标,而随着水资源短缺问题的不断加剧,"资源化"成为污水处理的另一个追求。特别是城市生活废水,因其来源、数量、性质都比较稳定,处理流程固定,经过处理后可成为城市用水的一个很好水源,在一定程度上可以大大缓解城市缺水问题。

目前,人类所使用的水处理方法按照作用原理不同,可以分为物理处理法、化学处理法、生物处理法三大类。常用的物理处理法有过滤、沉淀、离心分离、气浮等,化学处理法有中和、混凝、化学沉淀、氧化还原、吸附、萃取等,生物处理法有好氧生物处理、厌氧生物处理、稳定塘等。

随着物理学、化学、生物学研究的不断发展,水处理技术也得以不断进步,一些新兴的、绿色高效的水处理方法不断产生。如:高级氧化技术,是通过强活性自由基来降解有机污染物的一种先进水处理技术;纳米技术,是利用纳米材料有高的比表面积和大的表面自由能,把纳米材料作为催化剂、吸附剂、过滤器,对污水进行处理,具有增强的辐射、吸收、催化和吸附等特性。

在污水处理过程中,根据污水中的污染物类型、性质,可以选择不同的处理方法,联合起来构成污水处理的工艺流程,实现污水无害排放的目标。同时,根据实际情况,也可以对污水经过多级处理之后,达到一定回用水水质要求,实现污水的循环再利用。

五、海水利用技术

地球上虽然淡水资源有限,但是海水资源却极其丰富,如果能将海水资源合理地开发利用以满足人们的用水需求,在很大程度上可以解决水资源短缺问题,并能解决沿海城市超采地下水所造成的环境问题。沿海地区距海近,海水资源丰富,开发利用的优势非常显著。目前世界上已经有很多国家将目光投向海洋,开发利用海水资源,取得了显著的经济效益,也使得水资源管理工作得以顺利、高效地开展。在缓解沿海地区所面临的淡水资源短缺危机方面,海水淡化和海水直接利用是经济、有效的最佳选择。

海水淡化包括从苦涩的高盐度海水以及含盐量比海水低的苦咸水通过脱盐生产出淡水。目前按脱盐过程来分,海水淡化方法主要有热法、膜法和化学法三大类。热法海水淡化技术主要有蒸馏法和结晶法,膜法海水淡化技术包含了反渗透技术和电渗析技术,化学法海水淡化技术主要是离子交换法。

海水淡化技术的发展已经经历了半个多世纪之久,国外在20世纪40年代就开始了以蒸馏法为主的海水淡化技术研究。美国最早于1952年首先开发了电渗析盐水淡化技术,继而在20世纪60年代初开发了反渗透淡化技术。近年来,反渗透技术飞速发展,因其投资小、能耗低、占地少、建造周期短、安全可靠等优势,在水工业中得到广泛应用。我国也在20世纪50年代末期就开始了电渗析技术的研究,之后的几十年中,海水淡化技术的研究取得了长足的发展并被广泛地应用。目前使用较广的海水淡化技术方法有蒸馏法、反渗透法和电渗析法等,海水淡化今后也将是解决水资源短缺的一个重要途径。

海水除经淡化满足生活、工业等用水需求外,还可以直接利用。比如,用海水直接代替淡水,作为工业用水、生活杂用水和灌溉用水等。海水替代淡水直接作为工业用水,用量最大的是工业冷却用水,其次是用于工业生产工艺,如印染、洗涤、溶剂、脱硫、除尘等。海水直接作为生活杂用水,主要是利用海水代替淡水冲厕。海水直接用于农业,主要用于农业灌溉、水果和蔬菜洗涤、牲畜饮用、沿海水禽养殖等方面。这些技术目前在我国及世界上都有广泛的应用。然而由于海水水质较差,直接利用涉及的技术问题很多,其中最主要的,一个是系统腐蚀问题,另一个是海洋生物附着问题。要解决这些问题,必须不断进行新技术、新方法的研发工作。

对海水资源的开发利用,除海水淡化和直接利用外,还可以加大海洋地质调查研究的深度和广度,认识海底淡水资源的形成和分布规律,并在此基础上进行海底淡水资源的开发利用。

六、现代信息技术

20世纪人类最伟大的创举就是造就了信息技术,并使其迅速发展,因其本身数据处理能力强大、运算速度快、效率高等优势,被迅速地应用于各个领域。在水资源管理中,水资源管理对象复杂,内容庞杂,对时效性要求高,信息技术的应用大大提高了水资源管理的效率,是构建水资源管理信息系统必不可少的硬件。先进的网络、通信、数据库、多媒体、“3S”等技术,加上决策支持理论、系统工程理论、信息工程理论可以建立起水资源管理信息系统,通过该系统可将信息技术广泛地应用于陆地和海洋水文测报预报、水利规划编制和优化、水利工程建设和管理、防洪抗旱减灾预警和指挥、水资源优化配置和调度等各个方面。

除以上所谈到的技术措施外,在水资源管理过程中,所用到的技术手段还有很多。从开源、节流、减排、治污等几个方面进行考虑,加强管理,可以找到更多提高水资源利用效率、解决水问题的技术措施,保证水资源管理工作的高效开展。

第七节 水资源管理信息系统

人口剧增、社会发展,使得水问题越来越复杂。要解决好各种水问题,实现水资源的优化调度,必须加强对水资源综合管理,构建一个考虑全面的、功能强大的水资源管理系统。而科技发展,计算机、网络、通信、数据库、多媒体、"3S"等高新技术的出现为构建这样一个系统提供了强有力的支持和保障,使得水资源管理进入了系统化、信息化的管理阶段。水资源管理信息系统应运而生。本节将简要介绍水资源管理信息系统的特点、建设目标和设计原则、结构及功能等内容。

一、水资源管理信息系统的特点

水资源管理信息系统(Information System of Water Resources Management),是传统水资源管理方法与系统论、信息论、控制论和计算机技术的完美结合,它具有规范化、实时化和最优化管理的特点,是水资源管理水平的一个飞跃。

二、水资源管理信息系统的建设目标和设计原则

(一)目标

水资源管理信息系统的建立,是实现新时期水利信息化的一个重要方面。其总体目标是:根据水资源管理的技术路线,以可持续发展为基本指导思想,体现和反映经济社会发展对水资源的需求,分析水资源开发利用现状及存在的问题,利用先进的网络、通信、遥测、数据库、多媒体、地理信息系统等技术,以及决策支持理论、系统工程理论、信息工程理论,建立一个能为政府主要工作环节提供多方位、全过程服务的管理信息系统。系统应具备实用性强、技术先进、功能齐全等特点,并在信息、通信、计算机网络系统的支持下,达到以下几个具体目标:

(1)实时、准确地完成各类信息的收集、处理和存储;

(2)建立和开发水资源管理系统所需的各类数据库;

(3)建立适用于可持续发展目标下的水资源管理模型库;

(4)建立自动分析模块和人机交互系统;

(5)具有水资源管理方案提取及分析功能,辅助科学决策。

(二)设计原则

为了确保水资源管理信息系统建设的目标实现,在系统设计时应遵循以下原则:

(1)实用性原则。系统各项功能的设计和开发必须紧密结合实际,满足实际所需,使其能够真正运用于生产过程中。

(2)先进性原则。要保证系统使用先进的软件开发技术和硬件环境建立,以确保系统具有较强的生命力,高效的数据处理、分析等能力。

(3)简洁性原则。系统的使用对象并非全都是计算机专业人员,因此要求系统的表现形式简单、直观,操作简便,界面友好,窗口清晰。

(4)标准化原则。系统要强调结构化、模块化、标准化,特别是接口要标准统一,保证

连接通畅，可以实现系统各模块之间、各系统之间的资源共享。

（5）灵活性原则。一方面指系统各功能模块之间能灵活实现相互转换，另一方面指系统能随时为使用者提供所需的信息和动态管理决策。

（6）开放性原则。系统与外界系统界面为开放状态，可以获得外界数据来源，保证系统信息实时更新；同时，系统也可以实现与其他外界系统的资源共享。

三、水资源管理信息系统的结构及功能

为了完成水资源管理信息系统的主要工作，一般的水资源管理信息系统应由数据库、模型库、人机交互系统三个部分组成。各部分的主要功能如下。

（一）数据库功能

（1）数据录入。所建立的数据库应能录入水资源管理需要的所有数据，并能快速简便地供管理信息系统使用。

（2）数据修改、记录删除和记录浏览。可以修改一个数据，也可以修改多个数据，或修改所有数据；可删除单个记录、多个记录和所有记录。

（3）数据查询。可进行监测点查询、水资源量查询、水工程点查询以及其他信息查询等。

（4）数据统计。可对数据库进行数据处理，包括排序、求平均值以及其他统计计算等。

（5）打印。用于原始数据表和计算结果表打印。

（6）维护。为了避免意外事故发生，系统应设计必要的预防手段，进行系统加密、数据备份、文件读入和文件恢复。

（二）模型库功能

模型库是由所有用于水资源管理信息处理、统计计算、模型求解、方案寻优等的模型块组成的，是水资源信息系统完成各种工作的中间处理中心。

（1）信息处理。与数据库连接，对输入的信息有处理功能，包括各种分类统计、分析。

（2）水资源系统特性分析。包括水文频率计算、洪水过程分析、水资源系统变化模拟、水质模型以及其他模型。

（3）经济社会系统变化分析。包括经济社会主要指标的模拟预测、需水量计算等。

（4）生态系统变化分析。包括环境评价模型、生态系统变化模拟模型等。

（5）水资源管理优化模型。这是用于水资源管理方案优选的总模型，可以根据以上介绍的方法来建立模型。

（6）方案拟定与综合评价。可以对不同水资源管理方案进行拟定和优选，同时对不同方案的水资源系统变化结果以及带来的各种社会、经济、环境效益进行综合评价。

（三）人机交互系统功能

人机交互系统是为了实现管理的自动化，进行良好的人机交互管理而开发的一种界面。目前，开发这种界面的软件很多，如VB、VC等。

在实际工作中，人们希望建立的水资源管理系统至少具有信息收集与处理、辅助管理决策功能，并具有良好的人机对话界面。因此，水资源管理信息系统与决策支持系统

(Decision Support System,DSS)比较接近。DSS以数据库、模型库和知识库为基础,把计算机强大的数据存储、逻辑运算能力和管理人员所独有的实践经验结合在一起,它将管理信息系统与运筹学、统计学的数学方法、计算模型等其他方面的技术结合在一起,辅助支持各级管理人员进行决策,是推进管理现代化与决策科学化的有力工具。同时,DSS也是一个集成的人机交互系统,它利用计算机硬件、通信网络和软件资源,通过人工处理、数据库服务和运行控制决策模型,为使用者提供辅助的决策手段。

水资源管理信息系统,是以水资源管理学、决策科学、信息科学和计算机技术为基础建立的辅助决策者解决水资源管理中的半结构化决策问题的人机交互式计算机软件系统。它主要由数据库管理系统、模型库管理系统和人机交互系统三部分组成(见图11-4),具有DSS的基本特征。

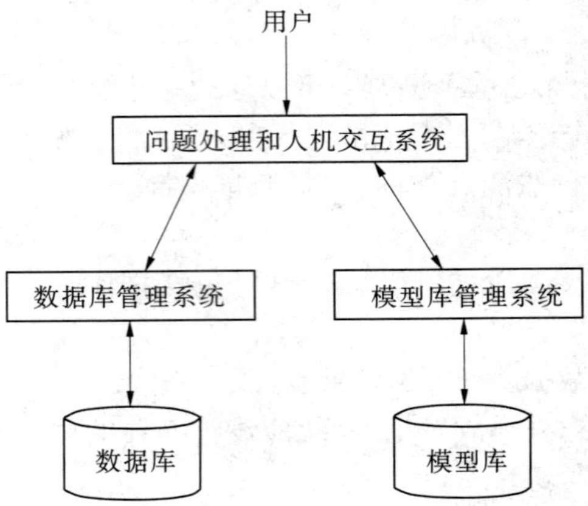

图11-4　水资源管理信息系统的基本结构

课程思政教育

(1)通过对水资源管理的学习,熟悉我国现代水资源管理的新思想,让学生理解水资源管理的重要意义和社会担当,需要坚持新思想、新思路,需要贯彻系统管理、综合管理的原则,培养学生系统的科学思维能力和寻优探索的科学创新能力。

(2)通过对比中外水资源管理的组织体系和法规体系,引导学生认识到不同国家在水资源管理方面的经验和做法,激发他们对我国水资源管理工作的思考和理解,增强全球视野和国际合作意识。

(3)通过学习水资源管理的法规体系,强化学生对水资源管理法律法规重要性的认识,教育学生认识到法律是管理水资源、解决水资源问题的基础和前提,强调依法治水的必要性,使他们在未来的学习和工作中能够严格遵守法律法规,在日常生活中也起到遵守法律的引导示范作用。

思考题或习题

[1]简述水资源管理的主要内容,并说明其重要意义。
[2]根据你的理解,水资源管理应该坚持哪些原则?为什么?
[3]简述水资源管理工作流程。
[4]比较美国、英国、法国、日本、中国水资源管理的组织体系有何不同。
[5]进一步学习《中华人民共和国水法》,论述水资源管理的法规体系建设的意义。
[6]水资源管理的经济措施有哪些?
[7]水价、水费、水资源费之间是什么关系?水权和水市场有什么关系?
[8]水资源管理的技术措施有哪些?
[9]试选择某一地区,搜索相关资料,制订一套水资源管理对策方案。
[10]举例阐述水资源管理信息系统的作用和意义。

参 考 文 献

[1] DANIEL P, Loucks. Quantitying Trends in System Sustainability[J]. Hydrological Sciences Journal, 1997, 42(4):513-530.
[2] ZUO Qiting, ZHANG Zhizhuo, MA Junxia, et al. Carbon dioxide emission equivalent analysis of water resource behaviors: Determination and application of carbon dioxide emission equivalent analysis function table [J]. Water, 2023, 15(3): 431.
[3] 陈家琦,王浩,杨小柳.水资源学[M].北京:科学出版社,2002.
[4] 陈志恺.中国水利百科全书(水文与水资源分册)[M].北京:中国水利水电出版社,2004.
[5] 顾圣平,田富强,徐得潜.水资源规划及利用[M].北京:中国水利水电出版社,2009.
[6] 何俊仕.水资源概论[M].北京:中国农业大学出版社,2006.
[7] 姜文来,唐曲,雷波,等.水资源管理学导论[M].北京:化学工业出版社,2005.
[8] 蒋礼平.地下水资源可持续利用:资源节水基本概念[M].北京:中国农业科学技术出版社,2003:66-68.
[9] 李广贺,张旭,张思聪,等.水资源利用与保护[M].北京:中国建筑工业出版社,2002.
[10] 李远华.灌区高效用水[J].中国农村水利水电,2003(8):19-22.
[11] 刘福臣.水资源开发利用工程[M].北京:化学工业出版社,2006.
[12] 刘炯天.黄河流域高质量发展研究[M].郑州:郑州大学出版社,2022.
[13] 刘满平.水资源利用与水环境保护工程[M].北京:中国建材工业出版社,2005.
[14] 刘自放.水资源与取水工程[M].北京:中国建筑工业出版社,2000.
[15] 沈振荣,汪林,于福亮,等.节水新概念:真实节水的研究与应用[M].北京:中国水利水电出版社,2000:15-16.
[16] 水利部水利水电规划设计总院.全国水资源综合规划大纲[R].北京,2002.
[17] 田以堂.中国水旱灾害公报[M].北京:中国水利水电出版社,2014.
[18] 王建华,李海红,冯保清,等.水资源红线管理基础与实施系统设计[M].北京:科学出版社,2020.
[19] 魏群.城市节水工程[M].北京:中国建材工业出版社,2006.
[20] 翁文斌,王忠静,赵建世.现代水资源规划:理论、方法和技术[M].北京:清华大学出版社,2004.
[21] 吴俊奇,付婉霞,曹秀芹.给水排水工程[M].北京:中国水利水电出版社,2004.
[22] 夏军,左其亭,王根绪,等.生态水文学[M].北京:科学出版社,2020.
[23] 徐恒力.水资源开发与保护[M].北京:地质出版社,2001.
[24] 杨志峰,崔保山,刘静玲,等.生态环境需水量理论、方法与实践[M].北京:科学出版社,2003.
[25] 张凯.水资源循环经济理论与技术[M].北京:科学出版社,2007.
[26] 张启海.城市给水工程[M].北京:中国水利水电出版社,2003.
[27] 中国水资源公报 [R].中华人民共和国水利部,2006-2022.
[28] 周之豪,沈曾源,施熙灿.水利水能规划[M].2 版.北京:中国水利水电出版社,2004.
[29] 左其亭.人水和谐论及其应用[M].北京:中国水利水电出版社,2020.
[30] 左其亭,陈曦.面向可持续发展的水资源规划与管理[M].北京:中国水利水电出版社,2003.
[31] 左其亭,窦明,马军霞.水资源学教程[M].2 版.北京:中国水利水电出版社,2016.
[32] 左其亭,窦明,吴泽宁.水资源规划与管理[M].2 版.北京:中国水利水电出版社,2014.

[33] 左其亭,王中根. 现代水文学[M]. 2 版. 郑州:黄河水利出版社,2006.
[34] 左其亭. 水文化职工培训读本[M]. 北京:中国水利水电出版社,2015.
[35] 左其亭. 人水关系学[M]. 北京:中国水利水电出版社,2023.